预拌混凝土生产与施工质量控制

主　编　王新波　张玉忠　孙同春　郑　翰
　　　　闻　涛　臧金源　王　军　张峻然

中国海洋大学出版社
· 青岛 ·

图书在版编目（CIP）数据

预拌混凝土生产与施工质量控制 / 王新波等主编 .
青岛：中国海洋大学出版社，2025. 7. -- ISBN 978-7
-5670-4269-8

Ⅰ. TU528. 520. 7

中国国家版本馆 CIP 数据核字第 20257NN383 号

出版发行	中国海洋大学出版社			
社　　址	青岛市香港东路 23 号		邮政编码	266071
出 版 人	刘文菁			
网　　址	http://pub.ouc.edu.cn			
订购电话	0532 - 82032573（传真）			
责任编辑	刘　琳		电　　话	0532 - 85901092
印　　制	青岛泰兴印刷有限公司			
版　　次	2025 年 7 月第 1 版			
印　　次	2025 年 7 月第 1 次印刷			
成品尺寸	185 mm ×260 mm			
印　　张	20.25			
字　　数	439 千			
印　　数	1—1 000			
定　　价	99.00 元			

发现印装质量问题，请致电 0532-83831618，由印刷厂负责调换。

编　委　会

主　　编：王新波　张玉忠　孙同春　郑　翰　闻　涛　臧金源　王　军　张峻然

副 主 编：唐海华　刘桂宾　孙述光　陈卫东　赵振德　耿庆三　张　娟　李清信
　　　　　杜海滨　邵良世

编　　委：陈士宝　宿晓亮　张　峰　徐全武　韩洪存　曹靖翎　马德亮　曹润武
　　　　　孙帅帅　袁浩雁　胡　涛　史玉亭　邓国威　孙　逊　吴德育　高　川
　　　　　王凯宁　胡大勇　李　静　宫崇进　魏　强　徐明正　王善波　王文奇
　　　　　刘电武　于　琦　吕献锋　郑玉刚　王林童　张国强　纪海林　崔哲伟
　　　　　赵文强

主编单位：青岛市建筑工程管理服务中心　　　　青岛合汇混凝土工程有限公司
　　　　　青岛特固德商砼有限公司　　　　　　青岛汇鑫混凝土有限公司
　　　　　青岛北苑环保建材有限公司　　　　　青岛磊鑫混凝土有限公司
　　　　　青岛建一混凝土有限公司　　　　　　青岛崇置混凝土工程有限公司
　　　　　青岛动车小镇昌明装配建筑科技有限公司　青岛中联混凝土工程有限公司
　　　　　青岛中硅拓创科技有限公司　　　　　青岛广联发混凝土有限公司
　　　　　青岛恺业坤恒建材科技有限公司　　　青岛铃木日中建筑结构新技术研究院有限公司
　　　　　中国建设基础设施有限公司

参编单位：青岛丰基混凝土有限公司　　　　　　青岛一源混凝土有限公司
　　　　　山东华安检测集团有限公司　　　　　青岛方圆检测有限公司
　　　　　青岛信达商砼有限公司　　　　　　　青岛兴业商砼有限公司
　　　　　青岛华证瑞特检测认证有限公司　　　青岛建国工程检测有限公司
　　　　　青岛青建新型材料有限公司　　　　　青岛澳波特混凝土(建设)有限公司
　　　　　青岛高新区环湾商砼有限公司　　　　青岛绿色城市废弃物处置有限公司
　　　　　青岛建一环保新材料科技有限公司　　青岛金鑫混凝土有限公司
　　　　　青岛绿生能源科技有限公司

前 言

PREFACE

现代混凝土的概念及其核心技术理论，业内学者存在诸多观点，但混凝土具有地域性的固有属性不会改变。混凝土原材料、生产与施工工艺等各具地方特点，其配制、生产、施工、养护等同样具有地域特征。本书编写的主要目的是将国家工程建设强制性标准在预拌混凝土生产与施工中更好地贯彻和落实，同时结合青岛市混凝土行业的实际情况和地域特点，深度细化相关标准的执行，更有利于指导青岛市预拌混凝土生产和施工全过程质量控制，确保工程主体结构的安全。

本书在深度细化相关标准的同时，总结了青岛市在混凝土质量管理方面积累的许多卓有成效的创新实践经验和研究成果，吸收了全市预拌混凝土企业大量的可行经验，借鉴了省内外同行的先进做法，对相关技术方法和数据进行了调研和试验验证。本书提出并倡导绿色、低碳、高性能混凝土的发展理念，为早日实现"双碳"目标作出应有的贡献。同时，邀请业内专家及经验丰富的同行对书中具体内容进行了反复讨论和修改，最后定稿，以期本书成为预拌混凝土生产与施工质量控制与监管过程的"活字典"，在此对各位专家及同行表示衷心的感谢。

本书按照施工工艺对采用预拌混凝土进行混凝土分项工程施工梳理总结了质量控制的内容、方法、技术要求、质量检查、质量追溯等，主要创新内容包括原材料快速检验方法、原材料合格评定、配合比优化、坍落度损失补加外加剂技术预案及补加质量控制、交货检验混凝土强度比对及合格评定、混凝土强度出厂检验大数据分析、交货验收技术要求及管理措施、混凝土生产回收水（废浆）应用质量控制措施、混凝土生产质量控制记录设计、生物炭混凝土、大掺量矿物掺合料混凝土质量控制、质量控制试验研究、质量检查及追溯方法、混凝土生产质量控制技术资料项目分类及内容、混凝土生产与施工中贯彻工程建设强制性规范标准的具体做法。

本书的编写以树立新的专业发展理念为指导，在充分认识预拌混凝土技术的发展现状和专业技术人才培养重要性的基础上，旨在推动行业的可持续发展。本书可作为工程建设领域专业技术培训机构、大专院校等相关人员的培训学习参考用书。

由于编者水平有限，书中难免存在不足，衷心希望广大读者给予指正。

目　录
CONTENTS

第1章 概　述

1.1 预拌混凝土发展变化简述

预拌混凝土的产生，是由原来的工程建设项目施工现场搅拌混凝土向集约化大生产的转变，是建筑业依靠技术进步改变小生产方式、实现建筑工业化的一项重大改革，其经济和社会效益显著。

房屋建筑和市政基础设施工程建设普及应用预拌混凝土已有 20 余年。预拌混凝土的生产由粗放型小生产向集约化大生产的转变可概括为两个阶段。

第一阶段是商品混凝土作为建材产品实行资质等级管理阶段。

1987 年，建设部印发《关于"七五"城市发展商品混凝土的几点意见》，首次从国家层面明确了商品混凝土的发展方向和有关技术经济政策。1993 年建设部颁布《混凝土预制构件和商品混凝土生产企业资质管理规定（试行）》，明确混凝土生产企业实行资质管理，资质等级分为一级、二级、三级。1994 年，建设部印发《关于建筑业 1994 年、1995 年和"九五"期间重点推广应用 10 项新技术的通知》，把推广商品混凝土和散装水泥应用技术列为重点推广的首要内容。2001 年，建设部发布《建筑业企业资质等级标准》，规定预拌商品混凝土企业为专业企业资质，等级分为二级、三级。2003 年，商务部、公安部、建设部和交通部联合发布了《关于限期禁止在城市城区现场搅拌混凝土的通知》，由此，我国预拌混凝土行业进入快速发展阶段，并在全国范围内迅速推广。

第二阶段是预拌商品混凝土资质变更为预拌混凝土专业承包资质，不分等级。预拌混凝土生产企业资质被纳入施工企业序列资质管理的范围。

2014 年住房和城乡建设部颁布《建筑业企业资质标准》，规定了预拌混凝土企业实行专业承包资质管理，2015 年住房和城乡建设部颁布《建筑业企业资质管理规定》，进一步明确了预拌混凝土企业资质的问题。

预拌混凝土生产企业被纳入施工企业序列，充分明确了预拌混凝土的生产是混凝土分项工程施工过程的一部分，其生产现场是工程施工现场的延伸，属于场外施工过程，而不是一种建材产品（商品）的生产与经营。预拌混凝土质量除应满足《预拌混凝土》（GB/T 14902—2012）标准要求外，还必须符合工程建设相关法律法规和工程建设强制性标准要求。

1

1.2 预拌混凝土质量控制特点

1.2.1 过程控制

预拌混凝土是重要的工程结构材料,它是以胶凝材料、粗集料、细集料、水及其他材料按一定比例配制,经搅拌、运输、输送、浇筑成型、养护等过程逐步硬化而成的"人造石"。其过程质量控制可分为两个方面:一方面是预拌混凝土搅拌站的生产质量控制,另一方面是施工现场的施工质量控制。内容应包括设计及施工要求、原材料、配合比设计、制备与运输、输送、浇筑、养护等混凝土生产与施工的全过程。

采用预拌混凝土施工工程主体结构,混凝土分项工程由不同的专业承包企业共同完成,项目施工总承包企业应承担总承包管理的职责。根据合同约定,预拌混凝土企业负责混凝土生产、运输及泵送,劳务分包负责浇筑及养护。混凝土结构质量全过程控制需要严格的组织、协调、管理,各质量责任主体应履行主体责任,确保混凝土生产和工程施工质量。

1.2.2 预控

混凝土结构形成需要一定的龄期,生产、施工过程需经过诸多环节,且质量检验方法存在局限性。在大批量连续生产中,若要保证每批混凝土的质量均匀稳定,控制难度就更大。预先做好技术预案和预防控制措施,生产、施工过程中的质量控制严格执行技术标准及预案,对确保混凝土质量及工程质量的受控十分关键。

1.2.3 强制性

预拌混凝土生产、施工质量与建筑结构安全性密切相关,关系到人民生命财产安全。预拌混凝土生产应符合《预拌混凝土》(GB/T 14902—2012)的要求,同时预拌混凝土生产施工必须符合国家工程建设强制性标准的规定,包括采用新技术、新材料、新工艺时,还应进行论证。这是混凝土质量控制的一个重要特点。

混凝土强度按检验批评定合格,要求检验批内混凝土拌合物均匀一致,混凝土强度变异性保持稳定。预拌混凝土生产过程中需采取严格的质量控制措施满足质量要求,从而保证混凝土强度检验批评定合格。

1.2.4 可追溯性

在连续生产、施工时,混凝土质量控制因检验方法或龄期的不同存在滞后性,所以对生产、施工过程的质量控制进行追溯非常必要,这也是查找质量问题、改进质量管理、确保预拌混凝土质量的重要措施。按照标准要求,混凝土分项工程质量验收不包括全部混凝土性能指标,需要在生产、施工过程中按技术标准进行控制。生产、施工过程的质量控制技术资料应齐全、完整、真实、有效,并应建立完善的档案管理制度,确保可追溯。当混凝土工程实体结构出现质量问题时,可追溯生产、施工过程的质量控制技术资料,分析问题,查找原因,界定质量责任,避免问题再次发生。

1.2.5 地域性

混凝土属于地方性材料,质量控制应考虑地域性因素的影响,包括地质条件、气候条件、环境条件和地材特性等,应制定有针对性的质量控制内容和技术措施。

1.2.6 技术标准执行的准确性

预拌混凝土质量控制依据的标准众多,应严格执行由法律、行政法规、部门规章中的技术性规定与强制性工程建设规范构成的"技术法规"体系。技术标准按性质分为材料标准、施工规范、验收标准、质量控制标准、检测方法标准、检验评定标准等,按等级分为国家标准、行业标准、地方标准、团体标准等。国家标准又分为强制性标准、推荐性标准。标准之间存在规定不一致或相互矛盾的情况,除按执行标准的原则处理外,尚应根据具体问题和地域情况分析研究,细化混凝土质量控制的技术要求。

各项标准之间应当相互协调一致,但是在少数情况下,也可能出现不一致。当执行中出现不一致时,本书按照下述原则处理。

（1）强制性标准必须严格执行。现行工程建设标准(包括强制性标准和推荐性标准)中的有关规定与强制性工程建设规范的规定不一致的,以强制性工程建设规范的规定为准;与强制性工程建设规范配套的推荐性工程建设标准是经过实践检验的、保障达到强制性规范要求的成熟技术措施,一般情况下也应当执行。

（2）合同约定和设计要求应被执行。

（3）按照等级较高的标准执行。

（4）同级标准按照较新的标准执行。

（5）按照规定较严的标准执行。

1.3 预拌混凝土质量控制研究

1.3.1 强制性标准及细化相关技术标准的规定研究

国家强制性标准必须严格执行,有的规定是原则性规定。在预拌混凝土生产与施工过程中,对于如何正确理解质量控制和执行相关技术标准,本书结合青岛市地域特点,进行了相关实践总结及试验研究,对原则性规定做了细化,完善了混凝土生产过程中质量控制的技术措施。

1.3.2 质量控制快速检验方法应用研究

预拌混凝土具有连续生产的特点,因质量控制具有时效性,有些技术指标的检验方法不能满足"先检后用"的原则,达不到对原材料和混凝土质量预控的目的。本书研究并提出了快速检验方法的补充应用,与标准方法相结合,以满足生产过程中质量控制的需要。

1.3.3 生产过程质量控制内容及记录研究

预拌混凝土生产过程中应控制及检查哪些内容,如何规范记录,以确保生产质量控制技术资料齐全完整,满足质量可追溯的要求,现行技术标准需要补充完善。本书对记录内容作了规范并设计了记录格式。

1.3.4 质量检查及质量追溯研究

预拌混凝土生产过程中,质量检查及质量追溯是质量控制的重要措施,需要补充完善技术标准规定,本书细化了质量检查和质量追溯的方法及内容,使生产过程中质量控制的重要环节能及时发现问题并予以纠正,减少或避免质量隐患,防止出现质量事故。

1.3.5 质量控制技术资料研究

预拌混凝土生产过程质量控制技术资料的准确性、有效性、真实性、完整性以及归档的规范性需要细化研究,以确保归档技术资料满足质量追溯的需要。

1.3.6 质量管理责任研究

预拌混凝土生产、施工涉及多个质量责任主体,明确各方质量责任,是做好预拌混凝土质量控制的重要前提。本书对法律法规和规范标准的规定进行了研究,理清了质量责任主体各方的质量管理责任,使各责任主体尽职履责,确保混凝土生产质量及施工质量的全过程管理可控。

1.3.7 混凝土生产质量控制大数据分析研究

青岛市预拌混凝土质量追踪及动态监管系统采集了预拌混凝土企业生产过程中大量的质量控制数据,主要包括混凝土配合比数据、配料计量数据、混凝土强度数据等。通过对大数据的分析研究,解析了预拌混凝土生产企业及其行业总体质量控制水平,用于指导地方标准或团体标准制定、混凝土生产企业质量控制改进及监管政策的制定。

1.4 术 语

预拌混凝土:在搅拌站(楼)生产的、通过运输设备送至使用地点的、交货时为拌合物的混凝土。

混凝土:以水泥、骨料和水为主要原材料,根据需要加入矿物掺合料和外加剂等材料,按一定配合比,经拌合、成型、养护等工艺制作的,经硬化后具有强度的工程材料。

普通混凝土:干表观密度为 $2\,000\sim2\,800\ kg/m^3$ 的混凝土。

轻骨料混凝土:用轻骨料、轻砂或普通砂、胶凝材料、外加剂和水配制而成的干表观密度不大于 $1\,950\ kg/m^3$ 的混凝土。

重混凝土(防辐射混凝土):用重晶石等重骨料配制的干表观密度大于 $280\ kg/m^3$ 的混凝土。

混凝土干表观密度:硬化后的混凝土单位体积的烘干质量。

稠度:表征混凝土拌合物流动性的指标,可用坍落度、维勃稠度或扩展度表示。

坍落度:混凝土拌合物在自重作用下坍落的高度。

扩展度:混凝土拌合物坍落后扩展的直径。

塑性混凝土:拌合物坍落度为 $10\sim90\ mm$ 的混凝土。

流动性混凝土：拌合物坍落度为 $100 \sim 150$ mm 的混凝土。

大流动性混凝土：拌合物坍落度不低于 160 mm 的混凝土。

离析：混凝土拌合物组成材料之间的黏聚力不足以抵抗粗集料下沉,混凝土拌合物成分相互分离,造成内部组成和结构不均匀的现象。通常表现为粗集料与砂浆相互分离,如密度大的颗粒沉积到拌合物的底部,或者粗集料从拌合物中整体分离出来。

抗离析性：混凝土拌合物中各组分保持均匀分散的性能。

泌水：混凝土拌合物析出水分的现象。

压力泌水：混凝土拌合物在压力作用下的泌水现象。

胶凝材料：混凝土中水泥和活性矿物掺合料的总称。

再生骨料混凝土：全部或部分采用再生骨料作为骨料配制而成的混凝土。

高强混凝土：强度等级不低于 C60 的混凝土。

防水(抗渗)混凝土：抗渗等级不低于 P6 的混凝土。

大体积混凝土：混凝土结构物实体最小尺寸不小于 1 m 的大体量混凝土,或预计会因混凝土中胶凝材料水化热引起的温度变化和收缩而导致有害裂缝的混凝土。

混凝土拌合物工作性能：混凝土拌合物满足施工操作要求及保证混凝土均匀密实应具备的特性,主要包括流动性、黏聚性和保水性,简称混凝土工作性。

混凝土强度：混凝土的力学性能之一,表征其抵抗外力作用的能力。本书中的混凝土强度是指混凝土立方体抗压强度。

龄期：自加水搅拌开始,混凝土所经历的时间,一般按天或小时计。

检验：对被检验项目的特征、性能进行测量、检查、试验等,并将结果与标准规定的要求进行比较,以确定项目每项性能是否合格的活动。

出厂检验：在预拌混凝土出厂前对其质量进行的检验。

交货地点：预拌混凝土生产企业与施工单位在合同中确定的交付预拌混凝土的地点,包括入泵口、浇筑地点(入模处)等。

交货检验：施工单位在交货地点对预拌混凝土的质量进行的检验。

检验批：按相同的生产条件或规定的方式汇总起来供抽样检验用的、由一定数量个体组成的检验单位。

样本容量：代表检验批的用于合格性评定的混凝土试件组数。

合格性评定：根据一定规则对混凝土和原材料性能指标合格与否所作的判定。

质量证明文件：随进场材料、半成品等一同提供用于证明其质量状况的有效文件。

结构实体检验：在结构实体上抽取试样,在现场进行检验或送至有相应资质的检测机构进行检验。

混凝土可泵性：表示混凝土在泵压下沿输送管道流动的难易程度以及稳定性的特性,以压力泌水指标表征。

高性能混凝土：以建设工程设计和施工对混凝土性能的特定要求为总体目标,选用优质常规原材料,合理掺加外加剂和矿物掺合料,采用较低水胶比并优化配合比,通过绿色预拌生产方式以及严格的施工措施,制成具有优异的拌合物性能、力学性能、长期性能和耐久性能的混凝土。

绿色低碳混凝土:通过采用绿色低碳原材料、再生原材料、绿色环保生产工艺、新技术等措施生产的混凝土,且降低了水泥用量,提高了混凝土性能,能显著降低碳排放,达到环境保护、生态保护和可持续发展的目的。

抗冻混凝土:在冻融环境下遭受长期冻融循环作用的混凝土结构,设计有抗冻等级(抗冻标号)指标要求的混凝土。

防冻混凝土:冬期施工的混凝土结构,施工过程中有预防混凝土受冻要求的混凝土。

结构实体混凝土质量:设计、验收规范要求的技术指标,包括混凝土强度、氯离子含量、抗裂、抗渗、抗冻、裂缝、渗漏、放射性等。

骨料岩石种类:生产骨料的岩石按岩相法鉴别的岩石类型及碱活性骨料的类别。

混凝土基本性能报告:在浇筑大批量、连续生产的同一工程、同一配合比的混凝土(2 000 m³ 以上)前,由预拌混凝土企业提供的混凝土坍落度、凝结时间、坍落度经时损失、泌水、表观密度等性能试验报告。

外加剂适应性:混凝土减水剂及与减水剂复合的各种外加剂与胶凝材料、骨料、其他外加剂匹配时的相容性。

石粉流动度比:在掺外加剂和水胶比为 0.4 的条件下,掺加石粉的胶砂与基准水泥胶砂的流动度之比,作为判定石粉对减水剂吸附性能的指标。

石粉亚甲蓝值(MB):用于测定石粉吸附性能的指标。

粉煤灰:电厂煤粉炉烟道气体中收集的粉末。粉煤灰按煤种和氧化钙含量分为 F 类和 C 类。

F 类粉煤灰—由无烟煤或烟煤燃烧后收集的粉煤灰。

C 类粉煤灰—由褐煤或次烟煤燃烧后收集的粉煤灰,其氧化钙含量一般大于 10%。

磨细粉煤灰:磨细粉煤灰是干燥的粉煤灰经磨细加工达到规定细度的粉末,粉磨时可添加适量的助磨剂。

大掺量矿物掺合料混凝土:胶凝材料中含有较大比例的粉煤灰、硅灰、矿渣粉等矿物掺合料和混合料(粉煤灰或矿渣粉单掺>30%;粉煤灰和矿渣粉双掺总量>40%),需要采取较低水胶比和特殊施工措施的混凝土。大体积混凝土、厚度较大的构件宜采用大掺量矿物掺合料混凝土。

补偿收缩混凝土:由膨胀剂或膨胀水泥配制的自应力值为 0.2～1.0 MPa(限制膨胀率为 0.015%～0.060%)的混凝土。

用于补偿因混凝土收缩产生的拉应力、提高混凝土抗裂性能和改善变形性能时,其自应力值为 0.2～0.7 MPa;用于后浇带、膨胀加强带和接缝工程填充时,自应力值为 0.5～1.0 MPa。

限制膨胀率是指混凝土的膨胀被钢筋等约束体限制时导入钢筋的应变值,用钢筋的单位长度伸长值表示。

自应力是指混凝土的膨胀被钢筋等约束体限制时导入混凝土的压应力。

活性粉末混凝土：以水泥和矿物掺合料等活性粉末材料、细骨料、外加剂、高强度微细钢纤维或有机合成纤维、水等为原材料生产的超高强增韧混凝土。

开盘鉴定：混凝土结构工程施工，设计配合比首次使用或使用间隔超过三个月时，对首盘混凝土的性能是否符合设计、满足施工要求以及使用的原材料是否符合要求，进行验证和确定。

人工砂：经除土开采、机械破碎、筛分而成，公称粒径小于 5.00 mm 的岩石颗粒。

机制砂：以岩石、卵石、矿山废石和尾矿等为原料，经除土处理，由机械破碎、整形、筛分、粉控等工艺制成的，级配、粒形和石粉含量满足要求且粒径小于 4.75 mm 的颗粒。机制砂不包括软质、风化的颗粒。

混合砂：由天然砂与机制砂按一定比例组合而成的砂。

有害裂缝：影响结构安全和使用功能的裂缝。

受冻临界强度：冬期浇筑的混凝土受冻以前必须达到的最低强度。

蓄热法：混凝土浇筑后，利用原材料加热以及水泥水化放热，并采取适当保温措施延缓混凝土冷却，在混凝土温度降到 0 ℃ 以前达到受冻临界强度的施工方法。

综合蓄热法：掺早强剂或早强型复合外加剂的混凝土浇筑后，利用原材料加热以及水泥水化放热，并采取适当保温措施延缓混凝土冷却，在混凝土温度降到 0 ℃ 以前达到受冻临界强度的施工方法。

起始养护温度：混凝土浇筑结束，表面覆盖保温材料完成后的起始温度。

重晶石：以硫酸钡为主要成分的矿石。本书所指重晶石为硫酸钡含量（按质量计）不低于 85% 的矿石。

重晶石细骨料：由重晶石矿石经破碎、筛分而得的，粒径小于 4.75 mm 且不小于 75 μm 的重晶石颗粒。

重晶石粗骨料：由重晶石矿石经破碎、筛分而得的，粒径不小于 4.75 mm 的重晶石颗粒。

重晶石粉：重晶石骨料中硫酸钡含量（按质量计）不低于 80%，粒径小于 75 μm 的颗粒。

增强料：用于改善粗集料和胶结料的黏结性能，提高透水水泥混凝土强度的添加剂。

透水系数：表示透水水泥混凝土透水性能的指标。

透水水泥混凝土：由粗集料及水泥基胶结料经拌合形成的具有连续孔隙结构的混凝土。

连续孔隙率：透水水泥混凝土内部存在的连续孔隙的体积与透水水泥混凝土体积之百分比。

露骨透水水泥混凝土：粗集料表面包裹的水泥基胶结料在终凝前经水冲洗后，表层粗集料露出本色原形的透水水泥混凝土。

废浆：清洗混凝土搅拌设备、运输设备和搅拌站（楼）出料位置地面所形成的含有较多固体颗粒物的液体。

废水（废浆）固含量：样品经干燥蒸发后留下的固体含量占样品总量的质量百分数。

1.5 基本规定

预拌混凝土生产、施工应遵守《中华人民共和国建筑法》《建设工程质量管理条例》《建筑业企业资质标准》《建筑业企业资质管理规定》《实施工程建设强制性标准监督规定》《建设工程质量检测管理办法》和《山东省房屋建筑和市政工程质量监督管理办法》等法律、行政规定。

预拌混凝土生产、施工质量控制应符合国家强制性工程标准的规定，并应符合工程设计文件和合同约定。

预拌混凝土企业须取得预拌混凝土专业承包资质方可开展生产、经营活动，房屋建筑和市政基础设施工程建设严禁使用未取得资质的企业生产的预拌混凝土。

预拌混凝土专业承包范围（按合同约定确定）：混凝土生产、运输、输送（泵送）。

预拌混凝土企业应设置满足混凝土质量受控的组织机构，配备满足生产质量受控要求的专业技术人员，宜设置专职质量检查部门和质量检查人员。建立完善的质量保证体系，制定相关质量控制措施，宜通过质量管理体系认证。

预拌混凝土企业试验室的设置、管理和检测能力应符合预拌混凝土专业承包资质标准和《建设工程质量检测管理办法》（实施细则）的要求。

试验室是预拌混凝土企业内部质量保证体系的组成部分，对本企业使用的原材料及产品出厂质量实施检测，检测数据及结果仅用于企业内部的质量控制和出厂质量证明，不得承担工程施工质量验收所涉及的取样、制样和检测工作。

预拌混凝土企业需不断提升生产质量控制水平，应建立内、外部培训制度和激励机制，对关键岗位技术人员进行理论、实操培训考核，确保其具备相应的知识和技能，并注重日常生产过程中的技术数据和实践经验的积累、分析、改进。

预拌混凝土企业应制定相应的管理制度，保证安全、环保生产。

预拌混凝土企业应坚持与施工单位先签合同后生产的原则。专业承包合同技术要求内容应齐全、完整、准确，可操作性强。

在签订《预拌混凝土专业承包合同》前，施工总承包单位应对预拌混凝土企业进行资格条件核查确认，不得选择无资质的预拌混凝土企业，确保混凝土生产企业满足预拌混凝土质量所需的原材料、人员、设备设施、运输及服务要求。

建设单位应根据工程进度及施工节点随机组织施工单位、监理单位或委托有资质的检测机构，对预拌混凝土生产用原材料、混凝土拌合物及工程实体质量进行抽检，发现问题,及时整改。

施工总承包单位应履行对预拌混凝土专业承包单位的质量管理责任,加强对预拌混凝土生产质量的检查、管理,并参加开盘鉴定。

监理单位应履行监理责任,加强对预拌混凝土的质量管理,以旁站、巡视和平行检验等形式实施监理,参加开盘鉴定,及时发现和纠正存在的质量问题,并应保留相关记录。

建设主管部门对预拌混凝土生产质量、施工质量进行监督管理。对预拌混凝土企业的生产过程、预拌混凝土质量和施工情况进行抽查或抽测,对发现的问题责令整改或实施质量追溯。

预拌混凝土质量责任界定如下。

(1)预拌混凝土企业对进场原材料质量、生产过程质量、混凝土输送(根据合同约定)负有质量责任;施工总承包单位对混凝土交货验收、输送(根据合同约定)、混凝土浇筑、混凝土养护负有质量责任。

(2)向预拌混凝土中加水的,由加水责任单位承担全部质量责任(以影像资料为主要证据)。

(3)违反强制性工程建设标准,造成混凝土或工程质量不符合规定的质量标准的,应由责任单位负责返工或加固,并赔偿因此造成的损失。

(4)合同双方因预拌混凝土质量评定结果存在争议时,经具有工程质量检测资质的机构进行鉴定,并进行质量追溯,由责任方承担相应质量责任。

(5)合同双方均不得要求对方承担相关技术标准规定和合同约定以外的任何质量责任。

(6)施工总承包单位与预拌混凝土专业承包单位对预拌混凝土的质量承担连带责任。

预拌混凝土企业质量责任与义务如下。

(1)预拌混凝土企业应当依法取得预拌混凝土专业承包资质,不得转包或者分包混凝土生产。

(2)预拌混凝土企业对混凝土生产质量负责,履行专业承包责任,服从施工总承包的质量管理,并对承包范围内的混凝土质量向总承包单位负责。

(3)预拌混凝土企业应当建立质量保证体系,落实工程质量责任,依法对承包范围内的工程质量负责。

(4)预拌混凝土企业应按照设计和施工要求进行生产,混凝土质量控制应符合相关工程建设强制性标准、设计文件及合同约定的要求,不得降低标准、偷工减料。

(5)预拌混凝土企业按合同约定与施工单位进行交货验收,并按相关规范标准的规定提供质量证明文件,质量证明文件应真实完整,不得弄虚作假。

(6)预拌混凝土企业主要人员应经过培训,具备各自岗位需要的基础知识和操作技能,符合预拌混凝土企业资质的相关要求。

（7）预拌混凝土企业严禁向其他单位提供用于施工质量验收的混凝土试件。

（8）预拌混凝土企业应建立档案管理制度，混凝土生产过程质量控制资料应齐全完整、有效，不得弄虚作假，保管期限满足工程质量追溯的要求。

工程结构实体混凝土发生下列质量问题应进行质量追溯。

（1）混凝土试件强度评定不合格。

（2）裂缝。

（3）渗漏。

（4）钢筋锈蚀破坏。

（5）混凝土腐蚀破坏。

（6）结构实体混凝土强度检验不合格。

（7）对混凝土质量和留置试件有怀疑。

（8）混凝土质量证明文件不真实、不齐全、不完整。

预拌混凝土采用新技术、新工艺、新材料，质量责任主体应进行论证，并符合国家强制性标准的要求。

质量控制检查如下。

（1）查看质量保证体系文件。

（2）查看技术标准是否齐全、执行。

（3）对照实物核查资质条件。

（4）企业现场核查，具体应核查以下内容。

生产厂区：水泥、矿物掺合料、外加剂等粉料或液体材料采用密封储料筒仓，按不同品种、规格、生产厂家分别存储并做好信息齐全的标识（聚羧酸系高性能减水剂存储不宜采用铁质容器）。砂、碎石等骨料应采用全封闭存放，分仓堆放并在明显位置做标识，标识内容应齐全。堆放场地应进行硬化处理并排水良好，按不同品种、规格设置隔离墙。

试验室：仪器、设备的配备与放置满足试验能力和环境条件的要求，设有符合要求的原材料留样室、标准养护室、档案室。

检查结果的质量追溯如下。

（1）有资质但技术人员配制不符合资质要求的预拌混凝土企业，应追溯对混凝土生产质量控制的影响，有影响的应追溯预拌混凝土或结构实体混凝土质量，委托有资质的检测机构进行检测。

（2）不符合工程建设强制性标准的，应追溯预拌混凝土及结构实体混凝土质量，委托有资质的检测机构进行检测，并追溯行政违法责任。

（3）不符合设计要求的，应追溯结构实体混凝土质量，委托有资质的检测机构进行检测。

（4）不符合验收规范规定的，应追溯结构实体混凝土质量，委托有资质的检测机构进行检测。

（5）无资质企业生产的混凝土,应追溯生产过程质量控制技术资料,并对结构实体混凝土质量进行检测,或对混凝土结构安全性进行鉴定。

（6）预拌混凝土企业试验室出具虚假检测数据、检测报告,应追溯预拌混凝土及结构实体混凝土质量,并追究违法行为。

（7）采用新技术、新材料、新工艺未按规定进行论证的,应追溯混凝土质量是否符合工程建设强制性标准的要求,并委托有资质的检测机构对实体结构混凝土质量进行检测,检测结果不符合验收规范的,应进行结构安全性鉴定。

检测数据和检测报告不得弄虚作假。凡出现下列情况之一的应判定为虚假检测报告。

（1）不按规定检测程序及方法进行检测出具的检测报告。

（2）检测报告中数据、结论等实质性内容被更改的检测报告。

（3）未经检测就出具的检测报告。

（4）超出技术能力出具的检测报告。

1.6　技术管理

预拌混凝土专业承包合同应明确设计和施工技术要求,内容包括混凝土结构使用年限、混凝土使用环境条件、混凝土强度等级、氯离子含量、防硫酸盐侵蚀指标、抗裂指标、抗渗指标、抗冻指标、抗碳化指标、补偿收缩混凝土限制膨胀率指标、预防碱骨料反应要求、坍落度、凝结时间等。

混凝土工程的施工总承包单位应编制混凝土施工方案,明确混凝土质量要求和进场验收、浇筑、养护等要求,施工环境变化时应采取技术措施。施工总承包单位应作好对预拌混凝土专业承包单位的技术交底,严格按照施工方案组织实施。设计如有变更,施工总承包单位应及时通知预拌混凝土企业,并保留相关记录。

预拌混凝土企业对有特殊要求的工程以及采用新技术、新工艺、新材料的混凝土生产应制定专门技术方案,在配制大掺量矿物掺合料混凝土时,应向总承包单位反馈信息,补充完善混凝土施工和养护方案。

预拌混凝土生产除应满足设计和施工技术要求外,尚应符合《预拌混凝土》GB/T 14902—2012 的技术要求。

施工单位应配备具有相应专业技术能力的专职试验人员,负责预拌混凝土拌合物的检验及试件的取样、制作和养护管理。施工单位不得要求预拌混凝土企业提供用于工程质量验收的混凝土试件。

施工单位应在施工现场设置与建设规模相适应的混凝土试件标准养护室,或配置符合标准养护条件的设备设施,为交货检验和工程施工质量验收留置的混凝土试件实施标准养护。预拌混凝土进场质量验收应以交货检验结果为依据。

预拌混凝土企业技术管理内容应包括质量保证体系(措施)、技术标准、设计与施工技术要求、技术方案、试验与检验、质量检查、计量管理、混凝土质量证明文件管理、技术档案管理等。

　　预拌混凝土企业技术负责人应履行技术管理责任,确保混凝土生产质量受控,并负责技术方案审批、施工配合比签发、混凝土质量合格证签发,组织配合比开盘鉴定等。

　　预拌混凝土企业和施工单位对预拌混凝土生产、施工质量控制技术资料的收集整理,应当与生产和施工进度同步,确保资料齐全、完整、真实、有效。

第2章 原材料质量控制

2.1 基本规定

预拌混凝土企业应建立健全原材料质量管理制度，制定原材料进场质量控制技术措施，并建立原材料进场台账，确保其来源、产地等信息可追溯。

预拌混凝土企业应建立原材料供应商档案，对原材料供应商的产品质量及稳定性、供货能力、环保及服务等进行综合评价，择优选用，形成相对稳定的原材料采购渠道。

混凝土原材料的质量必须符合现行国家工程建设强制性标准的规定。

用于房屋建筑工程混凝土及原材料放射性核素限量及检测方法应符合《建筑材料放射性核素限量》GB 6566—2010 的规定。

严禁使用对人体产生危害、对环境产生污染的原材料。

原材料应经检验合格后使用，严禁使用未经检验、验收或者经检验、验收不合格的原材料。

未经净化处理或净化处理不符合要求的海砂不得用于配制预拌混凝土，预应力混凝土结构严禁使用海砂。

无技术标准的尾矿及其他原材料不得用于预拌混凝土生产。严禁使用放射性、硫化物及硫酸盐含量检测不合格的铁尾矿砂生产预拌混凝土。

原材料存储应符合下列要求。

（1）原材料的储存能力应满足生产任务的需求，并应满足经检测合格后方可使用的要求。

（2）预拌混凝土企业应根据所用原材料按厂家、品种、规格分别设立储仓和储罐，仓罐储量应与混凝土生产能力相匹配，满足先检后用的要求，仓罐数量应符合预拌混凝土生产工艺要求。储料仓罐应进行标识，并有相应的防尘、防漏、防渗和防腐措施。

（3）水泥、掺合料、外加剂等原材料应采用密闭的储料筒仓，按照不同的品种、规格等级、生产厂家分别存储并做好标识，严禁混仓，标识信息应齐全、清楚；水泥、掺合料不得受潮和混入杂物。聚羧酸系应采用洁净的塑料、玻璃钢或不锈钢等容器，不宜采用铁制容器。

（4）砂、石等原材料料仓应封闭，分仓堆放并在明显位置做好标识，标识内容应齐全。堆放场地应进行硬化处理并排水良好,按照不同品种、规格设置隔离墙。封闭料仓面积、隔离墙高度应满足产量的需求,严禁混堆。净化前的海砂严禁进入预拌混凝土生产厂区存放。石子的堆料高度不宜超过 5 m,对于单粒级或最大粒径不超过 20 mm 的连续粒级,其堆料高度可增加到 10 m。

(5)粉状外加剂应单独存放,不得受潮。当在存放过程中发生结块、胀袋现象时,应进行品质复检,合格者应经粉碎至全部通过公称直径为 630 μm 方孔筛后使用。

(6)液体外加剂的储存应防晒和防冻,有沉淀、变色、浑浊、异味、漂浮等现象时,应经检验合格后使用。

(7)外加剂在贮存、运输和使用中,应根据不同种类和品种分别采取安全防护措施。对含有亚硝酸盐、硫氰酸盐的外加剂应按有关化学品的管理规定进行贮存和使用;使用液体防冻剂时,贮存和输送防冻剂的设备应采取保温措施。

(8)冬期施工混凝土所用的骨料应清洁,不得含有冰、雪、冻块及其他易冻裂物质。砂应提前备足料,运至有加热设施的保温封闭储料棚(室)或仓内备用。水泥、外加剂、掺合料不得直接加热,应置于暖棚内预热。

(9)高温施工宜配备粗骨料喷雾降温设施。

(10)轻骨料的运输和堆放应符合下列规定。

1)轻骨料应按不同品种分批运输和堆放,避免混杂。

2)轻粗骨料应保持颗粒混合均匀,减少离析;采用连续级配时,堆放高度不宜超过 2 m,并应防止树叶和其他有害物质混入。

3)轻砂应采取防雨、防扬尘的措施。

预拌混凝土使用的原材料采购应签订采购合同,合同应明确质量标准和约定的质量要求,如水泥的细度、粉煤灰的均匀性及混凝土配制有特殊要求的指标等。水泥应在采购合同中约定:抽取交货水泥实物试样,以其检验结果作为验收依据。

企业应建立原材料管理台账,台账内容应至少包括进货日期、原材料名称、品种、规格、数量、生产供应单位、质量证明文件编号、检测记录编号、检测结果和不合格原材料的处置情况等。

预拌混凝土企业应记录并保存原材料的质量记录。

不得将不同厂家、品种、强度等级的水泥混合使用。

2.2 原材料进场质量验收

2.2.1 预拌混凝土企业验收工作

预拌混凝土企业应做好原材料进场验收工作,应确认原材料产地、来源(可追溯),应确认粉煤灰的脱硫脱硝工艺。

2.2.2 进场验收的主要内容和要求

原材料的品种、规格、数量、产地和生产(供货)单位、质量应符合标准和合同要求。

　　原材料进场应按批核查质量证明文件,质量证明文件应齐全、完整、真实、有效,质量证明文件不符合要求时不得验收。

　　预拌混凝土企业应对进场原材料的质量证明文件进行核查和确认,并将质量证明文件原件或核对原件确认的复印件存档,复印件需加盖原件存放单位公章,注明进场批号、数量、时间,并有经办人签字。

　　外观质量和包装方式应符合合同要求。

　　预拌混凝土企业宜核查原材料运输过程的可追溯性,如水泥的运输时长、磅差和铅封等。

　　原材料验收符合要求后方可收货。

2.2.3　水泥质量证明文件

　　水泥质量证明文件应包括合格证、出厂检验报告、型式检验报告。出厂检验报告内容应包括报告编号、水泥品种、代号、出厂编号、混合材料种类及掺量等出厂检验项目以及密度(仅限硅酸盐水泥)、标准稠度用水量、石膏和助磨剂的品种及掺量、合同约定的其他技术要求等。当预拌混凝土企业要求时,水泥生产者应在水泥发出之日起10 d 内报告除 28 d 强度以外的各项检验结果,35 d 内补报 28 d 强度的检验结果。

　　水泥中使用的混合材品种和掺量应在出厂文件中明示。

2.2.4　外加剂质量证明文件

　　外加剂质量证明文件应包括合格证、出厂检验报告、型式检验报告、使用说明书,使用说明书应包括外加剂主要成分。

2.2.5　砂、石质量证明文件

　　砂、石质量证明文件应包括合格证、出厂检验报告、型式检验报告。固定采矿点加工的砂、石,可在初始采矿时进行型式检验。石子的型式检验报告应有岩石种类、碱活性骨料类别、碱活性指标信息,砂的型式检验报告应有碱活性指标信息。

2.2.6　掺合料质量证明文件

　　掺合料质量证明文件应包括合格证、出厂检验报告、型式检验报告。矿粉出厂检验报告内容应包括批号、检验项目、石膏和助磨剂的品种和掺量、合同约定的其他技术要求、对比水泥物理性能检验结果。磨细粉煤灰出厂检验报告内容应包括批号、检验项目、分类、等级、助磨剂的品种和掺量、合同约定的其他技术要求。型式检验报告中放射性指标及检验方法应符合《建筑材料放射性核素限量》GB 6566—2010 的要求。

2.2.7　纤维质量证明文件

　　纤维质量证明文件应包括产品说明书、合格证、出厂检验报告、型式检验报告。

2.2.8　质量控制检查方法

　　对照质量证明文件核对进场材料的品种、规格、厂家(产地)及检验批划分;对照原材料进场台账按检验批检查存档的质量保证文件的数量、内容;检查进场台账与实际用量是否一致。

2.2.9 检查结果按下列原则进行质量追溯

（1）合格证、出厂检验报告缺失或内容不全,应追溯材料来源。

（2）合格证、出厂检验报告、型式检验报告被确认为虚假文件,该批材料按验收不合格处理,已使用的应追溯材料来源,并按型式检验的要求逐批检验或追溯工程实体混凝土质量。

（3）原材料来源不明或无法追溯确认的,应追溯预拌混凝土、工程实体混凝土质量。

（4）不符合强制性标准且已经使用的原材料应追溯预拌混凝土生产、施工质量控制过程和工程实体混凝土质量,并追究违法责任。

2.3 原材料进场检验

2.3.1 一般规定

质量证明文件验收符合要求后,方可进行进场检验。

原材料进场应按出厂批号和检验批划分要求,逐批做进场检验,并出具检验报告。

检验数据和检验报告应及时、真实、准确、有效,不得弄虚作假。

进场检验有争议时,应进行仲裁检验;争议各方应共同委托有资质的第三方检测机构进行仲裁检验。

型式检验报告有效期超期进场的原材料,供货方应对进场原材料进行型式检验,提供型式检验报告。

2.3.2 检验依据技术标准

普通混凝土所用的水泥应符合《通用硅酸盐水泥》GB 175—2023 的规定。当采用其他品种水泥时,其质量应符合相应标准的规定。

普通混凝土用骨料应符合《混凝土结构通用规范》GB 55008-2021、《普通混凝土用砂、石质量及检验方法标准》JGJ 52-2006,再生粗骨料应符合《混凝土用再生粗骨料》GB/T 25177—2010,再生细骨料应符合《混凝土和砂浆用再生细骨料》GB/T 25176—2010,铁尾矿砂应符合《铁尾矿砂》GB/T 31288—2014,铁尾矿砂混凝土应符合《铁尾矿砂混凝土应用技术规范》GB 51032-2014,高性能混凝土用骨料应符合《高性能混凝土用骨料》JG/T 568—2019。

普通混凝土用外加剂应符合《混凝土外加剂》GB 8076—2008、《混凝土外加剂应用技术规范》GB 50119-2013、《混凝土外加剂中残留甲醛的限量》GB 31040—2014、《混凝土外加剂中释放氨的限量》GB 18588—2001、《砂浆、混凝土防水剂》JC 474—2008、《混凝土防冻剂》JC 475—2004、《聚羧酸系高性能减水剂》JG/T223—2007、《混凝土防冻泵送剂》JG/T 377—2012、《混凝土防腐阻锈剂》GB/ T 31296—2014、《混凝土抗侵蚀防腐剂》JC/T 1011—2021、《钢筋混凝土阻锈剂》JT/T 537—2018、《钢筋混凝土阻锈剂耐蚀应用技术规范》GB/T 33803—2017。

补偿收缩混凝土用膨胀剂应符合《混凝土膨胀剂》GB 23439—2017、《混凝土外加剂应用技术规范》GB 50119-2013、《补偿收缩混凝土应用技术规程》JGJ/T 178-2009。

粉煤灰应符合《用于水泥和混凝土中的粉煤灰》GB/T 1596—2017、《粉煤灰混凝土应用技术规范》GB/T 50146—2014、《高强高性能混凝土用矿物外加剂》GB/T 18736—2017、磨细粉煤灰应符合《矿物掺合料应用技术规范》GB/T 51003-2014。

矿渣粉应符合《用于水泥和混凝土中的粒化高炉矿渣粉》GB/T 18046—2017、《高强高性能混凝土用矿物外加剂》GB/T 18736—2017。

复合矿物掺合料应符合《混凝土用复合掺合料》JG/T 486—2015、《矿物掺合料应用技术规范》GB/T 51003-2014。

石灰石粉应符合《石灰石粉在混凝土中应用技术规程》JGJ/T 318-2014、《用于水泥、砂浆和混凝土中的石灰石粉》GB/T 35164—2017。

硅灰应符合《砂浆和混凝土用硅灰》GB/T 27690—2023。

钢渣粉应符合《用于水泥和混凝土中钢渣粉》GB/T 20491；钢铁渣粉应符合《钢铁渣粉》GB/T 28293—2012。

混凝土拌合用水应符合《混凝土用水标准》JGJ 63-2006，地下水、地表水、再生水的放射性应符合现行国家标准《生活饮用水卫生标准》GB 5749—2022。

钢纤维应符合《混凝土用钢纤维》GB/T 39147—2020、《钢纤维混凝土》JG/T 472—2015、《纤维混凝土应用技术规程》JGJ/T 221-2010。

合成纤维应符合《水泥混凝土和砂浆用合成纤维》GB/T 21120—2018、《纤维混凝土应用技术规程》JGJ/T 221-2010。

原材料进场检验项目应符合《混凝土质量控制标准》GB 50164-2011 和《混凝土结构工程施工质量验收规范》GB 50204—2015 的规定。

2.3.3　检验批划分

同厂家、同品种、同规格、同批号且连续进场的散装水泥不超过 500 t 为一个检验批。

经产品认证符合要求的水泥，其检验批量可扩大一倍。同厂家、同品种、同规格的水泥，连续三次进场检验均有一次检验合格时，其后的检验批量可扩大一倍。当扩大检验批后的检验出现一次不合格时，应按扩大前的检验批容量重新验收检验，并不得再次扩大检验批容量。每个检验批检验不得少于 1 次。

同厂家、同规格的粗细骨料不超过 400 m³ 或 600 t 为一个检验批，不得扩大检验批量。当骨料产地（矿点）及加工骨料的岩石种类和来源不确定或可疑时，应增加取样检测频次。同一厂家、同一矿源的铁尾矿砂，一个检验批不应大于 600 t。每个检验批检验不得少于 1 次。

同厂家、同品种、同性能指标、同批号且连续进场的矿物掺合料、粉煤灰不超过 200 t 为一个检验批，粒化高炉矿渣粉、复合掺合料不超过 500 t 为一个检验批，硅灰不超过 30 t 为一个检验批。每个检验批检验不得少于 1 次。

同厂家、同品种、同性能、同批号且连续进场的减水剂、泵送剂、早强剂、防水剂、防腐阻锈剂不超过 50 t 为一个检验批，引气剂、引气减水剂及缓凝剂不超过 10 t 为一个检验批，膨胀剂不超过 200 t 为一个检验批。每个检验批检验不得少于 2 次。

经产品认证符合要求的外加剂，其检验批量可扩大一倍。同厂家、同品种、同规格的外加剂，连续三次进场检验均有一次检验合格时，其后的检验批量可扩大一倍。当扩大检验批后的检验出现一次不合格时，应按扩大前的检验批容量重新验收检验，并不得再次扩大检验批容量。

当混凝土拌合用水采用饮用水时，可不检验；当采用中水、地下水、地表水等其他水源时，同一水源每周检验不少于 1 次；地下水连续 3 次检验合格的，可每季度进行不少于 1 次检验。

当发现水受到污染且对混凝土性能有影响时，应立即检验。

生产回收水及混合水检验频率应按本书第 9 章的规定。

存储期超过三个月的外加剂，应重新采集试样进行复验并按复验结果使用。

轻骨料检验批量应符合下列规定。

（1）轻骨料应按种类、品种、密度等级分别划分批量。

（2）同一类别、同一规格且同密度等级的轻骨料应每 200 m³ 为一批。

（3）不同批次或非连续供应不足一个检验批量时，应作为一个检验批。

2.3.4　检验样品抽样管理

应建立原材料抽样及样品管理制度，制定各类原材料的抽样方案，填写抽样记录，抽样记录参照附录 1。

2.3.5　检验样品抽样数量及方法

水泥的取样方法按《水泥取样方法》GB/T 12573—2008 进行，可采用手动取样器或自动取样器在有代表性部位取样，一般在水泥卸料输送管中或水泥运输车上，从 20 个以上不同部位取等量样品，总量不少于 24 kg。将其缩分为二等份，一份封存样保存 40 d，一份试验样进行检验。

生产过程中对水泥质量产生怀疑或水泥出厂超过 3 个月的，应重新取样进行检验。

预拌混凝土企业可与水泥生产企业在水泥交货验收时共同取样和封签。

水泥安定性检验应在取样之日起 10 d 内完成。

砂石从料堆取样时，取样部位应均匀分布。取样前先将取样部位表层铲除，然后从不同部位随机抽取大致等量的砂 8 份、石 16 份，各自组成一组样品；从皮带运输机上取样时，应在皮带运输机的出料处用接料器定时抽取砂 4 份、石 8 份，各自组成一组样品；从运输车上取样时，应从不同部位和深度抽取大致相等的砂 8 份、石 16 份，各自组成一组样品。将抽取的样品拌合均匀，用分料器或人工法缩分到试验所需量。经观察，运输车所载砂、石质量相差悬殊，应对质量有怀疑的逐车取样。

液体外加剂取样应具有代表性，从容器上、中、下三层分别取样，每批取样数量不少于 0.2 t 胶凝材料所需用的外加剂量(以最大掺量计)。每批取得的试样应充分混合均匀,分为二等份:其中一份应按进场检验项目进行检验,每检验批检验不得少于两次;另一份应密封留样保存半年。有疑问时,应进行对比检验;有争议时,应进行复检或仲裁检验。

膨胀剂的取样方法按《水泥取样方法》GB/T 12573—2008 进行,可采用手动取样器或自动取样器在有代表性部位取样,可连续取,亦可从 20 个以上不同部位(袋)取等量样品,总量至少 10 kg,试样应混合均匀。

矿粉取样方法按《水泥取样方法》GB/T 12573—2008 规定进行,可采用手动取样器或自动取样器在有代表性部位取样,可连续取,亦可从 20 个以上部位取等量样品,取样质量为 10 kg,试样应混合均匀,按四分法缩分为二等份,一份封存样保存 40 d,一份试验样进行检验。

粉煤灰取样方法按《水泥取样方法》GB/T 12573—2008 规定进行,可采用手动取样器或自动取样器在有代表性部位取样,可连续取,亦可从 10 个以上部位取等量样品,取样质量为 5 kg,试样应混合均匀,缩分为二等份,一份封存样保存 40 d,一份试验样进行检验。必要时,可对其进行随机抽样检验。

硅灰取样方法按《水泥取样方法》GB/T12573—2008 规定进行,可采用手动取样器或自动取样器在有代表性部位取样,可连续取,亦可从 10 个以上部位(袋)取等量样品,总量至少 5 kg,试样应混合均匀,缩分为二等份,一份封存样保存 40d,一份试验样进行检验。

拌合用水取样方法及数量应符合下列规定。

(1)地下水应在放水冲洗管道后接取或直接用容器采集,不得将地下水积存于地表后再从中采集。

(2)地表水宜在水域中心部位、距水面 100 mm 以下采集。

(3)再生水应在取水管道终端接取。

(4)混凝土企业生产设备洗刷水应沉淀后在池中距水面 100 mm 以下采集。

(5)采集水样的容器应无污染,容器用待采集水样冲洗三次后灌装,并应密封待用。

(6)水质检验水样不应少于 5 L,用于测定水泥凝结时间和胶砂强度水样不应少于 3 L。

2.3.6　进场检验项目

水泥的检验项目包括细度、凝结时间、安定性、胶砂强度、氧化镁、氯离子含量、放射性。大体积混凝土用水泥应检验水化热、碱含量。低碱水泥主要控制指标还应包括碱含量,中、低热硅酸盐水泥或低热矿渣硅酸盐水泥主要控制指标还应包括水化热。

结构混凝土用水泥主要控制指标应包括凝结时间、安定性、胶砂强度和氯离子含量。

结构混凝土用水泥首次使用,应按不同厂家、不同等级、不同品种水泥,检验水泥中混合材掺量,使用期间应进行抽查,检验结果作为混凝土配合比控制掺合料掺量的依据。

粗骨料的检验项目包括颗粒级配、表观密度、堆积密度、吸水率、针片状颗粒含量、含泥量、泥块含量、压碎值、坚固性、碱活性、放射性。高强混凝土用粗骨料还应检验岩石抗压强度;高性能混凝土用粗骨料还应检验岩石抗压强度、不规则颗粒含量、氯离子含量。

再生粗骨料每验收批至少应进行颗粒级配、微粉含量、泥块含量、吸水率、坚固性、针片状颗粒含量、压碎指标、表观密度检验,初次使用还应进行有害物质含量、杂物含量和空隙率等项目检测。

细骨料检验项目应包括颗粒级配、细度模数、表观密度、堆积密度、吸水率、含泥量、泥块含量、氯离子含量、坚固性、碱活性、有害物质含量、放射性;人工砂(机制砂)主要检验项目还应包括石粉含量、石粉亚甲蓝值(MB)、石粉流动度比、压碎值。高性能混凝土用人工砂还应检验需水量比、片状颗粒含量。

铁尾矿砂检验项目应包括颗粒级配、细度模数、坚固性、压碎指标、泥块含量、石粉含量、硫化物及硫酸盐含量、吸水率等。同一矿源的铁尾矿砂首次使用时还应进行碱活性试验。

再生细骨料每验收批至少应进行颗粒级配、微粉含量、泥块含量、坚固性、胶砂需水量比、表观密度检验。初次使用前还应对有害物质含量、压碎指标、胶砂强度比、堆积密度和空隙率进行检测。

水洗砂应按第 13 章 13.1 节的方法检验絮凝剂含量。

同一矿点生产的骨料首次使用时,应进行碱活性检验。

骨料碱活性检验项目应包括岩石种类和成分、碱-硅酸反应活性和碱-碳酸盐反应活性。各类岩石制作的骨料均应进行碱-硅酸反应活性检验,碳酸盐骨料还应进行碱-碳酸盐反应活性检验。河砂和海砂可不进行岩石种类和碱-碳酸盐反应活性的检验。

碱-硅酸反应活性成分为活性二氧化硅,包括蛋白石、火山玻璃体、玉髓、玛瑙、蠕石英、磷石英、方石英、微晶石英、燧石、具有严重波状消光的石英。

碱-碳酸盐反应活性成分为活性碳酸盐,活性碳酸盐为具有细小菱形的白云石晶体。

检验结果处理应符合以下规定:根据岩相鉴定结果,对于不含活性矿物的岩石,可评定为非碱活性骨料;评定为碱活性骨料或可疑时,应按标准的规定进行进一步检验鉴定。

外加剂检验项目包括掺外加剂混凝土性能、外加剂匀质性、平行对比试验和适应性(相容性)试验验证四个方面。混凝土性能方面的检验项目包括减水率、凝结时间差和抗压强度比;外加剂匀质性方面的检验项目包括 pH 值、密度、含固量、氯离子含量和碱含量;外加剂应按进场检验批次采用使用的原材料和配合比与上批留样进行平行对比试验;外加剂使用前应进行适应性(相容性)试验验证。

引气剂和引气减水剂的检验项目还应包括含气量。

防冻剂检验项目还应包括含气量和 50 次冻融强度损失率比。

膨胀剂检验项目还应包括凝结时间、限制膨胀率和抗压强度。

泵送剂还应检验坍落度 1 h 经时变化值,早强剂还应检验 1 d 抗压强度比。

减水剂平行对比试验项目:初始坍落度或经时坍落度(或扩展度)。

泵送剂平行对比试验项目:减水率、坍落度 1 h 经时变化值。

引气剂和引气减水剂平行对比试验项目:含气量。

粉煤灰检验项目包括细度、需水量比、烧失量、三氧化硫含量、含水量、强度活性指数、铵离子含量、氯离子含量、放射性,C 类粉煤灰主控项目还应包括游离氧化钙含量和安定性。

矿粉检验项目包括细度、流动度比、烧失量、含水量、活性指数、氯离子含量、放射性。

硅灰检验项目应包括比表面积、含水率、活性指数、需水量比、烧失量和二氧化硅含量、氯离子含量、放射性。

混凝土拌合用水质量检验项目包括 pH 值、硫酸根离子含量、氯离子含量、不溶物含量、可溶物含量。当混凝土骨料具有碱活性时,还应检验碱含量;地表水、地下水、再生水在首次使用前应检测放射性、水泥凝结时间差和水泥胶砂强度比。

钢纤维检验项目包括抗拉强度、弯曲性能、尺寸偏差、杂质含量。

合成纤维检验项目包括抗拉(断裂)强度、初始模量、断裂伸长率、耐碱性能、分散性相对误差、混凝土抗压强度比。

石灰石粉检验项目包括碳酸钙含量、细度、活性指标、流动度比、含水量、亚甲蓝值。

轻骨料进场时,按现行国家标准《轻集料及其试验方法第 1 部分:轻集料》GB/T 17431.1—2010 和《轻集料及其试验方法第 2 部分:轻集料试验方法》GB/T 17431.2—2010 的规定进行复验。轻骨料检验项目应符合下列规定。

(1)对于轻粗骨料,检验项目应包括颗粒级配、堆积密度、筒压强度和吸水率;对自燃煤矸石,尚应包括烧失量和三氧化硫含量。

(2)对于轻细骨料,检验项目应包括颗粒级配、堆积密度、吸水率。

(3)干表观密度的检验频率与拌合物的湿表观密度检验频率一致,允许根据干表观密度和湿表观密度相关关系,在检验湿表观密度间接控制干表观密度的基础上,可减少直接检验干表观密度的频率。

(4)轻骨料混凝土的干表观密度、吸水率、软化系数、导热系数和线膨胀系数等性能的测定应符合《轻骨料混凝土应用技术标准》JGJ/T 12-2019 附录 B 的规定。

(5)轻骨料进场时,配制不低于 LC30 强度等级的结构用轻骨料混凝土的轻粗骨料,还应检验其强度标号。

预拌混凝土企业也可根据自身条件和需求确定增加其他检测项目,特殊的检测项目也可委托具有资质的检测机构进行检测。

2.3.7　检验项目试验方法

检验项目试验方法应符合附录 2 和下列规定。

人工砂亚甲蓝值(MBF)试验按《高性能混凝土用骨料》JG/T 568—2019 附录 C 规定。

人工砂石粉流动度比按《高性能混凝土用骨料》JG/T 568—2019 附录 D 规定。

含有硫氰酸盐、甲酸盐等早强剂、防冻剂的氯离子含量检验应采用离子色谱法。

在日常生产质量控制中,按批进行标准方法检验的同时,可采用快速方法检测,及时提供数据,方便生产质量控制。

天然砂与人工砂、铁尾矿砂混合使用时,混合前应分别进行检验,混合后每验收批应按混合比例再进行检验。

结构混凝土用水泥宜按第 13 章中的方法快速检测水泥中混合料掺加量,作为连续生产过程中控制水泥质量和混凝土配合比设计确定掺合料掺量的依据;当检测结果不合格或可疑时,应按标准方法检测确认。

应定期采用标准检验方法对快速检测方法进行校准。

2.3.8　检验合格判定

水泥检验结果除按水泥产品标准规定的技术指标进行合格判定外,水泥中氯离子含量有更低要求时,按合同约定指标判定;水泥中水溶性铬(Ⅵ)应符合《水泥中水溶性铬(Ⅵ)的限量及测定方法》GB 31893—2015 的要求;水泥中的碱含量按 $Na_2+0.658K_2O$ 计算值表示,按合同约定指标判定;水泥细度有特殊要求时,可按合同约定指标进行判定。

骨料检验结果除按《普通混凝土用砂、石质量及检验方法标准》JGJ 52-2006 规定的质量指标进行合格判定外,结构混凝土用骨料还应按下列强制性标准要求判定。

(1)对于有抗渗、抗冻、抗腐蚀、耐磨或其他特殊要求的混凝土,砂的含泥量和泥块含量分别不应大于 3.0% 和 1.0%,坚固性指标不应大于 8%。

(2)高强混凝土用砂的含泥量和泥块含量分别不应大于 2.0% 和 0.5%。

(3)机制砂应按石粉的亚甲蓝值(MB)和石粉的流动度比(F)指标控制石粉含量。具体应符合下列要求。

1)当石粉亚甲蓝值 MB>6.0 时,石粉含量(按质量计)不应超过 3.0%。

2)当石粉亚甲蓝值 MB>4.0,且石粉的流动度比 F<100% 时,石粉含量(按质量计)不应超过 5.0%。

3)当石粉亚甲蓝值 MB>4.0,且石粉的流动度比 F≥100% 时,石粉含量(按质量计)不应超过 7.0%。

4)当石粉亚甲蓝值 MB≤4.0,且石粉的流动度比 F≥100% 时,石粉含量(按质量计)不应超过 10.0%。

5)当石粉亚甲蓝值 MB≤2.5 或石粉的流动度比 F≥110% 时,根据使用环境和用途,并经试验验证,可适当放宽石粉含量(按质量计),但不应超过 15.0%。

(4)钢筋混凝土用砂的氯离子含量不应大于 0.03%,预应力混凝土用砂的氯离子含量不应大于 0.01%(合格判定以该规定为准)。

(5)粗骨料的坚固性指标不应大于 12%,对于有抗渗、抗冻、抗腐蚀、耐磨或其他特殊要求的混凝土,坚固性指标不应大于 8%。

(6)对于有抗渗、抗冻、抗腐蚀、耐磨或其他特殊要求的混凝土,粗骨料中的含泥量和泥块含量分别不应大于 1.0%和 0.5%。

（7）高强混凝土用粗骨料的含泥量和泥块含量分别不应大于 0.5%和 0.2%。

（8）《建筑及市政工程用净化海砂》JG/T 494—2016 要求氯离子含量 ≤0.003%，贝壳含量 ≤3%；《高性能混凝土用骨料》JG/T 568—2019 特级砂要求氯离子含量 ≤0.01%，贝壳含量 ≤3%。

（9）铁尾矿砂氯化物含量（以氯离子质量计）≤0.02%。

外加剂除按产品标准进行合格判定外，还应按下列要求进行判定。

（1）膨胀剂进场检验除正常检验项目外，可按《混凝土膨胀剂》GB 23439—2017 附录 C 快速试验方法定性判别膨胀剂或掺膨胀剂混凝土的膨胀性能。

（2）平行对比试验项目的合格判定：减水剂的坍落度允许偏差 ±30 mm（坍落度设计值 ≥100 mm 时）、减水率允许偏差 ±2%、1 h 坍落度经时变化值允许偏差 ±20 mm；缓凝剂的凝结时间允许偏差应为 ±1 h；引气剂及引气减水剂的含气量允许偏差 ±1.0%。

（3）外加剂中氨的释放量 ≤0.10%（质量分数）。

（4）外加剂中残留甲醛的量应不大于 500 mg/kg。

（5）外加剂中是否含有硫氰酸盐、甲酸盐、六价铬、亚硝酸盐、碳酸盐、氯盐、强电解质无机盐、硝酸铵、碳酸铵等，以外加剂出厂使用说明书告知的成分作出限制使用范围的判定，可疑或有必要时，进行取样检验。

掺合料除按产品标准进行合格判定外，还应按下列要求进行判定。

（1）粉煤灰中铵离子含量不大于 210 mg/kg，氯离子含量 ≤0.06%（质量分数）。

（2）磨细粉煤灰氯离子含量 ≤0.02%。

（3）粉煤灰均匀性符合合同约定的指标。

混凝土拌合用水 pH、硫酸根离子含量、氯离子含量、不溶物含量、可溶物含量质量指标符合混凝土拌合水标准要求时，判定可用于混凝土拌合用水；当混凝土骨料具有碱活性时，碱含量指标符合混凝土拌合水标准要求，判定可用于混凝土拌合用水；地表水、地下水、再生水的放射性、水泥凝结时间差和水泥胶砂强度比试验符合混凝土拌合水标准要求，判定可用于混凝土拌合用水。

原材料进场一次检验不合格，可二次取样复检的材料。

（1）粉煤灰任何一项指标不符合规定要求，应在同一批中加倍重新取样，对全部项目进行复检，以复检结果判定。

（2）外加剂任何一项指标不符合规定要求，以封存样品进行复检，复检按照型式检验项目检验。

（3）砂、石有一项指标不符合标准规定要求，应在同一批中加倍重新取样，对该不符合项目进行复检，以复检结果判定。两项及以上项目检验不符合标准规定时，不得复检。

（4）钢纤维有一项或多项指标不符合标准规定要求，应在同一批中加倍重新取样,对该不符合项目进行复检,以复检结果判定。

（5）化学纤维宜对留存样品进行复检,复检按照型式检验项目检验。

（6）混凝土拌合用水的水泥凝结时间差和水泥胶砂强度比检验不满足要求时,应重新加倍取样复检一次。

2.3.9　原材料检验原始记录与检测报告

检测原始记录应按类别、按年度流水编号,数据应真实、清晰完整。检测原始记录应包含足够的信息,需体现试验过程,及时填写,不得追记和涂改,并由检测完成人签字;自动采集的检测数据应及时打印并保存电子数据备查。

试验报告应按类别、按年度流水编号,采用统一报告格式打印或书写,数据清晰,结论明确。试验报告应由试验完成人签字,试验室负责人批准。

检测数据和检测报告不得弄虚作假。

2.3.10　检验样品留置

原材料按取样规定留取足量的样品进行封存。胶砂强度、混凝土强度和抗渗试验后试件应留置。样品的留置应符合下列规定。

（1）应完善留样标识:标明编号、生产厂家、批号、取样日期、质保单等信息,编号应与试验编号一致;留样标识粘贴在留样包装外侧醒目位置。

（2）留样样品统一保存:水泥、粉煤灰、硅灰和矿粉留样宜采用水泥专用密封留样筒,砂石等骨料留样采用干净袋子,液体样品留样均采用塑料桶密封。

（3）水泥、粉煤灰、矿粉、硅灰等应保存不少于 40 d;外加剂应保存 6 个月,骨料根据需要保存,宜不少于 30 d。

（4）胶砂强度、混凝土强度和抗渗试验后试件留样时间不少于 72 h。

2.3.11　质量控制检查方法

检查每批材料的抽样记录、检验报告、原始记录及样品留置,核查进场检验程序、数据、结论。

2.3.12　检查结果质量追溯

未检验或检验不合格已使用,应追溯工程实体混凝土质量及质量责任。

检验项目不全,应评估对混凝土质量影响风险,追溯结构实体混凝土质量。

执行检验标准错误或技术指标合格判定错误,应对留置样品进行再检,按再检结果处理。

检验数据、结论错误,应复检或鉴别是否使用不合格材料,使用不合格材料应追溯结构实体混凝土质量。

试验检验数据、报告虚假应追溯结构实体混凝土质量,并追溯质量违法责任。

违反强制性标准规定,应追溯结构实体混凝土质量,承担质量损失责任,并追溯质量违法责任。

进场原材料超出批次规定数量复检且已用于工程混凝土结构时,应追溯对应的现场工程结构实体混凝土质量,由有资质的检测机构进行相关项目（强度、氯离子、铵离子、放射性等)检测,根据实体结构质量检测结果进行处理。

使用无技术标准材料,且未经论证,应追溯结构实体混凝土质量,并追溯违反工程建设强制性标准质责任。

2.4　不合格材料处置

预拌混凝土企业应建立不合格原材料管理制度。

不合格品的处置方式:经技术措施处理,符合相关技术标准要求,并对其再次进行试验验证,按验证结果使用;经技术措施处理,不能满足使用要求,直接退货或报废处理。

预拌混凝土技术负责人应负责对不合格品控制和纠正措施的实施和验证情况进行检查,并制定纠正与预防措施。

预拌混凝土试验室应建立不合格品台帐,不得抽撤、涂改,确保不合格品的可追溯。

不合格品处置记录及技术措施等文件应按生产质量控制技术资料的要求存档。

质量控制检查方法:核查存档不合格品台账、检验报告、技术措施等文件。

检查结果质量追溯:存档文件弄虚作假,无法进行质量追溯,应追溯质量责任;不合格品已使用,应追溯混凝土及结构实体混凝土质量,并追溯违反工程建设强制性标准的责任。

第3章 混凝土配合比质量控制

3.1 基本规定

3.1.1 混凝土配合比设计

混凝土配合比设计必须符合国家工程建设强制性标准。

结构混凝土应进行配合比设计,并应采取保证混凝土拌合物性能、混凝土力学性能和耐久性措施。

结构混凝土应按照混凝土力学性能、工作性能和耐久性能的要求,确定各组成材料的种类、性能及用量要求。

当混凝土用砂的氯离子含量大于 0.003% 时,水泥的氯离子含量不应大于 0.025%,拌合用水的氯离子含量不应大于 250 mg/L。

混凝土的放射性限量应符合表 3.1 的规定。

表 3.1 混凝土的放射性限量

测定项目	限量
内照射指数	≤1.0
外照射指数	≤1.0

结构混凝土中水溶性氯离子的最大含量不应超过表 3.2 的规定。计算水溶性氯离子的最大含量时,辅助胶凝材料的量不应大于硅酸盐水泥的量。

表 3.2 结构混凝土中水溶性氯离子的最大含量

环境条件	水溶性氯离子最大含量(按胶凝材料的质量百分比计,%)	
	钢筋混凝土	预应力混凝土
干燥环境	0.30	
潮湿但不含氯离子的环境	0.20	0.06
潮湿且含有氯离子的环境	0.15	
除冰盐等侵蚀性物质的腐蚀环境、盐渍土环境	0.10	

　　配合比的配制强度、设计、试配、确定应符合《普通混凝土配合比设计规程》JGJ 55-2011 的规定。对冻融环境、氯离子侵蚀环境条件下的配合比设计还应符合《混凝土结构耐久性设计规范》GB/T 50476-2019 要求。

　　应按照混凝土不同使用环境、不同工程类型、不同部位、不同施工工艺及不同材料进行混凝土配合比设计，所用原材料应与工程所用原材料相同。

　　配合比设计所用细骨料的含水率应小于 0.5%，粗骨料含水率应小于 0.2%。

　　混凝土使用碱活性骨料或工程设计有预防混凝土碱骨料反应要求的，应采取预防混凝土碱骨料反应的技术措施。宜掺用适量粉煤灰或其他矿物掺合料，混凝土中最大碱含量不应大于 3.0 kg/m³。混凝土碱含量计算应符合以下规定。

　　（1）混凝土碱含量应为配合比中各原材料的碱含量之和。

　　（2）水泥、外加剂和水的碱含量可用实测值计算；粉煤灰碱含量可用 1/6 实测值计算，硅灰和粒化高炉矿渣粉碱含量可用 1/2 实测值计算。

　　（3）骨料碱含量可不计入混凝土碱含量。

　　3.1.2　预防混凝土碱骨料反应的技术措施

　　预防混凝土碱骨料反应的技术措施。

　　（1）混凝土宜采用非碱活性骨料。

　　（2）具有碱-碳酸盐反应活性的骨料不得用于配制混凝土。

　　（3）在盐渍土、海水和受除冰盐作用等含碱环境中，重要结构的混凝土不得采用碱活性骨料。

　　（4）应采用 F 类的 Ⅰ 级或 Ⅱ 级粉煤灰，粉煤灰的碱含量不宜大于 2.5%。

　　（5）宜采用碱含量不大于 1.0% 的粒化高炉矿渣粉。

　　（6）宜采用二氧化硅含量不小于 90%、碱含量不大于 1.5% 的硅灰。

　　（7）应采用低碱含量的外加剂。

　　（8）应采用碱含量不大于 1 500 mg/m³ 的拌合水。

　　（9）混凝土中宜掺用适量引气剂。

　　3.1.3　外加剂和矿物掺合料

　　外加剂和矿物掺合料在混凝土中的掺量应根据试验确定。

　　3.1.4　混凝土的最小胶凝材料用量

　　混凝土的最小胶凝材料用量应符合表 3.3 的规定。

表 3.3　混凝土的最大水胶比和最小胶凝材料用量

最大水胶比	最小胶凝材料用量/kg·m⁻³		
	素混凝土	钢筋混凝土	预应力混凝土
0.60	250	280	300
0.55	280	300	300
0.50	320		
≤0.45	330		

3.1.5 硅酸盐水泥或普通硅酸盐水泥

采用硅酸盐水泥或普通硅酸盐水泥时,混凝土中矿物掺合料的最大掺量宜符合下列规定。

(1)钢筋混凝土中矿物掺合料的最大掺量应符合表 3.4 的规定。

表 3.4 钢筋混凝土中矿物掺合料的最大掺量

矿物掺合料种类	水胶比	最大掺量(%)	
		采用硅酸盐水泥	采用普通硅酸盐水泥
粉煤灰	≤0.4	45	35
	>0.4	40	30
粒化高炉矿渣粉	≤0.4	65	55
	>0.4	55	45
复合掺合料	≤0.4	65	55
	>0.4	55	45

(2)预应力混凝土中矿物掺合料的最大掺量应符合表 3.5 的规定。

表 3.5 预应力混凝土中矿物掺合料的最大掺量

矿物掺合料种类	水胶比	最大掺量(%)	
		采用硅酸盐水泥	采用普通硅酸盐水泥
粉煤灰	≤0.4	35	30
	>0.4	25	20
粒化高炉矿渣粉	≤0.4	55	45
	>0.4	45	35
复合掺合料	≤0.4	55	45
	>0.4	45	35

(3)复合掺合料各组分掺量不宜超过单掺时的最大掺量。

(4)在混合使用两种以上矿物掺合料时,矿物掺合料总量应符合表中最大掺合料的规定。

(5)硅灰的最大掺量为 10%。

(6)采用其他通用硅酸盐水泥时,宜将 20% 以上的水泥混合材掺量计入混凝土矿物掺合料。

(7)水泥中的混合材掺量应进行实测,按实测结果确定混凝土配制时的矿物掺合料最大掺量。水泥混合材掺量实测结果超出水泥标准的部分计入混凝土的掺合料用量。

3.1.6 混凝土中水溶性氯离子含量

混凝土中水溶性氯离子含量应符合下列规定。

（1）配合比设计、出厂检验和交货验收检验的水溶性氯离子含量按水泥质量的百分比计；混凝土结构施工质量验收检验的水溶性氯离子含量按胶凝材料质量的百分比计，计算水溶性氯离子最大含量时，辅助胶凝材料的量不应大于硅酸盐水泥的量。

（2）设计使用年限为 100 年的混凝土结构，混凝土中的最大氯离子含量为 0.06%（占胶凝材料总用量的百分比）。

3.1.7 混凝土最小含气量

长期处于潮湿环境或水位变动的寒冷和严寒环境以及盐冻环境的混凝土应掺用引气剂。混凝土最小含气量应符合表 3.6 的规定，最大含气量不宜超过 7.0%。

表 3.6 混凝土最小含气量

粗骨料最大公称粒径/mm	混凝土最小含气量	
	潮湿环境、水位变动的寒冷和严寒环境	盐冻环境
25.0	5.0%	5.5%
20.0	5.5%	6.0%

3.1.8 水泥选用及要求

水泥品种与强度等级的选用应根据设计、施工要求以及工程所处环境确定。

对于一般建筑结构及预制构件的普通混凝土宜选用通用硅酸盐水泥，掺用矿物掺合料的混凝土，宜采用硅酸盐水泥和普通硅酸盐水泥。

对抗渗、抗冻混凝土，宜选用硅酸盐水泥或普通硅酸盐水泥；防水混凝土不得使用过期或受潮结块水泥。

处于潮湿环境的混凝土结构，当使用碱活性骨料时，宜采用低碱水泥。

水泥的使用温度直接影响混凝土拌合物的温度，并影响混凝土的工作性能和体积稳定性，拌合混凝土的水泥温度不宜超过 60 ℃。

3.1.9 外加剂选用及要求

结构混凝土用外加剂应符合下列规定。

（1）含有六价铬、亚硝酸盐和硫氰酸盐成分的混凝土外加剂不应用于饮水工程中建成后与饮用水直接接触的混凝土。

（2）含有强电解质无机盐的早强型普通减水剂、早强剂、防冻剂和防水剂，严禁用于下列混凝土结构。

1）与镀锌钢材或铝材相接触部位的混凝土结构。

2）有外露钢筋、预埋件而无防护措施的混凝土结构。

3）使用直流电源的混凝土结构。

4）距离高压直流电源 100 m 以内的混凝结构。

（3）含有氯盐的早强型普通减水剂、早强剂、防水剂和氯盐类防冻剂,不应用于预应力混凝土、钢筋混凝土和钢纤维混凝土结构。

（4）含有硝酸铵、碳酸铵的早强型普通减水剂、早强剂和含有硝酸、碳酸按、尿素的防冻剂,不应用于民用建筑工程。

（5）含有亚硝酸盐、碳酸盐的早强型普通减水剂、早强剂、防冻剂和含有硝酸盐的阻锈剂,不应用于预应力混凝土结构。

不得在预应力钢筋混凝土中采用含有亚硝酸盐或碳酸盐的防冻剂以及在办公、居住等建筑工程中采用含有硝铵或尿素的防冻剂。

不同品种外加剂首次复合使用时,应检验相容性。聚羧酸类减水剂不得与萘系、氨基磺酸盐、三聚氰胺系减水剂混合使用。

选用外加剂应具备四个技术文件:产品说明书、出厂检验报告及合格证、型式检验报告。

外加剂掺量应在产品说明书推荐范围内,经试验确定。

膨胀剂宜选用Ⅱ型产品。

3.1.10　粗骨料选用及要求

混凝土粗骨料宜采用连续级配。

对于混凝土结构,粗骨料最大公称粒径不得超过构件截面最小尺寸的1/4,且不得超过钢筋最小净间距的3/4;对于混凝土实心板,骨料的最大公称粒径不宜超过板厚的1/3,且不得超过40 mm;对于大体积混凝土,粗骨料最大公称粒径不宜小于31.5 mm。

对于防裂抗渗透要求高的混凝土,宜选用级配良好和空隙率较小的粗骨料,或者采用两个或三个粒级的粗骨料混合配制连续级配粗骨料,粗骨料空隙率不宜大于47%。

对于有抗渗、抗冻、抗腐蚀、耐磨或其他特殊要求的混凝土,粗骨料中的含泥量和泥块含量分别不应大于1.0%和0.5%;坚固性检验的质量损失不应大于8%。

对于高强混凝土,粗骨料的岩石抗压强度应比混凝土设计强度至少高30%;最大公称粒径不宜大25.0 mm,针片状含量不宜大于5%且不应大于8%;含泥量和泥块含量分别不应大于0.5%和0.2%。

3.1.11　细骨料选用及要求

泵送混凝土宜采用中砂,且300 mm筛孔的颗粒通过量不宜少于15%。

对于防裂抗渗透要求高的混凝土,宜选用级配良好和洁净的中砂,天然砂的含泥量和泥块含量分别不应大于2.0%和0.5%,人工砂的石粉含量不宜大于5%。

对于有抗渗、抗冻或其他特殊要求的混凝土,砂中的含泥量和泥块含量分别不应大于3.0%和1.0%;坚固性检验的质量损失不应大于8%。

对于高强混凝土,砂的细度模数宜控制为2.6~3.0,含泥量和泥块含量分别不应大于2.0%和0.5%。

预拌混凝土严禁使用未经净化处理的海砂和特细砂。海砂必须经过净化处理,处理后的海砂也不得用于预应力钢筋混凝土。

采用混合砂时,应按规定的品种、规格和比例混合,混合后宜符合Ⅱ区中砂的标准规定。

3.1.12　矿物掺合料选用及要求

对于高强混凝土或有抗渗、抗冻、抗腐蚀、耐磨等其他特殊要求的混凝土,宜采用不低于Ⅱ级F类粉煤灰。

对于高强混凝土和耐腐蚀要求的混凝土,当需要采用硅灰时,宜采用二氧化硅含量不小于90%的硅灰。

粉煤灰可根据等级按下列规定应用。

(1)Ⅰ级粉煤灰使用于钢筋混凝土和跨度不小于6 m的预应力混凝土。预应力混凝土宜掺用Ⅰ级F类粉煤灰,掺用Ⅱ级F类粉煤灰时应经过试验论证。

(2)Ⅱ粉煤灰适用于钢筋混凝土和无筋混凝土。

(3)Ⅲ粉煤灰主要用于无筋混凝土。对C30及以上等级的无筋混凝土,宜采用Ⅰ、Ⅱ级粉煤灰。

(4)硫酸盐侵蚀环境下的混凝土不得使用C类粉煤灰。

(5)如经过试验论证,可采用比上述规定低一级的粉煤灰。

矿物掺合料的掺量以及与外加剂的相容性,应由试验确定。

矿物掺合料的品种和掺量,应根据矿物掺合料本身的品质,结合混凝土其他参数、工程性质、所处环境等因素,宜按下列原则选择确定。

(1)混凝土的水胶比较小、浇筑温度与气温较高、混凝土强度验收龄期较长时,矿物掺合料宜采用较大掺量。

(2)对混凝土构件最小截面尺寸较大的大体积混凝土、水下工程混凝土以及有抗腐蚀要求的混凝土等,可在控制限量的基础上,根据需要适当增加矿物掺合料的掺量,并进行充分试验验证。

(3)对于最小截面尺寸小于150 mm的构件混凝土,宜采用较小坍落度,矿物掺合料宜采用较小掺量。

(4)对早期强度要求较高或环境温度较低条件下施工的混凝土,矿物掺合料宜采用较小掺量。

3.1.13　纤　维

钢纤维混凝土可采用碳钢纤维、低合金钢纤维或不锈钢纤维。合成纤维混凝土可采用聚丙烯腈纤维、聚丙烯纤维、聚胺纤维或聚乙烯醇纤维等。

3.1.14　拌合用水

配制混凝土的骨料具有碱活性时,不得使用回收水。

当采用饮用水作为混凝土用水时,可不检验。当采用中水、生产现场循环用水等其他来源水作为混凝土用水时,应经检验符合现行国家标准《混凝土用水标准》JGJ 63-2006的有关规定后,方可用于生产。

3.1.15　混凝土拌合物

混凝土拌合物应具有良好的和易性,并不得产生离析或泌水。混凝土拌合物的凝结时间应满足施工要求和混凝土性能要求。

混凝土拌合物在满足施工要求的前提下,应尽可能采用较小的坍落度;泵送混凝土拌合物坍落度不宜大于 180 mm。

泵送高强混凝土的扩展度不宜小于 500 mm;自密实混凝土的扩展度不宜小于 600 mm。

混凝土拌合物的坍落度经时损失不应影响混凝土的正常施工。泵送混凝土拌合物的坍落度经时损失不宜大于 30 mm/h。

3.1.16　混凝土配合比设计

混凝土配合比设计应满足设计要求:强度等级、抗渗等级、抗冻等级(标号)、抗硫酸盐等级、抗氯离子渗透性能等级、抗碳化性能等级、早期抗裂性能等级、碱-骨料反应、氯离子含量等耐久性能指标、补偿收缩指标。

混凝土配合比设计应满足施工要求:拌合物工作性(坍落度、坍落度经时损失、扩展度、离析、泌水、泵送砼压力泌水等)、凝结时间、含气量、补偿砼收缩性能。

混凝土配合比设计应满足混凝土配制强度要求。

经济合理:确定合理的配制强度,在保证配制强度的前提下,采用尽可能低的水泥用量。

冬期施工应按照不同的负温进行配合比设计。

3.1.17　高强混凝土的最大胶凝材料用量

高强混凝土的最大胶凝材料用量不宜超过 550 kg/m³。

3.1.18　配合比设计过程

配合比设计过程包括计算配合比、试拌配合比,然后形成设计配合比;配合比设计程序应遵照第 3 章的相关规定。

3.1.19　楼板或薄壳构件的预拌混凝土

对用于楼板或薄壳构件的预拌混凝土,当使用单种掺合料时,掺合料与水泥比例不得超过 1:4;当使用多种掺合料时,掺合料与水泥比例不得超过 1:3。当水泥中混合材掺量在 20% 以上时,其超出部分应计入掺合料掺量。

3.1.20　现浇住宅楼板混凝土配合比设计

现浇住宅楼板混凝土配合比设计应符合下列规定。

(1)用水量不得大于 180 kg/m³。

(2)当采用普通硅酸盐水泥配制时,粉煤灰掺量不得超过取代前水泥用量的 15%,矿渣粉掺量不得超过取代前水泥用量的 20%;当采用硅酸盐水泥配制时,粉煤灰掺量不得超过取代前水泥用量的 20%,矿渣粉掺量不得超过取代前水泥用量的 25%。

(3)现浇楼板强度等级不宜大于 C30,当大于 C30 时,混凝土配制应控制抗裂性能,进行胶凝材料及外加剂相容性试验和混凝土抗裂性能的平板试验。试验方法按《建筑工程裂缝防治技术规程》JGJ/T 317-2014 的规定。

3.1.21　混凝土配合比使用

在混凝土配合比的使用过程中,应根据混凝土质量的动态信息及时调整配合比。

3.1.22　原材料的投料方式

混凝土配合比设计应选定原材料的投料方式。合理的投料方式能提高混凝土拌合物的质量,二次投料法和水泥裹砂石法搅拌的混凝土与一次投料法相比,混凝土不宜产生离析现象,泌水少,操作性好。混凝土强度可提高 15%～30%,在混凝土强度相同的情况下,可节约水泥 15%～20%。投料方式可选择下列方法。

一次投料法:将砂、石子、水泥和水一起加入搅拌筒内进行搅拌。为了减少水泥飞扬和水泥的黏筒现象,在搅拌混凝土前,先在料斗中装入石子、再装入水泥,然后倒入砂,将水泥夹在石子和砂中间,最后加水搅拌。

二次投料法:先将水泥、砂和水加入搅拌筒内进行充分搅拌,成为均匀的水泥砂浆后,再投入石子搅拌成均匀的混凝土。

水泥裹砂石法:先将全部砂、石和 70% 的水倒入料斗,搅拌 10～20 s,将砂、石表面湿润,再倒入水泥进行造壳搅拌 20 s,最后加入剩余的水,搅拌 50～60 s,可搅拌成均匀的混凝土。

3.1.23　外加剂掺加方式

外加剂掺加方式可按下列方法选择。

(1)先掺法:一般干粉状外加剂选择先与水泥混合,后加砂、石、水。

(2)同掺法:一般液体选择与水同掺加。

(3)后掺法:混凝土拌好后掺加外加剂,分一次掺加或多次掺加,又可分为滞水法(加水后 1～3 min 掺加外加剂)和分批添加法。

后掺法的优点:一般情况下,采用后掺法的减水类外加剂用量仅为同掺法的 60% 左右,或比同掺法减少水泥用量及用水量的 10%;后掺法混凝土的含气量有所减少,混凝土强度有所增加;有的水泥,滞后于水几分钟加入,流动性显著提高,可减少 1/3 左右外加剂用量,但保水性下降,添加适量硫酸钠,可提高混凝土塑化性能;有的水泥,掺加方法对塑化效果影响较小。

3.1.24　有抗裂要求的混凝土

对有抗裂要求的混凝土(如防水混凝土),配合比试配前,应进行胶凝材料及外加剂相容性试验。相容性试验主要包括胶凝材料与外加剂之间凝结的适应性以及胶凝材料与外加剂的圆环开裂适应性。试验方法按《建筑工程裂缝防治技术规程》JGJ/T 317—2014 附录 D 进行。

3.2　配合比的配制强度

确定混凝土的配制强度,首先应采用近 1～3 个月生产周期内混凝土强度统计资料计算的标准差。

当具有近期(前一个月或者三个月)的同一品种混凝土的强度资料时,使用计算出的标准差,取值要求如下。

(1)设计强度等级小于等于 C30 的混凝土,计算得到的结果大于等于 3.0 MPa 时,按照计算结果取值;计算得到的结果小于 3.0 MPa 时,取值 3.0 MPa。

(2)设计强度等级大于 C30 且小于 C60 的混凝土,计算得到的结果大于等于 4.0 MPa 时,按照计算结果取值;计算得到的结果小于 4.0 MPa 时,取值 4.0 MPa。

只有当没有近期的同品种混凝土强度统计资料时,其混凝土强度标准差才可按表 3.7 取用。

表 3.7　混凝土强度标准差

混凝土强度等级	≤C20	C25～C45	C50～C55
标准差 σ 值	4.0	5.0	6.0

设计强度等级不小于 C60 的混凝土配制强度:取 1.15 倍设计强度等级标准值。

混凝土配合比的配制强度要与本企业混凝土的质量控制水平相一致,混凝土的配制具有良好的科学性和经济性。

遇有下列情况时应提高混凝土配制强度。

(1)现场条件与试验室条件有显著差异时。

(2)采用非统计方法评定时。

(3)当设计或合同有要求时。

(4)混凝土用于水下工程时。

3.3 配合比计算

3.3.1　水胶比计算

混凝土强度等级小于 C60 时,应按《普通混凝土配合比设计规程》JGJ 55-2011 的规定计算。

胶凝材料的 28 d 胶砂抗压强度,可实测,试验方法应按水泥胶砂强度检验方法执行。

胶凝材料的 28 d 胶砂抗压强度无实测值时,可按《普通混凝土配合比设计规程》JGJ 55-2011 的规定计算。使用粉煤灰和矿渣粉以外的其他矿物掺合料影响系数应通过试验确定。

水泥 28 d 抗压强度可用实测值,无实测值时,可按实际积累的水泥 28 d 抗压强度数据进行统计,确定水泥强度等级值的富余系数。无实际数据统计资料时,也可按《普通混凝土配合比设计规程》JGJ 55-2011 的规定选用。

回归系数确定:预拌混凝土企业宜根据所使用的原材料,通过试验并进行回归分析,建立水胶比与混凝土强度关系式来确定回归系数;当不具备试验资料,不能建立水胶比与混凝土强度关系式时,可按《普通混凝土配合比设计规程》JGJ 55-2011 的规定选用。

3.3.2　用水量计算

按施工要求(合同或施工方案规定)确定配合比坍落度的设计控制值。

干硬性或塑性混凝土的用水量,以中砂为基准,水胶比在 0.4~0.8 范围时,可按《普通混凝土配合比设计规程》JGJ 55-2011 的规定选用。采用细砂时,每方混凝土用水量可增加 5~10 kg;采用粗砂时,每方混凝土用水量可减少 5~10 kg。

干硬性或塑性混凝土的用水量,水胶比小于 0.4 时,可通过试验确定。

掺用矿物掺合料时,用水量应按矿物掺合料的需水量进行相应调整。

流动性或大流动性混凝土用水量:未掺外加剂时,以塑性混凝土 90 mm 坍落度的用水量为基础,按每增大 20 mm 坍落度相应增加 5 kg/m³ 用水量来计算,当坍落度增大到 180 mm 以上时,相应增加的用水量可减少。

流动性或大流动性混凝土用水量,掺外加剂时,可按《普通混凝土配合比设计规程》JGJ 55-2011 的规定计算,外加剂的减水率应经混凝土试验确定。

3.3.3　胶凝材料、矿物掺合料和水泥用量计算

胶凝材料用量应按《普通混凝土配合比设计规程》JGJ 55-2011 的规定计算,并应试拌调整,在拌合物性能满足要求的情况下,取经济合理的胶凝材料用量。

按胶凝材料胶砂强度,通过试验确定矿物掺合料的掺量,按确定的掺量计算矿物掺合料用量。

按胶凝材料用量和矿物掺合料用量计算水泥用量。

3.3.4　砂率确定

砂率的取值应根据骨料的技术指标、混凝土拌合物性能和施工要求,参考既有历史资料确定;也可根据经验和历史资料初选砂率,在试配过程中进行调整,确定合理的砂率。

当缺乏经验和历史资料时,混凝土砂率可经试验确定或按《普通混凝土配合比设计规程》JGJ 55-2011 的规定选用。

当混凝土坍落度大于 60 mm 时,按坍落度每增加 20 mm,砂率增大 1% 的幅度进行调整。

以中砂为基准,使用细砂,相应地减少砂率;使用粗砂,相应地增大砂率。

采用人工砂时,砂率可适当增大。

使用单粒级粗骨料时,砂率应适当增大。

两种砂混合后使用,改善砂颗粒级配,可减少砂率。

3.3.5　粗、细骨料用量计算

粗、细骨料用量应按《普通混凝土配合比设计规程》JGJ 55-2011 的规定计算。

当采用质量法计算混凝土配合比时,每立方混凝土拌合物假定质量可取值 2 350~2 450 kg/m³。

当采用体积法计算混凝土配合比时,水泥密度、矿物掺合料密度、骨料表观密度应按规定方法实测;水的密度可取值 1 000 kg/m³;使用引气剂或引气型外加剂时,混凝土的含气量百分数应实测;不使用引气剂或引气型外加剂时,混凝土的含气量百分数可取值 1。

3.3.6 计算配合比的确定

按计算数据确定每立方米混凝土各种原材料的用量。

3.4 配合比试配、确定及优化

3.4.1 确定试拌配合比

应对计算的配合比进行试拌,根据试拌结果修正计算配合比,确定试拌配合比。试拌时,计算水灰比保持不变,以节约胶凝材料为原则,通过调整外加剂和砂率,调整拌合物坍落度、工作性等性能符合设计和施工要求。

应对试拌配合比进行强度试验。强度试验应采用三个不同配合比,以试拌配合比为基准,增加另外两个配合比,水灰比较试拌配合比分别增加 0.05 和减少 0.05,保持用水量不变并调整水泥用量和外加剂用量,砂率可分别增加 1% 和减少 1%。

进行混凝土强度试验时,应检测拌合物的坍落度、表观密度及和易性,并符合设计和施工要求,每个配合比应至少制作一组试件,标准养护到 28 d 或设计龄期时试压。

混凝土试配应采用强制式搅拌机进行搅拌,搅拌方式、投料方式、搅拌时间宜与预拌混凝土生产采用的方法相同。

每盘混凝土最小搅拌量为 20 L。

试配试验室环境条件应满足标准温湿度要求,温度应保持在 20 ℃±5 ℃,相对湿度不宜小于 50%。

3.4.2 配合比进行调整确定基准配合比

(1)根据混凝土强度试验结果,采用绘制强度和胶水比的关系图法或插值法,强度略大于配制强度对应的胶水比。

(2)根据确定的胶水比,对试拌配合比的用水量和外加剂用量作调整。

(3)计算胶凝材料用量。

(4)调整骨料用量。

(5)计算混凝土表观密度校正系数,调整配合比各种材料用量,确保混凝土生产方量准确,不亏方或盈方。

3.4.3 设计配合比的确定

基准配合比应检测拌合物水溶性氯离子含量、凝结时间、含气量、坍落度及坍落度经时损失。混凝土中水溶性氯离子最大含量符合表 3.8 的要求。

检测验证混凝土的抗渗性能、抗冻性能、抗硫酸盐侵蚀性能、抗氯离子渗透性能、抗碳化性能、补偿收缩混凝土限制膨胀率和早期抗裂性能等设计和施工要求的耐久性指标。

检测硬化混凝土的放射性。

经检测验证符合要求的基准配合比,确定为设计配合比。

表 3.8　混凝土中水溶性氯离子最大含量要求

环境条件	水溶性氯离子最大含量(按水泥的质量百分比计,%)	
	钢筋混凝土	预应力混凝土
干燥环境	0.30	0.06
潮湿但不含氯离子的环境	0.20	
潮湿且含有氯离子的环境、盐渍土环境	0.10	0.06
除冰盐等侵蚀性物质的腐蚀环境	0.06	

3.4.4　标准养护条件与现场养护条件下混凝土的收缩量

标准养护条件下混凝土的收缩量与现场养护条件下的收缩量有明显的区别。标准养护条件下,抗裂试件基本上不会开裂,而现场养护条件下情况不同。有些微膨胀外加剂要在水中养护才能使混凝土产生微膨胀。现场一般不具备水中养护的条件,即使可以水中养护,由于构件尺寸比试件尺寸大,水中养护的效果也比试件差。

试配有抗裂要求的混凝土,下列试件的养护方式宜与施工现场养护的条件相近。

(1)混凝土强度的部分立方体试件。

(2)测定混凝土收缩量和收缩速率的试件。

(3)混凝土抗裂性能的试件。

(4)测定混凝土微膨胀的试件。

3.4.5　硬化混凝土放射性检测

硬化混凝土放射性检测可委托有资质的检测机构进行检测。

3.4.6　预拌混凝土企业设计常用的混凝土配合比

预拌混凝土企业可根据常用材料设计出常用的混凝土配合比备用,使用前应进行试拌验证。

3.4.7　配合比设计报告

配合比设计报告内容:强度等级,耐久性指标,坍落度控制值,原材料种类、规格等级及厂家(产地),水胶比,砂率,外加剂掺量,各组分用量,混凝土性能检测结果。

检测结果:坍落度及坍落度经时损失、强度、氯离子含量、凝结时间、含气量、耐久性、放射性等。

应经试验、审核、试验室主任批准三级核查签字,确保真实、准确,配合比设计报告加盖试验室公章后存档,作为施工配合比和混凝土质量追溯的依据。

3.4.8　配合比重新设计和试验验证

有下列情况之一时,应重新进行配合比设计或试验验证。

（1）当混凝土性能指标有变化或有特殊要求时。

（2）当原材料品种、质量有显著变化时,包括品种、规格、强度等级、厂家、产地等;水泥强度、外加剂减水率、掺合料细度等。

（3）同一配合比的混凝土生产间隔超过 3 个月或连续生产超过 6 个月,如果生产条件未产生较大差异,可进行配合比试验验证。

3.4.9 设计配合比的优化

预拌混凝土企业在满足工程设计、生产工艺及施工性能要求的前提下,应定期对混凝土配合比进行验证和优化,提高混凝土质量稳定性和经济性。

优化途径一般包括但不限于:原材料选择优化、骨料颗粒级配优化(二级配或三级配)、胶凝材料颗粒级配优化、搅拌投料方式优化、外加剂掺加方式优化、质量控制统计分析优化配制强度等。

推进技术进步,普通混凝土按高性能混凝土配制技术进行优化。

配合比抗裂优化设计:对有较高抗裂要求的混凝土(如抗渗混凝土),可使粗骨料紧密堆积密度达到最大化进行配合比设计。

企业应记录并保存混凝土配合比设计、验证和优化等资料。

3.5 施工(生产)配合比

施工配合比应以设计配合比为依据,根据原材料试验结果、工程特点、混凝土性能要求、环境条件及混凝土施工动态信息等进行调整后确定。

预拌混凝土企业应规定生产配合比调整权限和范围。技术负责人应签发配合比调整授权文件,被授权的质量控制人员在规定的范围内可对混凝土施工配合比进行调整,并应填写配合比调整记录。

搅拌生产线操作人员、试验人员、试验室主任、技术负责人应责任明确。施工配合比录入与复核应分别由专人负责。

应明确施工配合比调整的岗位职责和工作流程,对设计配合比进行施工适用性调整,确定施工配合比,发出混凝土配合比通知单,一式两份,一份留存归档,一份下发搅拌控制室作为生产配料和质量检查的依据。

混凝土施工配合比通知单应注明生产日期、工程名称、工程部位、混凝土品种(强度等级、坍落度或者扩展度、耐久性指标等)、混凝土配合比编号、原材料名称及品种规格、砂石含水率、每盘(或每立方米)混凝土所用各种原材料的实际用量等。

施工配合比应经技术负责人或质量负责人批准。

施工配合比的适用性调整包括以下几种方式。

砂石含水率调整:经实测、计算、审核,确定骨料含水率,调整用水量和骨料用量。

坍落度调整:减小或增大坍落度,应保持水胶比不变,不得增大水胶比,可减少用水量或增加外加剂掺量;经时损失调整,可增加外加剂掺量。

砂率调整：按混凝土工作性状态，砂率可减小或增大，一般不超过 1%。

凝结时间调整：按施工需求调整，通过调整外加剂的掺量或组分，调整混凝土凝结时间缩短或延长，满足施工要求。

其他调整：在使用过程中，应根据反馈的混凝土动态质量信息及时进行调整，应有试验预案或调整后的试验验证，调整时，宜保持水胶比不变，不得增大水胶比。

混凝土施工配合比调整应方法规范，依据充分，记录齐全。使用的原材料、混凝土出厂检验报告等应与配合比通知单对应，可追溯。

3.6　坍落度损失补加外加剂预案

坍落度损失较大不能满足施工要求时，可在混凝土运输车罐内加入适量的与原配合比相同成分的减水剂，搅拌运输车罐快速旋转搅拌均匀，达到要求的工作性能后再进行泵送或浇筑。

对设计配合比进行调整，经试验验证确定补加外加剂预案。对应坍落度不同损失值，经配合比试验满足混凝土性能和施工要求后，确定现场补加外加剂的掺加量，并应对搅拌罐的转速、搅拌时间、混凝土匀质性等进行试验验证，确定搅拌时间。高强混凝土外加剂加入后搅拌罐高速旋转应不少于 90 s。

按试验验证结果编写补加外加剂预案，预案应经技术负责人批准，作为现场补加外加剂的技术依据。

减水剂不宜包括缓凝、引气等其他组分。

经试验确定的预案应包括坍落度损失值、外加剂的品种和掺量、搅拌时间、搅拌后坍落度、凝结时间、混凝土强度等内容。

试验及验证记录应与预案一并归档留存。

3.7　质量控制检查方法

检查原材料选择是否符合规定，掺合料的掺量是否超出最大限量（包括水泥混合材掺量实测值）。

检查配合比设计试配资料是否齐全完整。

检查施工配合比调整内容。

检查补加外加剂预案内容。

3.8　检查结果质量追溯

外加剂选择不符合强制性标准规定，应追溯工程结构实体混凝土质量，进行检测，依据检测结果及时采取纠正或补救措施；应追溯预拌混凝土企业违反强制性标准责任。

掺合料掺量超出最大限量,应追溯混凝土养护措施及工程结构实体混凝土质量,并采取纠正措施。

配合比计算配制强度确定的标准差(选择标准差或统计标准差)低于标准或生产控制水平的标准差,应采取纠正措施,并追溯工程结构实体混凝土质量。

混凝土生产无配合比设计,应追溯对应工程实体混凝土质量和违反工程建设强制性标准的责任,并对工程实体混凝土进行检测。

施工配合比调整无依据,应进行验证,根据验证结果处理。

补加外加剂预案不符合规定,应停止该技术措施的使用,并追溯已经采取该技术措施施工的规程结构实体混凝土质量,应追溯施工单位、监理和预拌混凝土企业的质量管理责任。

3.9 防水(抗渗)混凝土

防水混凝土的配制和应用应符合《建筑与市政工程防水通用规范》GB 55030-2022、《地下防水工程质量验收规范》GB 50208—2011、《地下工程防水技术规范》GB 50108-2008 的规定;处于侵蚀性介质环境中,防水混凝土的耐侵蚀性要求应符合《混凝土结构耐久性设计规范》GB/T 50476-2019 的规定。

防水混凝土除应满足抗压、抗渗和抗裂的要求外,尚应满足工程所处环境和工作条件的耐久性要求。

混凝土结构应从设计、材料、施工、维护各环节采取控制裂缝的措施。裂缝宽度不得大于 0.2 mm,并不得贯通。

防水混凝土应采取减少开裂的技术措施。

防水混凝土配合比试配,混凝土的抗渗等级应比设计要求提高 0.2 MPa。

防水混凝土与普通混凝土配制原则不同,普通混凝土是根据所需强度要求进行配制的,而防水混凝土则是根据工程设计所需抗渗等级要求进行配制。通过调整配合比,使水泥砂浆除满足填充和黏结石子骨架作用外,还在粗骨料周围形成一定数量良好的砂浆包裹层,从而提高混凝土抗渗性。

防水混凝土首先必须满足设计的抗渗等级要求,同时适应强度要求。一般能满足抗渗要求的混凝土,其强度往往会超过设计要求。

防水混凝土使用的原材料应符合下列规定。

(1)宜采用硅酸盐水泥、普通硅酸盐水泥;不得使用过期水泥;不得将不同品种或强度等级的水泥混合使用;在受侵蚀性介质作用时,应按介质的性质选用相应的水泥品种。

(2)粉煤灰的级别不应低于 Ⅱ 级,烧失量不应大于 5%;硅灰的表面积不应小于 1 500 m²/kg,SiO_2 含量不应小于 85%。

(3)防水混凝土不得使用碱活性骨料。对长期处于潮湿环境的重要结构混凝土用砂、石,应进行碱活性检验。

(4)粗骨料宜选用坚固耐久、粒形良好的洁净石子,且为连续级配或两个粒级搭配使用,其最大公称粒径不宜大于 40 mm,泵送时其最大粒径不宜大于输送管径的 1/4,含泥量不得大于 1.0%,泥块含量不得大于 0.5%,吸水率不应大于 1.5%。

(5)细骨料宜选用坚硬、抗风化性强、洁净的中粗砂,含泥量不得大于 3.0%,泥块含量不得大于 1.0%。

(6)防水混凝土配合比中各类材料的总碱含量(即 Na_2O 当量)不得大于 3 kg/m³,氯离子含量不应超过胶凝材料总量的 0.1%。

(7)防水混凝土可根据工程需要掺入减水剂、膨胀剂、防水剂、引气剂、复合型外加剂、水泥渗透结晶型防水材料。

(8)防水混凝土可根据工程抗裂需要掺入合成纤维或钢纤维,纤维的品种和掺量应通过试验确定。

(9)应考虑外加剂对硬化混凝土收缩性能影响,检测外加剂收缩率,选择收缩率更低的外加剂。

(10)严禁使用对环境产生污染、对人体产生危害的外加剂,应严格控制氨含量和残留甲醛含量。

防水混凝土水胶配合比应符合下列规定。

(1)防水混凝土水胶比不得大于 0.5;有硫酸盐、氯离子等侵蚀性介质时,水胶比不宜大于 0.45。

混凝土拌合物的水胶比对硬化混凝土孔隙率大小和数量起决定性作用,直接影响混凝土结构的密实性。水胶比越大,混凝土中多余水分蒸发后,形成孔径为 50~150 µm 的毛细孔等开放孔隙越多,这些孔隙是造成混凝土抗渗性降低的主要原因。水胶比越小,混凝土密实性越好,抗渗性和强度越高;但水胶比过小,混凝土极难振捣和拌合均匀,其抗渗性和密实性反而得不到保证。

(2)每立方米混凝土的胶凝材料用量不宜小于 320 kg,水泥用量不宜小于 260 kg/m³;粉煤灰掺量宜为 20%~30%;硅灰掺量宜为 2%~5%。当地下水有侵蚀性介质和对耐久性有较高要求时,水泥和胶凝材料可适当调整,满足工程环境条件和耐久性设计的要求。

随着混凝土技术的发展,混凝土配合比的设计理念也在更新,掺加粉煤灰、粒化高炉矿渣粉、硅粉等矿物活性掺合料代替部分水泥,尽可能减少硅酸盐水泥用量。掺加矿物活性掺合料可改善砂子级配,补充天然砂中部分小于 0.15 mm 的颗粒,填充混凝土部分孔隙,使混凝土在获得所需的抗压强度的同时,提高混凝土的密实性和抗渗性。

掺加粉煤灰等活性掺合料,还可以减少水泥用量,降低水化热,防止和减少混凝土裂缝的产生,使混凝土获得良好的耐久性、抗渗性、抗化学侵蚀及抗裂性能。

(3)砂率宜为 35%~45%,混凝土配合比中灰砂比宜为 1:1.5~1:2.5。

砂率对抗渗性有明显的影响。砂率偏低时,由于砂子数量不足而水泥和水的含量高,混凝土往往出现不均匀及收缩大的现象,抗渗性较差,而砂率偏高时,由于砂子过多,拌合物干涩而缺乏黏结能力,混凝土密实性差,抗渗能力下降。经实践验证,35%～45%的砂率最为适宜。

灰砂比对抗渗性也有明显影响。灰砂比为 1:1～1:1.5 时,由于砂子数量不足而使水泥和水的含量高,混凝土往往出现不均匀及收缩大的现象,混凝土抗渗性较差;灰砂比为 1:3 时,由于砂子过多,拌合物干涩而缺乏黏结能力,混凝土密实性差,抗渗能力下降。因此,灰砂比为 1:1.5～1:2.5 时最为适宜。

(4)混凝土试配时应控制坍落度经时损失值,坍落度每小时经时损失不应大于 20 mm,坍落度总损失值不应大于 40 mm;地下工程防水混凝土入泵坍落度宜控制在 120～160 mm。

(5)在混凝土中掺用引气剂或引气型减水剂适量引气,有利于提高混凝土抗渗性能,混凝土含气量应控制在 3%～5%,混凝土初凝时间宜为 6～8 h。

(6)氯离子含量不应超过胶凝材料总量的 0.1%。

(7)混凝土应采取减少开裂的技术措施。

(8)混凝土搅拌时间不宜小于 2 min。

防水混凝土拌合物在运输后如出现离析,不得用于结构浇筑,必须返回搅拌站进行二次搅拌。

防水混凝土除应满足抗压、抗渗和抗裂的要求外,尚应满足工程所处环境和工作条件的耐久性要求。

大体积防水混凝土,掺粉煤灰配制时,在设计许可的情况下,混凝土设计强度等级的龄期宜为 60 d 或 90 d。

3.10 抗冻混凝土

饱水的混凝土在反复冻融作用下会造成内部损伤,发生开裂甚至剥落,导致骨料裸露。混凝土的冻融损伤只发生在混凝土内部含水量比较充足的情况下。确保混凝土抗冻耐久性的主要措施包括防止混凝土受湿、采用高强度的混凝土和引气混凝土。

混凝土饱水程度分为高度饱水和中度饱水两种情况,前者指受冻前长期或频繁接触水体或湿润土体,混凝土体内高度饱水;后者指受冻前偶受雨淋或潮湿,混凝土体内的饱水程度不高。混凝土受冻融破坏的临界饱水度为 85%～90%,含水量低于临界饱水度时不会冻坏。在表面有水的情况下,连续的反复冻融可使混凝土内部的饱水程度不断增加,一旦达到或超过临界饱水度,就可能很快发生破坏。

抗冻混凝土的配制和应用应符合《混凝土结构耐久性设计规范》GB/T 50476-2019 的规定。

抗冻混凝土的原材料应符合下列规定。

(1)应采用硅酸盐水泥或普通硅酸盐水泥,抗冻混凝土不得使用过期水泥,不得将不同品种或强度等级的水泥混合使用。

（2）粗骨料应满足采用单粒级石子两级配或三级配的连续级配，最大粒径应满足《混凝土结构耐久性设计规范》GB/T 50476 -2019 中环境类别的规定，含泥量不得大于 1.0%，泥块含量不得大于 0.5%。

（3）细骨料宜采用中砂，含泥量不得大于 3.0%，泥块含量不得大于 1.0%。

（4）粗、细骨料均应进行坚固性试验，坚固性指标不应大于 8%。

（5）严重冻融环境下的抗冻混凝土应掺加引气剂，抗冻等级不小于 F150（抗冻标号 D100）的混凝土应掺用引气剂。

（6）在预应力混凝土中，不得采用含有亚硝酸盐或碳酸盐的防冻剂。

（7）掺加硅粉有利于抗冻。在低水胶比前提下，适量掺加粉煤灰和矿渣对抗冻能力影响不大，但应严格控制粉煤灰的品质，特别要尽量降低粉煤灰的烧失量。掺加引气剂或引气减水剂的混凝土，粉煤灰的含碳量（烧失量）不应大于 1.5%。应选用游离氧化钙含量不大于 10% 的低钙灰。

（8）不得使用含有氯化物的防冻剂和其他外加剂。

抗冻混凝土配合比应符合下列规定。

（1）最大水胶比和最小胶凝材料用量应符合表 3.9 的规定。

表 3.9　最大水胶比和最小胶凝材料用量

设计抗冻等级 （抗冻标号）	最大水胶比		最小胶凝材料 用量 /kg•m^{-3}
	未掺引气剂	掺引气剂	
F50（D50）	0.55	0.6	300
F100	0.50	0.55	320
不低于 F150（D100）	—	0.5	350

（2）复合矿物掺合料的最大掺量宜符合表 3.10 的规定。水泥中混合材掺量 20% 以上的混合材计入混凝土矿物掺合料。

表 3.10　复合矿物掺合料的最大掺量

水胶比	最大掺量（%）	
	使用硅酸盐水泥时	使用普通硅酸盐水泥时
≤0.4	60	50
>0.4	50	40

（3）对重要桥梁等基础设施，各环境下水溶性氯离子含量均不应超过胶凝材料质量的 0.08%。

（4）混凝土中三氧化硫的最大含量不应超过胶凝材料总量的 4%。三氧化硫含量按混凝土原材料中三氧化硫的实测值计算。

（5）按混凝土结构设计使用年限及环境作用等级确定不同强度等级混凝土的最大水胶比,应符合设计和《混凝土结构耐久性设计规范》GB/T 50476-2019 的规定。

（6）配合比确定后应测定混凝土含气量,并验证混凝土运输到施工现场的含气量符合表 3.11 的规定。

使用引气剂能在混凝土中产生大量均匀分布的微小封闭气孔,有效缓解混凝土内部结冰造成的破坏。引气混凝土含气量应符合表 3.11 的规定。

表 3.11　引气混凝土含气量

骨料最大粒径/mm	混凝土在不同环境条件下的含气量(百分比, %)		
	混凝土高度饱水	混凝土中度饱水	盐或化学腐蚀下冻融
10	6.5	5.5	6.5
15	6.5	5.0	6.5
25	6.0	4.5	6.0
40	5.5	4.0	5.5

表 3.11 中混凝土含气量控制值:C50 混凝土可降低 0.5%,C60 混凝土可降低 1%,但不应低于 3.5%。

含气量从运至施工现场的新拌混凝土中取样,用含气量测定仪(气压法)测定,允许绝对误差为 ±1.0%,测定方法应符合现行国家标准《普通混凝土拌合物性能试验方法标准》GB/T 50080-2016。

气泡间隔系数为从硬化混凝土中取样测得的数值,用直线导线法测定,根据抛光混凝土截面上气泡面积推算三维气泡平均间隔,推算方法可按国家现行标准《水工混凝土试验规程》DL/T 5150—2017 的规定执行。

3.11 高强混凝土

高强混凝土属于普通混凝土范畴,由于强度等级高带来的技术特殊性和技术要求高,其生产与施工质量控制有特殊要求。高强混凝土配制和应用应符合《高强混凝土应用技术规程》JGJ/T 281-2012 的规定。

高强混凝土的原材料应符合下列规定。

（1）水泥应选用强度等级不低于 52.5 的硅酸盐水泥或普通硅酸盐水泥,水泥中的氯离子含量不应大于 0.03%。

（2）粗骨料的岩石抗压强度应比混凝土设计强度等级值高 30%,粗骨料宜采用连续级配,其最大公称粒径不宜大于 25.0 mm,针片状颗粒含量不宜大于 5.0% 且不应大于 8%,含泥量不得大于 0.5%,泥块含量不得大于 0.2%;坚固性指标不应大于 8%。

（3）细骨料应采用 Ⅱ 区中砂,细度模数宜为 2.6～3.0,含泥量不得大于 2.0%,泥块含量不得大于 0.5%;坚固性指标不应大于 8%。

（4）宜采用高性能减水剂，减水率不小于 25%。

（5）宜复合掺用粒化高炉矿渣粉、粉煤灰和硅灰等矿物掺合料，粉煤灰等级不应低于 F 类 Ⅱ 级，粒化高炉矿渣粉不宜低于 S95 级，不宜采用二氧化硅含量小于 90% 的硅灰。

（6）骨料宜为非碱活性，不宜使用再生骨料。

高强混凝土配合比设计除应符合《普通混凝土配合比设计规程》JGJ 55-2011 的有关规定外，尚应符合下列规定。

（1）配合比设计应符合《普通混凝土配合比设计规程》JGJ 55-2011 的规定。宜根据经验直接选择参数然后通过试验试配确定配合比。选择参数时，宜控制每立方米混凝土拌合物中粉料浆体（水泥、掺合料、水）的体积为 340～360 L。

（2）在缺乏经验的情况下，水胶比、胶凝材料用量和砂率可按表 3.12 选取，并应经试配确定。

表 3.12　水胶比、胶凝材料用量和砂率

强度等级	水胶比	胶凝材料用量/kg·m^{-3}	砂率
≥C60，<C80	0.28～0.34	480～560	
≥C80，<C100	0.26～0.28	520～580	35%～42%
C100	0.24～0.26	550～600	

（3）水泥用量不宜大于 500 kg/m³。

（4）外加剂和矿物掺合料的品种、掺量应经过试验确定，矿物掺合料掺量宜为 25%～40%，硅灰掺量不宜大于 10%。

（5）泵送高强混凝土坍落度宜为 220～250 mm，扩展度宜为 500～600 mm，坍落度经时损失值为 0～10 mm。

（6）控制泵送混凝土拌合物的倒置坍落度筒排空时间大于 5 s 且小于 20 s，有利于将混凝土拌合物黏度控制在可泵送施工的水平，并且使大高程泵送的泵压不至于过高。

（7）混凝土拌合物不应离析和泌水，凝结时间满足施工要求。

（8）对有抗裂要求的高强混凝土，采用聚羧酸系外加剂时，早期抗裂试验单位面积的总开裂面积不宜大于 400 mm²/m²。

应采用三个配合比试配，其一为试拌配合比，另两个配合比的水胶比，宜较试拌配合比分别增加 0.02 和减少 0.02。

确定后的设计配合比，为验证混凝土强度稳定性，应对该配合比进行不少于三盘混凝土的重复试验，每盘混凝土应至少成型一组抗压强度试件，每组试件的抗压强度不应小于配制强度。

高强混凝土拌合物性能应检测坍落度、扩展度、倒置坍落度筒排空时间、坍落度经时损失、凝结时间、离析和泌水等，泵送高强混凝土宜符合表 3.13 的规定。

表 3.13　高强泵送混凝土拌合物性能

项目	技术要求
坍落度/mm	≥220
扩展度/mm	≥500
倒置坍落度筒排空时间/s	>5 且 <20
坍落度经时损失/mm·h⁻¹	≤10

注：倒置坍落度筒排空时间按《高强混凝土应用技术规程》JGJ/T281-2012 附录 A 的规定。

　　高强混凝土抗压强度试验采用标准尺寸试件最为合理；使用非标尺寸试件时，混凝土强度等级不大于 C100 时，尺寸换算系数宜经试验确定，混凝土强度等级大于 C100 时，尺寸折算系数应经试验确定。强度等级 C60 混凝土在结构工程中普遍应用，为提高检测效率，方便制作非标尺寸试件（100 mm×100 mm×100 mm），对青岛区域 C60 混凝土尺寸换算系数进行了试验研究，经试验确定的非标准尺寸试件换算系数为 0.99。

3.12　泵送混凝土

　　泵送混凝土（不包括轻骨料混凝土）的配制和应用应符合《混凝土泵送施工技术规程》JGJ/T 10。泵送混凝土的生产和施工质量控制应建立严格质量控制保证体系，制定保证混凝土质量的技术措施，设计混凝土泵送施工方案（包括运输方案、输送方案、浇筑方案）。

　　混凝土入泵坍落度应按泵送高度确定，宜符合表 3.14 的规定。

表 3.14　混凝土入泵坍落度与按泵送高度的关系

最大泵送高度/m	30	60	100	400	>400
入泵坍落度/mm	100～140	150～180	190～220	230～260	—
入泵扩展度/mm	—	—	—	450～590	600～740

　　泵送混凝土最短搅拌时间应符合《预拌混凝土》GB/T 14902—2012 的规定；最短搅拌时间不应少于 30 s（从全部材料投完算起）；应对搅拌均匀性进行试验验证；强度等级高于 C60 泵送混凝土搅拌时间应延长 20～30 s。

　　泵送混凝土施工应进行混凝土可泵性分析。可泵性分析是指在混凝土泵送方案设计阶段，根据施工技术要求、原材料特性、混凝土配合比、混凝土拌制工艺、混凝土运输和输送方案等技术条件分析混凝土的可泵性。

　　泵送混凝土入泵坍落度不宜小于 100 mm，高强混凝土入泵坍落度不宜小于 180 mm。

　　润滑混凝土泵和输送管道的浆料，泵出后应妥善回收，不得浇筑到结构混凝土中。

　　泵送混凝土的原材料选择应符合下列规定。

（1）水泥宜选用硅酸盐水泥和普通硅酸盐水泥。

（2）粗骨料宜采用连续级配，为保证粗骨料为连续级配，应采用两级粒径级配或三级粒径级配的方式进行调整；粗骨料针片状含量不应大于 10%，粗骨料最大粒径应根据混凝土泵送输送管最小内径选择，宜符合表 3.15 的规定。

表 3.15　粗骨料最大粒径与输送管最小内径

粗骨料最大公称粒径/mm	输送管最小内径/mm
25	125
40	150

（3）细骨料宜采用中砂，其通过公称直径为 315 μm 筛孔的颗粒含量不宜小于 15%。采用人工砂与天然砂混合使用时，混合砂质量应满足现行行业标准《普通混凝土用砂、石质量及检验方法标准》JGJ 52-2006 的规定。

（4）矿物掺合料可选择粉煤灰、磨细矿渣粉、硅灰、钢渣粉等。各种矿物掺合料的特性及其在混凝土中的功效不同，可按照《矿物掺合料应用技术规范》GB/T 51003-2014 的规定使用。

（5）混凝土外加剂的选择和使用应符合《混凝土外加剂应用技术规范》GB 50119-2013 的规定。

泵送混凝土配合比设计除应符合《普通混凝土配合比设计规程》JGJ 55-2011 的有关规定外，尚应符合下列规定。

（1）泵送混凝土配合比设计需考虑混凝土拌合物在泵压作用下管道输送的特点，满足可泵性要求，应根据混凝土原材料、混凝土运输距离、混凝土泵、混凝土输送管径、泵送距离、气温等具体施工条件试配，在水泥用量、坍落度、砂率等方面应予以特殊考虑，经试配确定配合比。必要时，应通过试泵送确定配合比。

（2）胶凝材料用量不宜小于 300 kg/m³。

（3）砂率宜为 35%～45%。

（4）试配时应控制坍落度损失。

（5）设计配合比时坍落度控制值的确定，应考虑混凝土运输过程坍落度经时损失，确保入泵坍落度满足泵送施工要求。

泵送混凝土试配时规定的坍落度控制值应按式（3-1）计算：

$$T_t = T_p + \Delta T \tag{3-1}$$

式中，T_t 表示试配时规定的坍落度控制值（mm）；T_p 表示入泵时规定的坍落度值（mm）；ΔT 表示试验测得在预计时间内的坍落度经时损失值。

（6）满足可泵性要求，压力泌水率技术要求是必要条件，应进行压力泌水试验。

泵送混凝土生产质量控制应符合下列规定。

（1）泵送混凝土应进行可泵性试验，按压力泌水试验的方法进行检测，10 s 时相对压力泌水率不宜大于 40%。

（2）混凝土入泵时的坍落度允许偏差应符合表 3.16 的规定。

表 3.16　混凝土入泵时的坍落度允许偏差

入泵坍落度/mm	允许偏差/mm
100～160	±20
>160	±30

（3）混凝土入泵时的坍落度允许偏差是泵送混凝土质量控制的重要内容，混凝土入泵坍落度在交货地点按每工作班至少检查两次。

（4）拌合物坍落度的大小，对拌合物施工性及硬化后混凝土的抗渗性和强度有直接影响，加强坍落度的检测和控制十分重要。

混凝土泵送设备应符合《混凝土泵》GB/T 13333—2018 和《混凝土泵送施工技术规程》JGJ/T 10-2011 的规定。

3.13　大体积混凝土

大体积混凝土的配制和应用应符合《大体积混凝土施工标准》GB 50496-2018 的规定。

大体积混凝土生产与施工的质量控制包括原材料选择及质量、配合比设计、施工工艺、养护及温控、裂缝控制等。混凝土拌合物的特性应满足良好的流动性、不泌水、适宜的凝结时间、坍落度损失小等基本要求。裂缝控制措施可采用补偿收缩混凝土。

经设计同意，大体积混凝土可采用 60 d 或 90 d 龄期抗压强度作为混凝土配合比设计、混凝土强度评定及工程验收的依据。

大体积混凝土的原材料应符合下列规定。

（1）水泥应选用水化热低的通用硅酸盐水泥，3 d 水化热不宜大于 250 kJ/kg，7 d 水化热不宜大于 280 kJ/kg；当选用 52.5 强度等级的水泥时，7 d 水化热不宜大于 300 kJ/kg。当使用 3 d 水化热大于 250 kJ/kg 或 7 d 水化热大于 280 kJ/kg 或抗渗要求高的混凝土时，应根据温控施工要求及抗渗能力要求采取适当措施调整混凝土配合比。水泥进场时应对水化热进行检验。

（2）应选用非碱活性的粗骨料，如无法判定是否为碱活性骨料时，应选择低碱水泥，并采用抑制碱骨料反应的措施；粗骨料应连续级配，粒径宜为 5.0～31.5 mm，含泥量不应大于 1.0%；当采用非泵送施工时，粗骨料的粒径可适当增大。

（3）细骨料宜采用中砂，细度模数宜大于 2.3，含泥量不应大于 3.0%。

（4）宜掺用缓凝剂或缓凝型高性能减水剂，耐久性要求较高或寒冷地区的大体积混凝土，宜采用引气剂或引气减水剂。混凝土外加剂的选择和使用应符合《混凝土外加剂应用技术规范》GB 50119-2013 的规定。

（5）外加剂对硬化混凝土的收缩会产生很大的影响,应将混凝土收缩值作为一项重要指标控制,宜提供外加剂对硬化混凝土收缩等性能的影响系数。

（6）宜采用矿渣粉、粉煤灰等掺合料,复合掺加。各种矿物掺合料的特性及其在混凝土中的功效不同,其使用可按照《矿物掺合料应用技术规范》GB/T 51003-2014的规定。

大体积混凝土配合比设计除应符合《普通混凝土配合比设计规程》JGJ 55-2011的有关规定外,尚应符合下列规定。

（1）大体积混凝土配合比设计除应满足强度等级、耐久性、抗渗性、体积稳定性等设计要求外,尚应满足大体积混凝土施工工艺要求,并应合理选择材料、降低混凝土绝热温升值。混凝土配合比宜按大掺量矿物掺合料混凝土的要求设计。

（2）混凝土坍落度不宜大于 180 mm。水胶比不宜大于 0.45,用水量不宜大于 170 kg/m³。砂率宜为 38%～45%,在保证混凝土性能要求的前提下,宜提高粗骨料用量。

（3）粉煤灰掺量不宜大于胶凝材料用量的 50%,矿渣粉掺量不宜大于胶凝材料用量的 40%;粉煤灰和矿渣粉掺量总和不宜大于胶凝材料用量的 50%。

（4）在配合比设计试配时应进行水化热的验算或测定,控制混凝土绝热温升不宜大于 50 ℃,温度控制较高的大体积混凝土,胶凝材料用量、品种等宜通过水化热和绝热温升试验确定。混凝土绝热温升值可按《水工混凝土试验规程》DL/T 5150—2017中的相关规定通过试验得出。当无试验数据时,可按《大体积混凝土施工标准》GB 50496-2018 附录 B 计算绝热温升值。

（5）应满足施工对混凝土凝结时间的要求。

（6）配合比设计时,应考虑对大体积混凝土裂缝控制的影响,宜进行绝热温升、泌水率、可泵性等技术参数的试验,必要时设计配合比应通过试泵送验证。

（7）在确定配合比时,应根据混凝土绝热温升、温控施工方案的要求,提出混凝土生产时的骨料和拌合水及入模温度控制的技术措施。

生产大体积混凝土时,必须使用同一品种、同一规格的原材料,并执行相同的混凝土配合比,确保混凝土的匀质性。

大体积混凝土施工应采取混凝土内外温差控制措施。大体积混凝土的养护应根据气候条件采取措施,并按需要测定浇筑后的混凝土表面温度和内部温度,将温差控制在设计要求的范围内,当设计无具体要求时,温差应符合有关标准规定。

3.14　补偿收缩混凝土

补偿收缩混凝土是具有膨胀性能的高品质混凝土,在混凝土生产时掺加了各种膨胀剂拌制的混凝土,通过在混凝土水化过程中膨胀剂发生膨胀来抵抗混凝土的收缩,达到防止混凝土开裂的目的。用膨胀剂配制的补偿收缩混凝土的配制和应用应符合《补偿收缩混凝土应用技术规程》JGJ/T 178-2009 的规定。

掺膨胀剂配制的补偿收缩混凝土仍属普通硅酸盐体系的混凝土,其使用也在普通混凝土的范围之内,生产施工质量控制需满足《混凝土质量控制标准》GB 50164-2011的规定。

掺膨胀剂配制的补偿收缩混凝土原则上需要在限制条件下使用,主要用于避免或减少混凝土的干燥收缩和温度收缩裂缝,宜用于混凝土结构自防水、后浇带、膨胀加强带、工程接缝填充、采取连续施工的超长混凝土结构、大体积混凝土等工程。

根据《混凝土膨胀剂》GB 23439—2017 标准,依据膨胀性产物,可将混凝土膨胀剂分硫铝酸钙类混凝土膨胀剂(水化产物为钙矾石)、氧化钙类混凝土膨胀剂(水化产物为氢氧化钙)以及硫铝酸钙—氧化钙类混凝土膨胀剂(水化产物为钙矾石和氢氧化钙)。膨胀性产物的不同决定了掺膨胀剂补偿收缩混凝土的养护条件和应用场合。

含有硫铝酸钙、硫铝酸钙—氧化钙类膨胀剂配制的混凝土不得用于长期环境温度为 80 ℃以上的工程。

补偿收缩混凝土的补偿能力取决于其导入混凝土的化学预应力大小,而预应力可以由限制膨胀率表征。因此,限制膨胀率是补偿收缩混凝土的重要技术指标。用膨胀剂配制的补偿收缩混凝土的限制膨胀率应满足设计要求。设计无要求时,也要根据具体工程来确定混凝土的限制膨胀率,确保补偿收缩混凝土的补偿收缩性能,保证工程质量,并符合表 3.17 的规定。

表 3.17　混凝土的限制膨胀率

用途	限制膨胀率(%)	
	水中 14 d	水中 14 d 转空气中 28 d
结构自防水、超长结构、大体积混凝土	≥0.015	≥−0.030
后浇带、膨胀加强带、工程接缝填充	≥0.025	≥−0.020

限制膨胀率的试验和检验应按《混凝土外加剂应用技术规范》GB 50119-2013 附录 B 的规定进行。

对于大体积混凝土或地下工程,可采用混凝土 60 d 或 90 d 龄期的强度作为混凝土配合比设计、混凝土强度评定及工程验收的依据;对于其他工程,补偿收缩混凝土强度龄期应为 28 d。

后浇带、膨胀加强带、工程接缝填充补偿收缩混凝土的抗压强度检测应按《补偿收缩混凝土应用技术规程》JGJ/T 178-2009 附录 A 进行。

补偿收缩混凝土原材料选择应符合下列规定。

(1)水泥应选择通用硅酸盐水泥。在选择水泥时,应考虑水泥的矿物组成和细度等对补偿收缩混凝土的膨胀率和膨胀速度的影响,水泥中的含铝相、含硫相会影响膨胀性能;水泥粉磨过细、早期强度过高,混凝土膨胀较小。

(2)膨胀剂是制备补偿收缩混凝土的关键材料,依据工程特点和混凝土结构部位,选择适合的膨胀剂是制备和设计补偿收缩混凝土的关键环节。

膨胀剂宜优先选择 Ⅱ 型硫铝酸钙混凝土膨胀剂。

(3)不得使用游离氧化钙含量 ≥10% 的高钙粉煤灰。

(4)不宜选用收缩率比较大的外加剂。早强剂、防冻剂会使膨胀性质产生差别影响,选择时应进行验证。混凝土外加剂的选择和使用应符合《混凝土外加剂应用技术规范》GB 50119-2013 的规定。

补偿收缩混凝土配合比设计,原则上与普通混凝土大致相同,除满足施工性能、设计强度等级和抗渗等级外,必须达到工程要求的限制膨胀率设计指标。配合比设计应符合《普通混凝土配合比设计规程》JGJ 55-2011 的规定,并符合下列规定。

(1)水胶比不宜大于 0.50,水胶比大于 0.5 时对补偿收缩混凝土的膨胀性能有不利影响,且会降低混凝土耐久性。

(2)胶凝材料用量不宜小于 350 kg/m³,确保胶凝材料用量能够为混凝土膨胀发展提供足够的强度基础,限制膨胀率越大的混凝土,胶凝材料用量也越大;掺合料掺量过大会降低混凝土膨胀性能,可适当提高膨胀剂的掺量。

(3)膨胀剂掺加量应根据设计要求的限制膨胀率,经混凝土配合比试验后确定,并控制在膨胀剂生产单位提供的推荐掺量范围内。

(4)配合比设计的限制膨胀率应比工程设计值提高 0.005%。

(5)配合比试配时,应至少进行一组限制膨胀率试验,试验结果应满足配合比设计的限制膨胀率;限制膨胀率试验为多组试件时,应取平均值作为试验结果。

(6)凝结时间对混凝土的温升和表面裂缝形成有较大影响,控制补偿收缩混凝土的凝结时间有利于补偿收缩混凝土抗裂性能的发挥。配合比设计时,可按下述凝结时间控制:常温施工环境下,初凝时间大于 12 h;高于 28 ℃ 的环境和强度等级 C50 以上时,初凝时间大于 16 h;大体积混凝土初凝时间大于 18 h;冬期施工时,初凝时间小于 10 h。

(7)混凝土抗压强度试件应采用钢制试模制作,带模养护龄期不少于 7 d。

采用"三掺"技术进行大体积混凝土施工时,膨胀剂使混凝土产生较高的膨胀率,缓凝高效减水剂和粉煤灰降低水泥用量和水化热,从而减少冷缩值,可以较好地解决大体积混凝土的裂缝控制问题。

3.15　人工砂混凝土

人工砂的技术性能与天然砂有较大差异,采用人工砂配制的混凝土应符合《人工砂混凝土应用技术规程》JGJ/T 241-2011 的规定。人工砂混凝土的质量控制除应符合《混凝土质量控制标准》GB/T 50164-2011 的规定外,尚应符合本节规定。

用于建筑工程的人工砂混凝土的放射性应符合《建筑材料放射性核素限量》GB 6566—2010 的规定。

石灰岩质人工砂混凝土用于低温硫酸盐侵蚀环境时，混凝土应进行耐久性试验验证，并应满足设计要求。

碳硫硅钙石型硫酸盐腐蚀（TSA）是一种危害极大的新型硫酸盐腐蚀类型。石灰岩质人工砂混凝土在15℃以下的低温硫酸盐侵蚀环境中，会发生碳硫硅钙石型硫酸盐腐蚀。

原材料选择应符合下列规定。

（1）生产人工砂母岩的强度和质量直接影响骨料的性能，进而影响混凝土的物理力学性能、长期性能和耐久性能，用于生产人工砂母岩的种类和强度应符合表3.18的规定。

表3.18　人工砂母岩的强度

项目	指标		
	火成岩	变质岩	沉积岩
母岩强度/MPa	≥100	≥80	≥60

（2）人工砂的吸水率不宜大于3%。控制人工砂吸水率，是控制混凝土水胶比和拌合物工作性能的重要措施之一，同时也是混凝土拌合预冷混凝土确定加冰量的要求。

（3）人工砂的氯离子含量应符合《混凝土结构通用规范》GB 55008-2021的规定。

（4）当人工砂与天然砂混合使用时，混合砂的质量应符合《普通混凝土用砂、石质量及检验方法标准》JGJ 52-2006的规定。

（5）宜采用通用硅酸盐水泥。

（6）粗骨料宜选用连续级配粗骨料。人工砂宜优先选用颗粒级配Ⅱ区、细度模数为2.3～3.2的中砂。

（7）当混凝土耐久性有设计要求时，应采用MB值小于1.4的人工砂。

（8）矿物掺合料可选择粉煤灰、磨细矿渣粉、硅灰、钢渣粉等。各种矿物掺合料的特性及其在混凝土中的功效不同，可按照《矿物掺合料应用技术规范》GB/T 51003-2014的规定使用。

（9）混凝土外加剂的选择和使用应符合《混凝土外加剂应用技术规范》GB 50119-2013的规定。外加剂与人工砂中石粉和粉泥含量的适应性问题尤为突出，应加强适应性试验，确保混凝土坍落度经时损失满足要求。

配合比设计除应符合《普通混凝土配合比设计规程》JGJ 55—2011的有关规定外，尚应符合下列规定。

（1）在满足工程设计和施工要求的条件下，遵循低水泥用量、低用水量和低收缩性能的原则，对有抗裂性能要求的人工砂混凝土（抗渗混凝土），应通过混凝土早期抗裂试验和收缩试验确定配合比胶凝材料用量，宜比天然砂混凝土的胶凝材料用量较高。

（2）人工砂比表面积较大，在混凝土达到相同性能时，人工砂混凝土的胶凝材料用量应较多,因此,人工砂混凝土的胶凝材料最低用量比《普通混凝土配合比设计规程》JGJ 55-2011 中规定的胶凝材料最低限量可提高 20 kg/m³ 左右。

(3)当砂的细度模数相同时,人工砂混凝土的砂率宜比天然砂混凝土的砂率较高。

与天然砂相比,人工砂的表面粗糙、比表面积大,在砂率和其他条件相同的情况下,人工砂混凝土的流动性较小。为保证人工砂混凝土的性能,应适当提高其砂率,并经试验后确定配合比。

(4)当采用人工砂与天然砂混合配制混凝土时,人工砂与天然砂的质量比应根据颗粒级配要求进行合理调整。当天然砂为特细砂和细砂时,人工砂与天然砂的质量比宜为 1∶1∼4∶1。

(5)配制人工砂混凝土时应主要调整混凝土拌合物的黏聚性、保水性和流动性,使混凝土拌合物不离析、不泌水。

(6)人工砂混凝土拌合物的凝结时间应满足施工要求和混凝土性能要求(不出现异常凝结)。

(7)人工砂混凝土早期失水速率较快,收缩变形大而易产生微裂缝,人工砂混凝土拌合物宜具备良好的早期抗裂性能。

(8)配合比应进行拌合物坍落度、坍落度经时损失和凝结时间试验,并确认满足施工要求。

(9)当人工砂混凝土的原材料品种质量有显著变化,或对混凝土性能指标有特殊要求,或混凝土生产间断半年以上时,应重新进行混凝土配合比设计。

(10)人工砂颗粒表面粗糙、多棱角,颗粒级配波动较大,其配制的混凝土黏稠度较大,应在天然砂混凝土搅拌时间基础上适当延长搅拌时间,以提高人工砂混凝土拌合物的均匀性,应每工作班检查两次搅拌时间。

混凝土运输至浇筑现场时,不得出现离析或分层现象。

人工砂的颗粒级配波动较大,运输过程中的颠簸等容易加剧人工砂混凝土拌合物的离析与分层,应采取措施以确保混凝土运输至浇筑现场时不得出现离析或分层现象

当风速大于 5 m/s 时,人工砂混凝土浇筑宜采取挡风措施。

人工砂混凝土拌合物的水分蒸发速率比天然砂大,人工砂混凝土拌合物在大风环境下的水分蒸发更快,不利于水泥水化和强度发展,同时可能导致混凝土干缩大,引起混凝土开裂,人工砂混凝土拌合物在大风条件下浇筑时,宜按早期抗裂试验的风速条件,采取适当的挡风措施。

人工砂混凝土的早期塑性收缩较大,在终凝以前应采用抹面机械或人工多次抹压,抹压后应及时采取保湿措施,避免出现早期干缩裂缝。

3.16 粉煤灰混凝土

以粉煤灰作为主要掺合料的混凝土的配制和应用应符合《粉煤灰混凝土应用技

术规范》GB/T 50146—2014 的规定。

粉煤灰可与各类外加剂同时使用,其与外加剂的适应性应通过试验确定。

粉煤灰与其他掺合料同时掺用时,其合理掺量应经过试验确定。

粉煤灰的放射性核素限量及检验方法应按《建筑材料放射性核素限量》GB 6566—2010 的有关规定执行。

出厂粉煤灰的标识应包括粉煤灰种类、等级、生产方式、批号、数量、生产厂家名称和地址、出厂日期等。

不同灰原(厂家)、等级的粉煤灰不得混杂运输、储存、使用。

原材料选择应符合下列规定。

(1)水泥宜采用硅酸盐水泥和普通硅酸盐水泥。

(2)粉煤灰选择:预应力混凝土宜掺用 I 级 F 类粉煤灰,掺用 II 级 F 类粉煤灰时应经过试验论证;其他混凝土宜掺用 I 级、II 级粉煤灰,掺用 III 级粉煤灰时应经过试验论证。

粉煤灰的选用应严格控制三氧化硫含量。粉煤灰中的三氧化硫含量可按限量上限控制,因为三氧化硫可对粉煤灰等掺合料能够起到激发剂的作用,其含量偏少对掺合料发挥活性和增长强度都不利。

粉煤灰的选用应区分 F 类或 C 类粉煤灰,C 类粉煤灰中含有较高的游离氧化钙,容易出现安定性不良问题,影响混凝土质量。对 C 类粉煤灰,混凝土中粉煤灰掺量大于 30%时,应按实际掺量进行安定性检验。

粉煤灰选用应了解粉煤灰形成的工艺,对特殊工艺形成的粉煤灰,如混烧灰、脱硫灰、增钙灰,由于工程应用经验不足,为慎重起见,应进行安定性等性能试验论证。

(3)设计耐久年限大于或等于 50 年的混凝土结构不得采用 C 类粉煤灰。

(4)用于建筑工程的粉煤灰,其放射性限量及检验方法应符合《建筑材料放射性核素限量》GB 6566—2010 的规定。

(5)混凝土外加剂的选择和使用应符合《混凝土外加剂应用技术规范》GB 50119-2013 的规定。

配合比设计除应符合《普通混凝土配合比设计规程》JGJ 55-2011 的有关规定外,尚应符合下列规定。

(1)掺粉煤灰混凝土的抗压强度龄期应由设计确定,地面以上结构由于长期保湿养护条件差及结构早强要求高,宜采用 28 d 龄期,也可采用 60 d 龄期。地下混凝土为了充分利用粉煤灰混凝土的后期强度,应尽可能采用较长的设计龄期,宜为 60 d 或 90 d。

(2)粉煤灰最大掺量宜符合表 3.19 的规定,粉煤灰掺量超过规定时应进行试验论证。

表 3.19　粉煤灰最大掺量

混凝土种类	硅酸盐水泥		普通硅酸盐水泥	
	水胶比 ≤0.4	水胶比 >0.4	水胶比 ≤0.4	水胶比 >0.4
钢筋混凝土	40%	35%	35%	30%
预应力混凝土	30%	25%	25%	15%

对钢筋混凝土,粉煤灰掺量过大可导致混凝土碱度降低,使钢筋保护层碳化,进而对混凝土中钢筋锈蚀产生不利影响。粉煤灰掺量增大,钢筋锈蚀敏感性增加。配合比设计时,应考虑钢筋保护层厚度,在钢筋保护层厚度偏薄时,应适当减少粉煤灰用量,以提高混凝土碱度,减缓混凝土碳化和钢筋的锈蚀速度。

（3）对早期强度要求较高或环境温度、湿度较低条件下施工的粉煤灰混凝土,宜适当降低粉煤灰掺量。

（4）试验室配合比设计时,应考虑施工养护条件对混凝土强度发展和干缩开裂的影响,当现场施工不能满足养护条件要求时,应降低粉煤灰掺量。

（5）用于建筑工程粉煤灰混凝土的放射性限量及检验方法应符合《建筑材料放射性核素限量》GB 6566—2010 的规定。

（6）掺入混凝土中粉煤灰的称量允许偏差宜为 ±1%。

粉煤灰混凝土浇筑时不得漏振或过振。粉煤灰密度较小,特别是碳颗粒,过振将使粉煤灰浆体上浮,在混凝土表面出现明显浮浆层,影响表层混凝土质量。振捣后的粉煤灰混凝土表面不得出现明显的粉煤灰浮浆层。

粉煤灰混凝土浇筑后,应及时进行保湿养护,养护时间不宜少于 28 d。

3.17　铁尾矿砂混凝土

近年来铁尾矿砂在青岛地区的预拌混凝土中广泛应用,铁尾矿砂大多属于特细砂、细砂,其技术性能与天然砂和机制砂有较大差异,单独作为细骨料配制的混凝土不宜泵送。铁尾矿砂在混凝土中不宜单独使用,宜与级配不合理的机制砂、天然砂等中粗砂按一定比例组成混合砂使用。铁尾矿混合的质量及砂铁尾矿砂混凝土配制和应用应符合《铁尾矿砂混凝土应用技术规范》GB 51032-2014 的规定。

用于建筑工程铁尾矿砂混凝土的放射性应符合《建筑材料放射性核素限量》GB 6566—2010 的规定。

铁尾矿砂混凝土的搅拌时间应在天然砂混凝土搅拌时间的基础上延长,延长时间经混凝土拌合物搅拌均匀性试验确定。

混凝土拌合物应具有良好的工作性,并不得离析和泌水。

混凝土拌合物的流动性、黏聚性和保水性,每工作班应至少检验 2 次,检验记录和报告归档保存。

原材料选择应符合下列规定。

（1）不应单独采用铁尾矿特细砂作为细骨料配制混凝土。铁尾矿砂应与天然砂或机制砂混合使用。混合后的铁尾矿混合砂的细度模数宜为 2.3～3.0，颗粒级配应符合表 3.20 的规定。

表 3.20　铁尾矿混合砂的颗粒级配

筛孔的公称直径（方筛孔）	铁尾矿混合砂累计筛余（%）
4.75 mm	0～10
2.36 mm	0～25
1.18 mm	10～50
600 μm	41～70
300 μm	70～92
150 μm	80～94

　　注：① 铁尾矿混合砂的实际颗粒级配除 4.75 mm 和 600 μm 筛档外，各级累计筛余超出值总和不应大于 5%；② 当铁尾矿混合砂的颗粒级配不符合本表规定时，宜采取相应的技术措施，经试验证明质量合格后方可使用。

（2）粗骨料应符合《普通混凝土用砂、石质量及检验方法标准》JGJ 52-2006 的规定。

（3）铁尾矿砂的硫化物及硫酸盐含量不得大于 0.5%（按 SO_3 质量计）。

铁尾矿砂的硫化物及硫酸盐对混凝土具有危害性，砂中硫化铁、生石灰等硫酸盐及硫化物折算为 SO_3（按质量计）的含量过高，可能对混凝土产生硫酸盐腐蚀，致使水泥石及混凝土开裂而破坏，铁尾矿砂中的硫化物及硫酸盐必须严格控制。

（4）铁尾矿混合砂的石粉含量和泥块含量应符合表 3.21 的要求。

表 3.21　铁尾矿混合砂的石粉含量和泥块含量

项目		指标		
		≤C25	C30～C55	≥C60
石粉含量（%）	MB 值 ≤1.4 或快速法试验合格	≤10.0	≤7.0	≤5.0
	MB 值 >1.4 或快速法试验不合格	≤5.0	≤3.0	≤2.0
泥块含量（%）		≤2.0	≤1.0	≤0.5

（5）铁尾矿砂碱活性试验，试件应无裂缝、酥裂、胶体外溢现象，且在规定的试验龄期膨胀率应小于 0.10%。

（6）铁尾矿细砂及混合砂的表观密度应不小于 2 500 kg/m³，松散堆积密度应不小于 1 400 kg/m³，空隙率应不大于 44%。

（7）水泥应选用通用硅酸盐水泥。

（8）外加剂应与铁尾矿砂有良好的适应性，并应经试验验证。

配合比设计除应符合《普通混凝土配合比设计规程》JGJ 55-2011 的有关规定外，尚应符合下列规定。

（1）铁尾矿砂混凝土的密度为 2 000～2 800 kg/m³。

（2）铁尾矿砂与天然砂相比具有比表面积和石粉含量大等特点，在混凝土中吸附了部分水分，使铁尾矿砂混凝土流动性较小。铁尾矿砂混凝土用水量宜在天然砂混凝土用水量的基础上适当增加，增加量应经试验确定。

（3）在配制相同强度等级的铁尾矿砂混凝土时，与天然砂相比，铁尾矿砂比表面积较大，在混凝土达到相同工作性能时，铁尾矿砂表面包裹的胶凝材料用量应较多，铁尾矿砂混凝土的胶凝材料总量宜在天然砂混凝土胶凝材料总量的基础上适当增加，增加量应经试验确定。

对于配制高强度铁尾矿砂混凝土，水泥和胶凝材料用量按照现行行业标准《人工砂混凝土应用技术规程》JGJ/T 241-2011 的有关规定。水泥用量不宜大于 500 kg/m³，胶凝材料用量不宜大于 600 kg/m³。

（4）铁尾矿砂混凝土的砂率应根据细度模数、石粉含量、水胶比经试验确定。石粉含量高的铁尾矿砂混凝土，宜采用砂石最大松散堆积容重法确定砂率。

（5）配制泵送铁尾矿砂混凝土时，坍落度经时损失不宜大于 30 mm/h。

（6）对有抗裂性能要求的铁尾矿砂混凝土（抗渗混凝土），应通过混凝土抗裂性和早期收缩性能试验优选配合比。

（7）铁尾矿砂混凝土的搅拌时间应在天然砂混凝土搅拌时间的基础上延长。

铁尾矿砂大多为特细砂，比表面积大，受潮易结团，配制的铁尾矿砂混凝土的黏稠度有增大趋势，适当延长搅拌时间可以提高铁尾矿砂混凝土拌和物的均匀性。

泵送铁尾矿砂混凝土运送至浇筑地点，坍落度损失较大不能满足泵送要求时，不得直接使用，可采取补加外加剂措施进行坍落度调整。补加外加剂应符合相关质量控制的要求。

对掺加膨胀剂的铁尾矿砂混凝土，养护龄期不应小于 14 d；冬期施工时，墙体带模养护不应小于 7 d。

当风速大于 5 m/s 时，铁尾矿砂混凝土浇筑和养护宜采取挡风措施。

3.18 再生骨料混凝土

再生骨料混凝土配制和应用应符合《再生骨料应用技术规程》JGJ/T 240-2011 的规定。

原材料选择应符合下列规定。

（1）再生骨料是指由拆除建（构）筑物中的混凝土、砂浆、石、砖瓦等经处理而成的，当用于配制混凝土骨料时，应符合《混凝土用再生粗骨料》GB/T 25177—2010 和《混凝土和砂浆用再生细骨料》GB/T 25176—2010 的规定。

（2）水泥宜选用通用硅酸盐水泥。

（3）Ⅰ类再生粗骨料可用于配制 C60 以下等级混凝土。Ⅱ类再生粗骨料可用于配制 C40 及以下等级混凝土。Ⅲ类再生粗骨料可用于配制 C25 以下等级混凝土，不宜用于配制有抗冻性要求的混凝土。

（4）Ⅰ类再生细骨料可用于配制 C40 及以下等级混凝土，Ⅱ类再生细骨料可用于配制 C25 及以下等级混凝土，Ⅲ类再生细骨料不宜用于配制结构混凝土。

（5）再生骨料不得用于配制预应力混凝土。

（6）在冻融环境、氯化物环境和化学腐蚀环境使用的再生骨料混凝土，混凝土中三氧化硫含量的最大含量不应超过胶凝材料总量的 4%。

配合比设计应符合下列规定。

（1）应符合《普通混凝土配合比设计规程》JGJ 55-2011 的规定。可按《再生混凝土配合比设计规程》DB37/T 5176—2021 的规定进行配合比计算。

（2）再生细骨料取代率超过 30% 时，配合比设计宜采用体积法。

（3）宜采用较低砂率。

（4）再生粗骨料的取代率不宜大于 50%，Ⅰ类再生骨料的取代率可不受限制。掺用Ⅲ类再生粗骨料时，不宜再掺入再生细骨料。

（5）用水量应比天然骨料混凝土用水量适当增加（10 kg/m³）。

（6）确定配制强度，无统计资料且单掺再生粗骨料时，标准差的选择可按表 3.22 确定；掺用再生细骨料混凝土，无资料时也可按表 3.22 确定标准差。

表 3.22　混凝土强度标准差

强度等级	≤C20	C25、C30	C35、C40
标准差/MPa	4.0	5.0	6.0

3.19　防腐阻锈混凝土

沿海地区是混凝土硫酸盐和氯盐侵蚀的多发地区，混凝土结构大量采用防腐阻锈混凝土，应提高关于硫酸盐和氯盐对混凝土侵蚀的认识，加强混凝土生产施工的质量控制。

混凝土硫酸盐侵蚀是影响混凝土耐久性的主要原因之一。硫酸盐侵蚀是指硬化水泥石中的水化产物与来自环境中或混凝土自身的硫酸盐发生物理、化学反应而引起的混凝土结构劣化、破坏现象的总称。除了硫酸钡外，绝大多数硫酸盐都对水泥混凝土产生侵蚀作用。通常，海水、地下水中含有大量的硫酸盐，风化的土壤中的 FeS 等氧化形成了硫酸盐，硫酸铵化肥生产和使用的排污、高硫燃料燃烧后的灰尘和气体等都会成为混凝土受侵蚀破坏的硫酸盐来源,因而硫酸盐侵蚀是一种比较普遍的混凝土耐久性破坏形式。

混凝土硫酸盐侵蚀可分为内部侵蚀与外部侵蚀,内部硫酸盐侵蚀主要是指早期受高温养护的水泥制品中因延迟钙矾石形成而导致的破坏;通常硫酸盐侵蚀都是指外部硫酸盐侵蚀。根据水泥水化产物是否与硫酸盐发生化学反应生成新的物质,又可将硫酸盐侵蚀分为物理侵蚀破坏和化学侵蚀破坏两大类。在实际工程中,以外部硫酸盐来源引起的化学侵蚀最为普遍,因此通常未加特殊定义时均指这类侵蚀。由于材料组成与外界环境条件差异,混凝土受硫酸盐侵蚀的腐蚀产物组成并不完全相同,从而引起混凝土宏观性能的衰变规律和外观特征也不同。

根据侵蚀产物的类型,混凝土硫酸盐侵蚀可分为石膏型、钙矾石型、碳硫硅钙石型和结晶型硫酸盐侵蚀。在实际工程中,混凝土受硫酸盐侵蚀通常生成以某一种腐蚀产物为主的混合物。因此,根据腐蚀产物组成,可以将硫酸盐侵蚀分为钙矾石型和碳硫硅酸钙型。当混凝土受到外界硫酸盐介质侵蚀并有充足水存在时,便会与水泥中的铝相组分反应生成钙矾石,导致混凝土开裂破坏。

工程混凝土硫酸盐侵蚀破坏的主要特征:① 基体开裂,表层剥落,结构松软粉化;② 内聚力严重减弱,强度降低甚至丧失,呈泥状;③ 长期侵蚀条件下,出现开裂、剥落及无强度等综合性破坏形式;④ 结构破坏的同时,裂纹内或基体表面常析出白色结晶盐。

混凝土硫酸盐侵蚀是一个复杂的物理化学变化过程,受内外因素的双重影响,应从原材料选择、配合比设计、施工管理等方面采取综合措施。

氯盐侵蚀引起钢筋锈蚀,造成混凝土结构破坏,直接影响混凝土结构耐久性。混凝土氯盐侵蚀包括混凝土内部氯盐侵蚀和外部环境氯盐侵蚀。

外部环境的氯离子侵蚀混凝土的方式主要有以下几种:① 渗透作用,即氯化物在水压力作用下向压力较低的方向移动;② 电化学作用,即氯离子向电位较高的方向移动;③ 扩散作用,即氯离子从浓度高的地方向浓度低的地方移动;④ 毛细管作用,即氯化物向混凝土内部干燥部分移动。由于外部环境的不同,氯化物侵蚀机理也不相同,通常情况下,氯离子的侵蚀过程是几种侵蚀方式的组合。

氯离子侵蚀对钢筋混凝土的危害主要有三个方面:① 引起膨胀反应,使混凝土开裂;② 增大混凝土的孔隙率,使得氯离子更容易渗入混凝土,加剧钢筋锈蚀;③ 氯盐侵蚀会破坏钢筋钝化膜,引发钢筋锈蚀及锈胀,导致混凝土开裂及保护层脱落,从而引起混凝土构件及结构整体性能退化。

采用掺入外加剂抵抗硫酸盐对混凝土的侵蚀、抑制氯离子对钢筋的锈蚀,用于硫酸盐、氯盐侵蚀环境中的混凝土配制和应用应符合《钢筋混凝土阻锈耐蚀剂应用技术规范》GB/T 33803—2017 的规定。

采用内掺型防腐阻锈剂配制防腐阻锈混凝土时,预拌混凝土企业应了解工程混凝土结构的环境条件,按《混凝土结构耐久性设计规范》GB/T 50476-2019 确定环境类别和环境作用等级。

原材料选择应符合下列规定。

（1）按混凝土结构所处环境作用等级、腐蚀类别和设计要求,选择混凝土防腐阻锈剂的种类、品种。对于同时存在硫酸盐腐蚀和氯离子锈蚀的环境,应选择内掺型防腐阻锈剂或多功能阻锈剂,混凝土性能和耐蚀性指标应符合表 3.23 的规定;仅存在硫酸盐腐蚀的环境,宜选择混凝土抗硫酸盐侵蚀防腐剂,化学成分和物理性能指标应符合表 3.24 的规定;仅存在氯离子锈蚀的环境,宜选择内掺型钢筋阻锈剂,阻锈性能和混凝土性能指标应符合表 3.25 的规定;阻锈剂、多功能阻锈剂、防腐阻锈剂的匀质性指标应符合《钢筋混凝土阻锈耐蚀剂应用技术规范》GB/T 33803—2017 和《混凝土外加剂》GB 8076—2008 的规定,见表 3.26。

（2）水泥宜选择通用硅酸盐水泥。

（3）按环境作用等级选择防腐阻锈剂种类和型号,防腐阻锈剂与其他外加剂复合使用时,应进行相容性试验,并不得降低防腐阻锈剂的性能。

（4）防腐阻锈剂进场应复检合格后使用。

（5）硫酸盐环境中混凝土使用的水泥和矿物掺合料中,不得加入石灰石粉。需要采用硅灰时,不宜采用二氧化硅含量小于 90% 的硅灰。

混凝土配合比设计除应符合《普通混凝土配合比设计规程》JGJ 55-2011 的有关规定外,尚应符合下列规定。

（1）防腐阻锈剂掺量应根据环境作用等级和产品生产厂家推荐的掺量,通过试验确定。

（2）混凝土应进行干湿冷热循环试验和抗硫酸盐侵蚀性试验。

（3）掺粉状防腐阻锈剂时,应适当延长混凝土的搅拌时间,确保拌合物均匀。

（4）应按配合比确定的阻锈剂或防腐阻锈剂掺量,依据《钢筋混凝土阻锈耐蚀剂应用技术规范》GB/T 33803—2017 附录 C、附录 F 检验阻锈性能,掺阻锈剂或防腐阻锈剂的钢筋棒比未掺阻锈剂钢筋棒锈蚀面积应减少 95% 以上。

在条件许可时,宜依据《钢筋混凝土阻锈耐蚀剂应用技术规范》GB/T 33803—2017 附录 D 的测定方法定期评估混凝土构件中钢筋的锈蚀程度,评价钢筋阻锈剂对混凝土构件中钢筋的保护效果。

表 3.23 混凝土性能和耐蚀性指标

试验项目		技术指标	检测方法
抗压强度比	3 d	≥100%	GB 8076—2008
	7 d	≥100%	
	28 d	≥100%	

试验项目		技术指标	检测方法
坍落度保留值/mm	30 min	≥150	GB 8076—2008
	60 min	≥120	
凝结时间之差/min	初凝	−90～+120	
	终凝		
盐水浸渍试验		钢筋棒无锈蚀,电位 0 mV～−250 mV	GB/T 33803—2017 附录 A
干湿冷热循环试验		掺阻锈剂的钢筋腐蚀面积减少 95% 以上	GB/T 33803—2017 附录 C
抗硫酸盐侵蚀性	抗蚀系数 K	≥0.90	JC/T 1011—2021
	膨胀系数 E	≤1.50	

① 根据工程需要,混凝土其他性能应符合 GB 8076—2008 标准要求。
② 仲裁试验时,至少包括砂浆干湿冷热循环试验、抗硫酸盐侵蚀性试验。

表 3.24　化学成分和物理性能指标

项目		技术指标	检测方法
氧化镁含量		不大于 5.0%	GB/T 176—2017
氯离子含量		不大于 0.05%	
碱含量		按 $Na_2O+0.658K_2O$ 计算值表示。当有碱含量要求时,由供需双方协商确定。	
硫酸钠含量		≤1.0%	GB/T 8077—2023
比表面积/$m^2 \cdot kg^{-1}$		≥300	GB/T 8074—2008
凝结时间/min	初凝	≥45	GB/T 1346—2011
	终凝	≤600	
抗压强度比	7 d	≥90%	JC/T 1011—2021
	28 d	≥100%	
膨胀率	1 d	≥0.05%	JC/T 313—2009
	28 d	≤0.60%	
抗蚀系数 K		≥0.90	JC/T 1011—2021 附录 A
膨胀系数 E		≤1.50	JC/T 1011—2021 附录 B
氯离子扩散系数比	28 d	≤0.85	JC/T 1011—2021

表 3.25　阻锈性能和混凝土性能指标

试验项目		技术指标	检测方法
抗压强度比	7 d	≥100%	GB 8076—2008
	28 d	≥100%	
凝结时间差/min	初凝	−120～+120	
	终凝	−120～+120	
抗渗性		≥100	DL/T 5150—2017
盐水浸渍试验		钢筋棒无锈蚀,电位 0 mV～−250 mV	GB/T 33803—2017 附录 A
电化学综合试验		电流小于 150 μA	GB/T 33803—2017 附录 B
干湿冷热循环试验		掺阻锈剂的钢筋腐蚀面积减少 95% 以上	GB/T 33803—2017 附录 C
① 根据工程需要,混凝土其他性能应符合 GB 8076—2008 标准要求。 ② 仲裁试验时,至少包括砂浆干湿冷热循环试验。			

表 3.26　匀质性指标

试验项目	技术指标	检测方法
含固量(S)	生产厂控制值 S>25%时,应控制在 0.95 S～1.05 S	GB/T 8077—2023
	生产厂控制值 S≤25%时,应控制在 0.90 S～1.10 S	
含水率(W)	生产厂控制值 W>5%时,应控制在 0.90 W～1.10 W	
	生产厂控制值 W<5%时,应控制在 0.80 W～1.20 W	
密度(D)	生产厂控制值 D>1.1 g/cm^2 时,应控制在 D±0.03	
	生产厂控制值 D≤1.1 g/cm^2 时,应控制在 D±0.02	
细度	应在生产厂控制值范围内	GB/T 8077—2023
pH 值	应在生产厂控制值范围内	
总碱量	不超过生产厂控制值	

3.20　纤维混凝土

　　纤维混凝土的配制和应用应符合《纤维混凝土应用技术规程》JGJ/T 221-2010、《钢纤维混凝土》JG/T 472—2015、《混凝土用钢纤维》GB/T 39147—2020 和《水泥混凝土和砂浆用合成纤维》GB/T 21120—2018 的规定。

　　预拌纤维混凝土生产施工质量控制,应了解不同纤维性能的优劣以及在不同的工程应用领域该选用什么类型的纤维。

　　纤维混凝土是纤维和混凝土构成的复合材料,其作用机理是纤维在混凝土裂缝处吸收了应力,抑制了裂缝的形成和开展,纤维只有在混凝土产生裂缝时才能发挥作用。

　　纤维混凝土可采用钢纤维或合成纤维,根据混凝土性能(抗裂、抗收缩、增韧、耐磨)要求选择。

　　钢纤维混凝土抗裂性、整体性好、收缩率低,因而防水、防渗性、耐冻融性、耐热性、耐磨性、抗气蚀性和抗腐蚀性均有显著提高,可用于地下室防渗等工程。

　　钢纤维混凝土的技术特点是能提高混凝土的韧性和抗拉强度,但是钢纤维搅拌时易结团,混凝土和易性差,泵送困难、难以施工、易锈蚀。

　　合成纤维对于抑制混凝土的早期裂缝非常有效,尤其是细合成纤维与混凝土之间有很好的黏结锚固性能,效果更加明显。

　　混凝土会在不同的龄期产生裂缝。在早龄期,由于混凝土不够密实,在自身收缩应力的作用下会产生微裂缝。在混凝土浇筑完 3 h 内,混凝土的抗压应力小于 3 MPa,收缩应力小于 0.3 MPa,此时细合成纤维可以承受这些荷载抑制裂缝开展。24 h 后混凝土的各种性能都得到了增强,抗压应力会大于 10 MPa,收缩应力会大于 1 MPa,此时细合成纤维不能有效抑制裂缝的开展,钢纤维与混凝土之间有更好的黏结锚固作用,可以有效吸收裂缝处的应力,抑制裂缝的形成和开展。

　　不同类型的纤维有其适用的领域。高品质的钢纤维,由于自身抗拉强度及杨氏模量较高,且与混凝土基体有很好的锚固性能,可以广泛应用于建筑工程的各个结构性增强领域。而合成纤维的抗拉强度和杨氏模量较低,不适用于结构性构件,可应用在塑性加固,防火等非承载结构或构件中。

　　钢纤维适用于抗裂、增强、增韧、耐磨、抗渗、抗冲击等特殊要求的混凝土;合成纤维适用于防裂、抗渗、控制早期收缩裂缝、抗冲蚀、增韧等特殊要求的混凝土。

　　原材料选择应符合下列规定。

　　(1)钢纤维按抗拉强度分为 5 个等级:400 级、700 级、1 000 级、1 300 级、1 700 级。按钢纤维混凝土的用途和性能要求选择合适等级的钢纤维,质量应符合《混凝土用钢纤维》GB/T 39147—2020 的规定。

　　(2)用于混凝土的合成纤维按用途可选择防裂抗裂纤维或增韧纤维,通常使用聚丙烯纤维和聚丙烯腈纤维。合成纤维的性能指标应符合表 3.27 的规定。

表 3.27　合成纤维的性能指标

项目			用于混凝土合成纤维	
			防裂抗裂纤维(HF)	增韧纤维(HZ)
单丝纤维 膜裂网状纤维	断裂强度/MPa	≥	350	500
	初始模量/MPa	≥	3.0×10^3	5.0×10^3
	断裂伸长率	≤	40%	30%
	耐碱性能(极限拉伸保持率)	≥	95.0%	

续表

项目			用于混凝土合成纤维	
			防裂抗裂纤维（HF）	增韧纤维（HZ）
粗纤维	断裂强度/MPa	≥	—	400
	初始模量/MPa	≥	—	5.0×103
	断裂伸长率	≤	—	30%
	耐碱性能（极限拉伸保持率）	≥	95.0%	

（3）掺合成纤维混凝土性能符合表 3.28 的规定。

表 3.28　掺合成纤维混凝土性能

项目	用于混凝土合成纤维	
	防裂抗裂纤维（HF）	增韧纤维（HZ）
分散性相对误差	−10%～+10%	
混凝土裂缝降低系数	≥55%	
混凝土抗压强度比	≥90%	—
韧性指数	—	≥3
抗冲击次数比	≥1.5	≥3.0

（4）宜采用硅酸盐水泥和普通硅酸盐水泥。

（5）宜采用 5～25 mm 连续粒级粗骨料级配及 II 区中砂,浇筑钢纤维混凝土使用的粗骨料最大粒径不宜大于钢纤维长度的 2/3。

（6）不得使用含氯盐的外加剂。

配合比设计应符合下列规定。

（1）浇筑纤维混凝土的最小胶凝材料用量应符合表 3.29 的规定;喷射钢纤维混凝土的胶凝材料用量不宜小于 380 kg/m³。

表 3.29　最小胶凝材料用量

最大水胶比	最小胶凝材料用量/kg·m⁻³	
	钢纤维混凝土	合成纤维混凝土
0.60	—	280
0.55	340	300
0.50	360	320
≤ 0.45	360	340

（2）掺加纤维前的混凝土配合比设计应符合《普通混凝土配合比设计规程》JGJ

55-2011 的规定。

（3）钢纤维混凝土配合比设计应符合《钢纤维混凝土》JG/T 472—2015 和《纤维混凝土应用技术规程》JGJ/T 221-2010 的规定。

1）配合比设计参数选择时，钢纤维体积率应根据设计要求确定，且不宜小于 0.35%；当采用抗拉强度不低于 1 000 MPa 级的高强异形钢纤维时，不应小于 0.25%。

2）钢纤维长度宜为 20~60 mm，直径或等效直径宜为 0.3~1.2 mm，长径比宜为 30~100。

3）对有耐腐蚀或耐高温要求的钢纤维混凝土结构，宜采用耐热不锈钢钢纤维。

4）砂率应选择普通混凝土砂率范围的上限值。

5）矿物掺合料掺量不宜大于胶凝材料的 20%。

（4）合成纤维混凝土配合比设计应符合《纤维混凝土应用技术规程》JGJ/T 221-2010 的规定。

1）配合比设计参数选择时，合成纤维体积率应根据设计要求确定，且不宜小于 0.06%，不宜大于 0.3%；选用增韧用粗纤维的体积率可大于 0.5%，并不宜超过 1.5%。

2）合成纤维混凝土应根据纤维掺量进行试配，当纤维体积率大于 0.1%时，可适当提高外加剂掺量或胶凝材料用量，但水胶比不能降低。

纤维混凝土设计配合比确定后，应进行生产适应性验证。

纤维的计量允许偏差（按质量计）为 ±1%。

纤维混凝土生产应配备纤维专用计量和投料设备。

纤维混凝土搅拌宜先将纤维和粗、细骨料投入搅拌机干拌 30~60 s，然后再加水泥、掺合料、水和外加剂搅拌 90~120 s。纤维体积率较高或混凝土强度等级不大于 C50 时，宜取搅拌时间范围的上限。当钢纤维体积率超过 1.5%或合成纤维体积率超过 0.020%时，宜延长搅拌时间。

3.21 清水混凝土

清水混凝土按饰面效果可分为普通清水混凝土、饰面清水混凝土和装饰清水混凝土。

普通清水混凝土的配制和应用应符合《清水混凝土应用技术规程》JGJ 169-2009 的规定。

普通清水混凝土施工应对全过程进行质量控制。同一视觉范围（水平距离清水混凝土构件表面 5 m，平视混凝土表面所观察的范围）内保证混凝土颜色一致性，清水混凝土拌合物的出机温度和拌合物状态应保持一致。混凝土颜色一致性质量控制包括对模板、钢筋、混凝土等的选择，对模板的设计、加工、安装的质量控制，对混凝土的制备、运输、浇筑、振捣、养护、成品保护等工作的质量控制，保证模板的拆模时间、拆模程序、混凝土浇筑、养护条件及修复等工艺的一致性。

有防水要求的清水混凝土,必须采取防裂、防渗等措施,其措施不应影响混凝土饰面效果。

原材料选择应符合下列规定。

(1)处于潮湿环境和干湿交替环境的混凝土,应选用非碱活性骨料,包括碱—硅反应活性骨料和碱—碳酸盐反应活性骨料。

(2)原材料应有足够的存储量,其颜色和技术参数宜一致。

(3)宜选用强度等级不低于 42.5 的硅酸盐水泥、普通硅酸盐水泥。同一工程混凝土使用的水泥宜为同一厂家、同一品种、同一强度等级。

(4)粗骨料应采用连续粒级,颜色应均匀,表面应洁净,质量应符合表 3.30 的规定。

表 3.30　粗骨料质量要求

混凝土强度等级	≥C50	<C50
含泥量(按质量计,%)	≤0.5	≤1.0
泥块含量(按质量计,%)	≤0.2	≤0.5
针、片状颗粒含量(按质量计,%)	≤8	≤15

(5)细骨料宜采用中砂,质量应符合表 3.31 的规定。

表 3.31　细骨料质量要求

混凝土强度等级	≥C50	<C50
含泥量(按质量计,%)	≤2.0	≤3.0
泥块含量(按质量计,%)	≤0.5	≤1.0

(6)同一工程所用掺合料应来自同一厂家、同一规格型号,宜采用 I 级粉煤灰。

配合比设计除应符合《普通混凝土配合比设计规程》JGJ 55-2011 的有关规定外,尚应符合下列规定。

(1)应按照设计和施工要求确定试配强度、混凝土外观要求,试配出适宜的混凝土表面颜色。

(2)应采用矿物掺合料。

(3)应按原材料试验结果确定外加剂的型号和掺量。冬期施工掺入混凝土的防冻剂,应经试验对比,混凝土表面不得产生明显色差。

(4)应详细了解工程所处环境,重点考虑混凝土耐久性,根据抗碳化、抗冻害、抗硫酸盐、抗盐害和抑制碱—骨料反应等对混凝土耐久性产生影响的因素进行配合比设计。

(5)宜按高性能混凝土技术条件配制普通清水混凝土。

(6)配合比确定后,施工前宜做样板,通过样板对混凝土的配合比、模板体系、施工工艺等行验证,并进行技能培训和技术交底。

清水混凝土搅拌时间宜比普通混凝土延长 20～30 s,提高混凝土拌合物的匀质性和稳定性。

混凝土拌合物的工作性应稳定,无离析泌水现象,90 min 的坍落度经时损失值宜小于 30 mm。控制混凝土坍落度的经时损失可减少现场二次增加混凝土外加剂而改变混凝土匀质性和稳定性的现象发生。

对混凝土坍落度进行量化指标控制,目的是在满足施工的前提下尽量减小混凝土坍落度,以减小浮浆厚度和混凝土表面色差。混凝土拌合物入泵坍落度控制宜符合规定:① 柱子的混凝土坍落度为 150±20 mm;② 墙、梁、板的混凝土坍落度为 170±20 mm。

混凝土从搅拌结束到入模的时间不宜超过 90 min。

严禁添加配合比以外的水和外加剂。

进入施工现场的混凝土应逐车检测坍落度,不得有分层、离析等现象。

室外气温低于 −15 ℃时,不得浇筑混凝土。

脱模剂应符合下列要求。

(1)应具有良好的脱模性能。拆模时,要求脱模剂能使模板顺利地与混凝土脱离,保持混凝土表面光滑平整、棱角整齐无损。

(2)涂敷方便、成膜快、拆模后易清洗。脱模剂既能涂刷又能喷涂为好,成膜要快,一般在 20 min 之内。

(3)不影响清水混凝土表面的自然质感饰面效果,清水混凝土表面不留浸渍印痕、不泛黄变色。

(4)不改变清水混凝土拌合物的凝结时间,不应含有对清水混凝土性能有害的物质。

(5)应具有良好的稳定性。

3.22 自密实混凝土

自密实混凝土在工程中的应用越来越多,用于现场浇筑的自密实混凝土工程和生产预制自密实混凝土构件,尤其适用于浇筑量大、振捣困难的结构以及对施工进度、噪声有特殊要求的工程。

自密实混凝土生产与施工的质量控制除应符合普通混凝土的相关规定外,还应符合《自密实混凝土应用技术规程》JGJ/T 283-2012 的规定。

自密实混凝土的自密实性能及要求(表 3.32)、试验方法、不同性能等级自密实混凝土的应用范围(表 3.33)应按《自密实混凝土应用技术规程》JGJ/T 283-2012 的规定。

表 3.32　自密实混凝土拌合物的自密实性能及要求

自密实性能	性能指标	性能等级	技术要求
填充性	坍落扩展度/mm	SF1	550～655
		SF2	660～755
		SF3	760～850
	扩展时间 T500/s	VS1	≥2
		VS2	<2
间隙通过性	坍落扩展度与 J 环扩展度差值/mm	PA1	25<PA1≤50
		PA2	0≤PA2≤25
抗离析性	离析率	SR1	≤20%
		SR2	≤15%
	粗骨料振动离析率	fm	≤10%

注：当抗离析性试验结果有争议时，以离析率筛析法试验结果为准。

表 3.33　不同性能等级自密实混凝土的应用范围

自密实性能	性能等级	应用范围	重要性
填充性	SF1	① 从顶部浇筑的无配筋或配筋较少的混凝土结构物 ② 泵送浇筑施工的工程 ③ 截面较小，无需水平长距离流动的竖向结构物	控制指标
	SF2	适合一般的普通钢筋混凝土结构	
	SF3	适用于结构紧密的竖向构件、形状复杂的结构等（粗骨料最大公称粒径宜小于 16 mm）	
	VS1	适用于一般的普通钢筋混凝土结构	
	VS2	适用于配筋较多的结构或有较高混凝土外观性能要求的结构，应严格控制	
间隙通过性	PA1	适用于钢筋净距 80～100 mm	可选指标
	PA2	适用于钢筋净距 60～80 mm	
抗离析性	SR1	适用于流动距离小于 5 m、钢筋净距大于 80 mm 的薄板结构和竖向结构	可选指标
	SR2	适用于流动距离超过 5 m、钢筋净距大于 80 mm 的竖向结构，也适用于流动距离小于 5 m、钢筋净距小于 80 mm 的竖向结构，当流动距离超过 5 m，SR 值宜小于 10%	

注：① 钢筋净距小于 60 mm 时宜进行浇筑模拟试验，对于钢筋净距大于 80 mm 的薄板结构或钢筋净距大于 100 mm 的其他结构可不作间隙通过性指标要求。

② 高填充性（坍落扩展度指标为 SF2 或 SF3）的自密实混凝土，应有抗离析性要求。

原材料选择应符合下列规定。

（1）水泥宜选用硅酸盐水泥或普通硅酸盐水泥，不宜采用铝酸盐水泥、硫铝酸盐水泥等凝结时间短、流动性经时损失大的水泥。

（2）粗骨料宜采用连续级配或 2 个及以上单粒径级搭配使用，最大公称粒径不宜大于 20 mm；对于结构紧密的竖向构件、复杂形状的结构以及有特殊要求的工程，最大公称粒径不宜大于 16 mm。粗骨料宜选用 5～20 mm 的碎石，针片状颗粒含量不应大于 8%，含泥量不应大于 1.0%，泥块含量不应大于 0.5%。

（3）细骨料宜采用级配 Ⅱ 区中砂。天然砂的含泥量、泥块含量对自密实混凝土的自密实性能影响较大，含泥量不应大于 3%，泥块含量不应大于 1.0%。人工砂的石粉含量对自密实混凝土拌合物黏聚性影响较明显，石粉含量过大会使混凝土拌合物过黏，混凝土流动性降低，影响自密实混凝土的自密实性能，石粉含量和石粉流动度比应符合工程建设强制性标准《混凝土结构通用规范》GB 55008-2021 的相关规定，当人工砂 MB≤1.0 时，配制 C25 及以下混凝土时，经试验验证能确保混凝土质量后，其石粉含量可放宽到 15%。

（4）自密实混凝土可掺入粉煤灰、磨细矿渣粉、硅粉等矿物掺合料，并应符合矿物掺合料应用技术规范以及相关标准的要求。不同的矿物掺合料对混凝土工作性和物理力学性能、耐久性所产生的作用既有共性，又不完全相同。因此，应依据混凝土所处环境、设计要求、施工工艺要求等因素，经试验确定矿物掺合料种类及用量。

粉煤灰应符合《用于水泥和混凝土中的粉煤灰》GB/T 1596—2017 的规定，强度等级高于 C60 的自密实混凝土宜选用 Ⅰ 级粉煤灰；粒化高炉矿渣粉应符合《用于水泥和混凝土中的粒化高炉矿渣粉》GB/T 18046—2017 的规定；硅灰应符合《高强高性能混凝土用矿物外加剂》GB/T 18736—2017 的规定；采用磨细矿化碳酸钙、石英粉等其他矿物掺合料时，应考虑掺合料的粒径分布、形状和需水量，减少对混凝土拌合物需水量或敏感度的影响，应通过充分试验进行论证，确定混凝土性能满足工程应用要求后再使用。

（5）外加剂宜选用聚羧酸系高性能减水剂。

（6）自密实混凝土加入钢纤维或合成纤维时，纤维在自密实混凝土和普通混凝土中的作用相同，加入纤维一般会降低拌合物的流动性，具体掺量需要通过试验确定。纤维性能指标应符合行业标准《纤维混凝土应用技术规程》JGJ/T 221-2010 中的相关规定。

混凝土配合比设计应符合下列规定。

（1）应根据工程结构形式、施工工艺以及环境因素，按照《自密实混凝土应用技术规程》JGJ/T 283-2012 和《普通混凝土配合比设计规程》JGJ 55-2011 进行配合比设计。

（2）钢管自密实混凝土配合比设计时应采取减少混凝土收缩的技术措施。

（3）自密实混凝土加入钢纤维、合成纤维时，混凝土性能应符合《纤维混凝土应用技术规程》JGJ/T 221-2010 的规定。

（4）配合比设计宜采用绝对体积法，水胶比宜小于 0.45；胶凝材料总用量宜为 400～550 kg/m³。

（5）自密实混凝土除应满足普通混凝土拌合物对凝结时间、粘聚性和保水性等的要求外，还应满足自密实性能要求。

（6）自密实混凝土试件成型试验方法按照《自密实混凝土应用技术规程》JGJ/T 283-2012 进行。混凝土试配的最小搅拌量不应小于 25 L。

自密实混凝土的试件制作，应分两次将混凝土拌合物装入试模，每层的装料厚度宜相等，中间间隔 10 s，混凝土拌合物应高出试模口，不应使用振动台或插捣方法成型，装满后刮去多余的混凝土拌合物，最后用抹刀将表面抹平。

（7）在自密实混凝土拌合物自密实性能质量控制检验项目中，坍落扩展度应符合配合比设计要求，混凝土拌合物不得出现外沿泌浆和中心骨料堆积现象；扩展时间应符合配合比设计要求；检验方法应按《自密实混凝土应用技术规程》JGJ/T 283-2012 附录 A 进行。

对于应用条件特殊的工程，宜对确定的配合比进行模拟构件浇筑试验，以检验所设计配合比是否满足工程应用条件。

自密实混凝土应适当延长搅拌时间，搅拌时间不应少于 60 s。

在自密实混凝土拌合物浇筑过程中，应根据现场实际情况确定合适的水平或垂直浇筑距离。水平流动距离不应大于 7 m，通过试验确定混凝土布料点的间距；浇筑高度不宜大于 5 m。

自密实混凝土的养护时间不得少于 14 d。

3.23 钢管混凝土

钢管内浇筑混凝土的配制与应用应符合《组合结构通用规范》GB 55004-2021、《钢管混凝土施工质量验收规范》GB 50628-2010 和《钢管混凝土结构技术规范》GB 50936-2014 的规定。

钢管混凝土结构中，严禁使用含氯化物类外加剂。

钢管内混凝土应采取确保密实度和减少收缩的技术措施。

钢管混凝土宜内掺膨胀剂或掺加合成纤维，直径大于 2 m 的圆形钢管混凝土及边长大于 1.5 m 的矩形钢管混凝土应采取有效措施减少混凝土收缩。

钢管内混凝土的工作性和收缩性应符合设计要求和国家现行有关标准的规定。

钢管内浇筑的混凝土宜采用自密实混凝土。

钢管内混凝土的运输、浇筑及间歇的全部时间不应超过混凝土的初凝时间。

原材料选择应符合下列规定。

（1）钢管内浇筑的混凝土采用自密实混凝土时，原材料应符合自密实混凝土的规定。

（2）钢管内浇筑的混凝土采用普通混凝土时,原材料应符合普通混凝土的规定。

（3）当混凝土用于实心钢管混凝土且全封闭时,可采用海砂配制混凝土,海砂的氯离子含量可不做处理或不需达到氯离子含量限制值的要求。海砂混凝土的施工要求,尚应符合《海砂混凝土应用技术规范》JGJ 206-2010 的规定。

配合比设计除应符合《普通混凝土配合比设计规程》JGJ 55-2011 的有关规定外,尚应符合下列规定。

（1）配合比设计应考虑管内混凝土的浇筑方法,满足施工工艺的要求,并宜进行浇筑工艺试验。浇筑工艺试验应有试验报告。

（2）混凝土的初凝时间应满足施工要求。

（3）采用自密实混凝土,配合比的设计按自密实混凝土要求进行。

（4）采用普通混凝土,配合比的设计按普通混凝土要求进行。

（5）采用再生骨料混凝土,配合比的设计按再生骨料混凝土要求进行。

3.24 防冻混凝土

冬期施工配制的防冻混凝土生产、施工应符合《建筑工程冬期施工规程》JGJ/T 104-2011 的规定。

混凝土配制和生产应按施工单位编制的冬期施工方案确定的养护方法进行,通常采用的养护方法有以下 3 种。

（1）蓄热法:采取原材料加热,利用水泥水化热,并在混凝土浇筑后增加适当保温措施延缓混凝土冷却,在混凝土温度降到 0 ℃ 以前达到受冻临界强度,适用于地面以下工程混凝土。

（2）综合蓄热法:在蓄热法的基础上,混凝土掺加早强剂或早强型复合外加剂,在混凝土温度降到 0 ℃ 以前达到受冻临界强度,为青岛地区广泛应用的冬期施工方法。

（3）负温法:混凝土掺加防冻剂,混凝土在负温下能够硬化,混凝土温度降到防冻剂规定使用温度前达到受冻临界强度,适用于不易加热保温且强度增长要求不高的一般混凝土结构。

混凝土浇筑后,裸露表面应采取保湿措施;同时,应根据需要采取必要的保温措施。

混凝土配制和生产应符合下列受冻临界强度规定。

（1）冬期浇筑的混凝土在受冻以前必须达到受冻临界强度,即混凝土受冻以前必须达到的最低强度。

（2）采用蓄热法施工,使用硅酸盐水泥、普通硅酸盐水泥配制时,受冻临界强度不应小于设计强度的 30%。

（3）当室外最低气温不低于−15 ℃时,采用综合蓄热法、负温养护法施工的混凝土受冻临界强度不应小于 5.0 MPa。

（4）当室外最低气温不低于−30 ℃时,采用负温养护法施工的混凝土受冻临界强度不应小于 5. 0 MPa。

（5）对强度等级等于或高于 C50 的混凝土，受冻临界强度不宜小于设计混凝土强度等级值的 30%。高强混凝土受冻临界强度不得低于 10 MPa。

（6）对有抗渗要求的混凝土，受冻临界强度不小于设计混凝土强度等级值的 50%。

（7）对有抗冻耐久性要求的混凝土，受冻临界强度不小于设计混凝土强度等级值的 70%。

（8）当施工需要提高混凝土强度等级时，应按提高后的强度等级确定受冻临界强度。

预拌混凝土企业应计算及预控混凝土的出机温度，确保混凝土经运输、输送后的入模温度不低于 5 ℃；采用负温法施工，混凝土起始养护温度不宜低于 5 ℃；大体积混凝土入模温度可适当降低。

混凝土生产单位应具备与混凝土生产相匹配的供热条件，宜采用加热水的方式满足混凝土出机温度要求。

原材料选择应符合下列要求。

（1）水泥宜采用硅酸盐水泥或普通硅酸盐水泥。

（2）采用非加热养护法施工的混凝土，选用的外加剂应含有引气组分或掺入引气剂，混凝土含气量宜控制在 3. 0%～5. 0%。

（3）应以混凝土浇筑后 5 d 内的预计日最低气温选用防冻剂，防冻剂规定防冻温度如表 3. 34 所示。

表 3.34 防冻剂规定防冻温度

日最低气温/℃	−10～−5	−15～−10	−20～−15
防冻剂规定防冻温度/℃	−5	−10	−15

（4）三乙醇胺掺入混凝土的量不应大于胶凝材料质量的 0. 05%。

（5）早强剂中硫酸钠掺入混凝土的量应符合表 3. 35 的限制值。

表 3.35 硫酸钠掺量限值

混凝土种类	使用环境	掺量限值（胶凝材料质量百分比，%）
预应力混凝土	干燥环境	≤1.0
钢筋混凝土	干燥环境	≤2.0
	潮湿环境	≤1.5
清水混凝土（有饰面要求）	—	≤0.8
素混凝土	—	≤3.0

（6）掺入混凝土的防冻剂中含有钾、钠离子时，不得采用碱活性骨料或在骨料中混有此类物质。

（7）粗、细骨料应清洁，不得含有冰、雪冻块及其他宜冻裂物质。

配合比设计除应符合《普通混凝土配合比设计规程》JGJ 55-2011 的有关规定外，尚应符合下列规定。

（1）应根据施工期间环境气温、原材料、养护方法、混凝土性能要求等经试验确定，并宜选择较小的水胶比和坍落度。

（2）混凝土最小水泥用量不宜低于 280 kg/m³，水胶比不应大于 0.55。大体积混凝土的最小水泥用量，可根据实际情况决定。

（3）混凝土含气量宜控制在 3.0%～5.0%。

（4）在混凝土配合比设计中，应检测 1 d、3 d、7 d、28 d 抗压强度，并应在配合比设计报告中包含这些内容。

（5）掺防冻剂配合比应检测混凝土在规定防冻温度下是否受冻。

（6）在采用负温法施工的混凝土配合比设计中，应检测混凝土在规定防冻温度下达到受冻临界强度的龄期。

混凝土搅拌时间应较常温混凝土搅拌时间延长 15～30 s。

混凝土出机温度控制：

（1）混凝土原材料加热宜采用加热水的方法；

（2）当加热水不能满足要求时，可对骨料进行加热；

（3）水泥、外加剂、矿物掺合料不得直接加热，应置于暖棚内预热；

（4）拌合水及骨料最高加热温度应符合表 3.36 的规定。

表 3.36　拌合水及骨料最高加热温度

单位：℃

水泥品种及标号	拌合水	骨料
标号低于 525 号的普通硅酸盐水泥、矿渣硅酸盐水泥	80	60
标号高于及等于 525 号的普通硅酸盐水泥、矿渣硅酸盐水泥	60	40

受冻临界强度控制应符合下列规定。

（1）预拌混凝土企业应提供符合要求的混凝土配合比。

（2）施工企业应对混凝土养护期间的温度进行测量。

（3）依据混凝土配合比和混凝土测温数据，按《建筑工程冬期施工规程》JGJ/T 104-2011 附录 B 成熟度法推定混凝土强度。

（4）留置不小于 2 组的同条件养护试件，用于确定受冻临界强度。

（5）可将成熟度法推定混凝土强度和同条件养护试件检测混凝土强度两种方法结合，使混凝土满足受冻临界强度要求，防止混凝土受冻。

3.25 活性粉末混凝土（RPC）（超高性能混凝土）

用于现场浇筑的活性粉末混凝土的配制与应用应符合《活性粉末混凝土》GB/T 31387—2015 的规定。

活性粉末混凝土的力学性能等级分为 5 个等级：RPC100、RPC120、RPC140、RPC160、RPC180。当对混凝土的韧性或延性有特殊要求时，混凝土的等级可由抗折强度决定，抗压强度不应低于 100 Mpa。力学性能等级应符合表 3.37 的规定。

表 3.37　活性粉末混凝土力学性能

等级	抗压强度/MPa	抗折强度/MPa	弹性模量/GPa
RPC100	≥100	≥12	≥40
RPC120	≥120	≥14	≥40
RPC140	≥140	≥18	≥40
RPC160	≥160	≥22	≥40
RPC180	≥180	≥24	≥40

活性粉末混凝土的耐久性应符合表 3.38 的规定。

表 3.38　活性粉末混凝土的耐久性

抗冻性（快冻法）	抗氯离子渗透性（电通量法）/C	抗硫酸盐侵蚀性
≥F500	Q≤100	≥KS120
注：采用电量法测试抗氯离子渗透性时，混凝土试件不应掺加钢纤维等导电介质。		

原材料选择应符合下列规定。

（1）水泥宜采用硅酸盐水泥或普通硅酸盐水泥。

（2）掺合料宜采用 Ⅰ 级粉煤灰、S95 及以上等级粒化高炉矿渣粉、G85 及以上等级钢铁渣粉、符合《砂浆和混凝土用硅灰》GB/T 27690—2023 要求的硅灰。当采用其他矿物掺合料时，应通过试验进行验证，确定活性粉末混凝土性能满足工程应用要求后方可使用。

（3）RPC120 及以下等级活性粉末混凝土可选用级配 Ⅱ 区中砂。砂中公称粒径为 5 mm 的颗粒含量应小于 1%；天然砂的含泥量 ≤0.5%，泥块含量为 0%；人工砂的 MB 值应小于 1.4，石粉含量符合表 3.39 的要求。

表 3.39　人工砂的石粉含量

亚甲蓝 MB 值	石粉含量
MB>1.0	≤5.0%
1.0≤MB≤1.4	≤2.0%

（4）RPC120 以上等级活性粉末混凝土所用骨料宜为单粒级石英砂和石英粉,性能指标应符合表 3.40 的规定。石英砂应分为粗粒径砂(1.25～0.63 mm)、中粒径砂(0.63～0.315 mm)和细粒径砂(0.315～0.16 mm)三个粒级。不同粒级石英砂的超粒径颗粒含量限制值应符合表 3.41 的规定。石英粉中公称粒径小于 0.16 mm 的超粒径颗粒含量应大于 95%。

表 3.40　石英砂和石英粉的技术指标

项目	技术指标
二氧化硅含量	≥97%
氯离子含量	≤0.02%
硫化物及硫酸盐含量	≤0.50%
云母含量	≤0.50%

表 3.41　不同粒级石英砂的超粒径颗粒含量

粒级要求	1.25～0.63 mm 粒级		0.63～0.315 mm 粒级		0.315～0.16 mm 粒级	
	≥1.25 mm	<0.63 mm	≥0.63 mm	<0.315 mm	≥0.315 mm	<0.16 mm
超粒径颗粒含量/%	≤5	≤10	≤5	≤10	≤5	≤5

（5）石英砂和石英粉的筛分试验应符合《普通混凝土用砂、石质量及检验方法标准》JGJ 52-2016 的规定;石英砂和石英粉的二氧化硅含量检验应符合《水泥用硅质原料化学分析方法》JC/T 874—2021 的规定;石英砂和石英粉的氯离子含量、硫化物及硫酸盐含量、云母含量检验方法应符合《普通混凝土用砂、石质量及检验方法标准》JGJ 52-2016 的规定。

（6）外加剂宜选用高性能减水剂,减水率宜大于 30%。

（7）钢纤维宜采用高强度微细纤维,性能指标符合表 3.42 的要求;合成纤维宜采用增韧纤维,性能指标符合《水泥混凝土和砂浆用合成纤维》GB/T 21120—2018 的规定。

表 3.42　钢纤维的性能指标

项目	性能指标
抗拉强度/MPa	≥2 000
长度a（12～16 mm 纤维比例）	≥96%
直径b（0.18～0.22 mm 纤维比例）	≥90%
形状合格率	≥96%
杂质含量	≤1.0%

项目	性能指标
① 50 根试样的长度平均值应为 12～16 mm。 ② 50 根试样的直径平均值应为 0.18～0.22 mm。	

配合比设计应符合下列规定。

（1）活性粉末混凝土配合比设计应考虑结构形式特点、施工工艺以及环境作用等因素，应根据混凝土工作性能、强度、耐久性以及其他必要性能要求计算初始配合比。设计配合比应经试配、调整，得出满足工作性要求的基准配合比，并经强度等技术指标复核后确定。

（2）配合比设计宜采用绝对体积法。

（3）混凝土的配制强度应大于或等于强度等级值的 1.1 倍。

（4）硅灰用量不宜小于胶凝材料用量的 10%，水泥用量不宜小于胶凝材料用量的 50%。

（5）混凝土的水胶比、胶凝材料用量和钢纤维掺量宜符合表 3.43 的规定，合成纤维的用量不宜大于 1.5 kg/m³。

表 3.43　水胶比、胶凝材料用量和钢纤维掺量

等级	水胶比	胶凝材料用量/kg·m⁻³	钢纤维掺量（体积率，%）
RPC100	≤0.22	≤850	≥0.7
RPC120	≤0.20	≤9 000	≥1.2
RPC140	≤0.18	≤950	≥1.7
RPC160	≤0.16	≤1 000	≥2.0
RPC180	≤0.14	≤1 000	≥2.5

（6）骨料体积的计算应为混凝土总体积减去水、胶凝材体积以及含气量得到。骨料的总用量应由骨料体积乘以骨料的密度得到。

（7）骨料各个粒级搭配的相对比例宜遵循最密实堆积理论，并经过试配，确认拌合物的工作性满足要求后确定。必要时可掺加适量石英粉，改善硬化混凝土的密实性。

（8）配合比的试配、调整与确定要符合《活性粉末混凝土》GB/T 31387—2015 的规定。

（9）配合比试配应检验混凝土抗压强度、抗折强度、弹性模量等指标。

活性粉末混凝土的搅拌、运输、浇筑及构件静停应在 10 ℃ 以上的环境中完成。

原材料的计量允许偏差不应大于表 3.44 规定的范围。

表 3.44 混凝土原材料计量允许偏差

原材料品种	水泥	骨料	水	外加剂	掺合料	纤维
每盘允许偏差	±2	±3	±1	±1	±2	±1
累计允许偏差	±1	±2	±1	±1	±1	±1

搅拌应保证活性粉末混凝土拌合物质量均匀,同一盘混凝土的匀质性与普通混凝土要求相同,匀质性指标和检验方法应符合《混凝土质量控制标准》GB 50164-2011 的规定。

搅拌时的投料顺序宜为骨料、钢纤维、水泥、矿物掺合料,干料先预搅拌 4 min,加水和外加剂后再搅拌 4 min 以上;混凝土搅拌机的下料装置上应有防止钢纤维结团的装置。

活性粉末混凝土拌合物从搅拌机卸入搅拌运输车至卸料时的时间不宜长于 90 min,如需延长运送时间,应采取有效技术措施,并通过试验验证。

现场浇筑活性粉末混凝土(RC 类)应采用分层浇筑,每层的厚度不应大于 300 mm,层间不应出现冷缝。

现场浇筑活性粉末混凝土(RC 类)浇筑完成后,应尽早覆盖,保湿养护 7 d 以上,在相同条件养护试件抗压强度达到 20 MPa 后拆模。养护时环境平均气温宜高于 10 ℃,当环境气温低于 10 ℃或最低气温低于 5 ℃时,应按冬季施工处理,采取保温措施。

检验与验收应符合下列规定。

(1)抗压强度试验应采用 100 mm×100 mm×100 mm 立方体试件,加载速率应为 1.2～1.4 MPa/s;抗折强度试验应采用 100 mm×100 mm×400 mm 棱柱体试件,加载速率应为 0.08～0.1 MPa/s;抗压强度与抗折强度试验值均不应乘以尺寸换算系数。

(2)弹性模量试验应采用 100 mm×100 mm×300 mm 棱柱体试件,加载速率应为 1.2～1.4 MPa/s。

(3)活性粉末混凝土拌合物的坍落度、扩展度、含气量和表观密度的试验应符合《普通混凝土拌合物性能试验方法标准》GB/T 50080-2016 的规定。

(4)活性粉末混凝土的长期性能和耐久性能的试验应符合《混凝土长期性能和耐久性能试验方法标准》GB/T 50082-2024 的规定。

(5)其他检验项目的试验方法应符合国家现行有关标准的规定。

(6)预拌活性粉末混凝土质量验收应以交货检验结果作为依据,交货检验应检测活性粉末混凝土的立方体抗压强度和棱柱体抗折强度。使用预拌活性粉末混凝土的工程质量验收应以浇筑地点取样检测结果作为验收依据,应检测抗压强度、抗折强度、弹性模量及耐久性项目。

(7)活性粉末混凝土的性能应分批进行检验评定。一个检验批的混凝土应由力学性能等级相同、试验龄期相同、生产工艺条件和配合比基本相同的混凝土组成。

活性粉末混凝土的抗压强度与抗折强度每 50 m³ 检验一次。当批量不到 50 m³ 时,按 50 m³ 计算。每班次应至少检验一次,每次检验应至少留置两组试件。试件应在生产地点(出厂检验)、交货地点(交货检验)、浇筑地点(工程验收)随机取样制作。

(8)活性粉末混凝土的弹性模量、电通量、抗渗性、抗冻性、抗硫酸盐侵蚀性等,在确定施工配合比时,应使用实际生产所用原材料,在实验室内拌制混凝土,制作试样,按设计要求的性能项目检验一组。在原材料或配合比发生重大变化时应再次检验上述项目。

(9)检验结果评定:力学性能检验结果符合表 3.37 规定则为合格;对活性粉末混凝土有耐久性要求时,应符合表 3.38 的规定。

3.26 重混凝土(防辐射混凝土)

重混凝土(防辐射混凝土)应符合《防辐射混凝土》GB/T 34008—2017、《重晶石防辐射混凝土应用技术规程》GB/T 50557-2010 的规定。

重混凝土(防辐射混凝土)适用于辐射防护工程的混凝土。

按采用骨料种类分为重晶石防辐射混凝土、铁矿石防辐射混凝土、复合骨料防辐射混凝土。

密度等级可按干表观密度分为 6 个等级,见表 3.45。

表 3.45　密度等级

密度等级	干表观密度/kg·m⁻³	密度等级	干表观密度/kg·m⁻³
RS1	≥2 800 且 <3 200	RS4	≥4 000 且 <4 400
RS2	≥3 200 且 <3 600	RS5	≥4 400 且 <4 800
RS3	≥3 600 且 <4 000	RS6	≥4 800

同一工程的重晶石防辐射混凝土所用重晶石粗细骨料宜选用同一矿床或同一产地的重晶石。

重晶石防辐射混凝土可全部采用重晶石骨料,也可掺入部分普通混凝土用的砂、石或其他表观密度比普通混凝土用砂、石大的骨料。

对防中子射线要求较高的工程结构,宜在重晶石防辐射混凝土中掺加含化合水的矿石骨料或含锂、硼等轻元素的材料。

采用重晶石配制防辐射混凝土时,混凝土强度等级不宜大于 C40。

原材料应符合下列规定。

(1)重混凝土(防辐射混凝土)宜选用通用硅酸盐水泥,中、低热硅酸盐水泥,钡水泥和锶水泥等,并应符合国家现行有关标准的规定。不应使用储存期超过三个月的水泥。

(2)重混凝土(防辐射混凝土)所用矿物掺和料宜选用粒化高炉矿渣粉、Ⅱ级及以上粉煤灰等材料,并应符合国家现行有关标准的规定。

（3）重混凝土（防辐射混凝土）所用的外加剂应符合国家现行标准《混凝土外加剂》GB 8076—2008、《混凝土外加剂应用技术规范》GB 50119-2013 和《混凝土膨胀剂》GB/T 23439—2017 的有关规定。

含硼、锂、铬等元素的防辐射添加剂的技术要求应符合表 3.46 的规定。

表 3.46　防辐射添加剂的技术要求

项目	指标
含水量	≤1.0%
游离氧化钙含量	≤3.0%
氯离子含量	≤0.02%
三氧化硫含量	≤4.0%
安定性（沸煮法）	合格
放射性	符合 GB 6566—2010 的规定

（4）细骨料宜为中砂，且颗粒级配宜符合现行行业标准《普通混凝土用砂、石质量及检验方法标准》JGJ 52-2006 中级配 II 区的规定。细骨料的质量与技术性能指标应分别符合表 3.47 和表 3.48 的规定。

表 3.47　重晶石细骨的质量与技术性能指标

项目	指标		
	I 级	II 级	III 级
硫酸钡含量（按质量计）	≥95%	≥90%	≥85%
放射性	合格	合格	合格
有机物	合格	合格	合格
泥块含量（按质量计）	≤0.2%	≤0.5%	≤0.8%
重晶石粉含量（按质量计）	<8.0%	≤6.0%	≤4.0%
硫化物及其他硫酸盐含量（折算成 SO，按质量计）	≤0.5%	≤0.5%	≤0.5%

表 3.48　铁矿石细骨料技术要求

项目	指标
表观密度/kg·m^{-1}	≥3 700
泥块含量	≤0.5%
坚固性	≤8%
氯离子含量	≤0.02%
硫化物和硫酸盐含量（按 SO 计）	≤0.5%

项目	指标
放射性	符合 GB 6566—2010 的规定

（5）粗骨料应符合现行行业标准《普通混凝土用砂、石质量及检验方法标准》JGJ 52-2006 中连续级配的规定,宜采用二级或多级级配骨料混配而成,其性能应符合表 3.49 和表 3.50 的规定。

（6）硫酸钡质量含量应按照《非金属矿物和岩石化学分析方法 第 7 部分:重晶石矿化学分析方法》JC/T 1021.7—2007 的规定进行检验。

表 3.49 铁矿石粗骨料技术要求

项目	指标
表观密度/kg·m^{-1}	≥3 700
针片状颗粒（按质量计）	≤15%
压碎值指标	≤12%
含泥量	≤1.0%
泥块含量（按质量计）	≤0.5%
坚固性	≤8%
氯离子含量	≤0.02%
硫化物和硫酸盐含量（按 SO$_3$ 质量计）	≤0.5%
放射性	符合 GB 6566—2010 的规定

表 3.50 重晶石粗骨料的质量与技术性能指标

项目	指标		
	Ⅰ级	Ⅱ级	Ⅲ级
硫酸钡含量（按质量计）	≥95%	≥90%	≥85%
放射性	合格	合格	合格
有机物	合格	合格	合格
泥块含量（按质量计）	≤0.1%	≤0.2%	≤0.4%
重晶石粉（按质量计）	≤5.0%	≤3.0%	≤2.0%
硫化物及其他硫酸盐含量（折算成 SO 按质量计）	≤0.5%	≤0.5%	≤0.5%
表观密度/kg·m^{-3}	≥4 400	≥4 200	≥3 900
压碎值指标	≤30.0%	≤25.0%	≤25.0%
针片状颗粒（按质量计）	≤20.0%	≤15.0%	≤10.0%

（7）可使用重晶石、铁矿石、石灰石、铁质骨料、铅质骨料等两种或两种以上类别骨料配制符合骨料重混凝土（防辐射混凝土）。

配合比设计应符合下列规定。

（1）防辐射混凝土的配合比应根据设计要求的干表观密度和强度等级选择原材料进行计算，并应经试验试配、调整后确定。

（2）混凝土配制强度按《普通混凝土配合比设计规程》JGJ 55-2011 的规定执行。

（3）混凝土配制干表观密度按式（3-2）计算。

$$\rho_{c.o} \geqslant 1.02\rho_{c.k} \qquad (3-2)$$

式中，$\rho_{c.o}$—防辐射混凝土配制干表观密度，单位为千克每立方（kg/m³）；$\rho_{c.k}$—防辐射混凝土设计干表观密度，单位为千克每立方米（kg/m³）。

（4）配合比计算按《防辐射混凝土》GB/T 34008—2017 附录 B 的规定。

（5）配合比的试配、调整应根据《普通混凝土配合比设计规程》JGJ 55-2011 的规定进行，拌合物表观密度实测值应满足式（3-3）要求。

$$\rho_{c.t} \geqslant 1.02\rho_{c.o} \qquad (3-3)$$

式中，$\rho_{c.t}$—混凝土拌合物表观密度实测值，单位为千克每立方（kg/m³）。

质量要求应符合下列规定。

（1）混凝土强度应满足设计要求，检验评定应符合《混凝土强度检验评定标准》GB/T 50107-2010 的规定。

（2）混凝土干表观密度应满足设计要求，检验评定应符合下列规定：

1）干表观密度试验结果的算术平均值应满足干表观密度设计值要求；

2）干表观密度试验结果的最小值不应低于干表观密度设计值的 95%。

（3）混凝土拌合物的坍落度经时损失不宜大于 30 mm/h，并应满足施工要求。

（4）混凝土坍落度实测值与控制目标值的允许偏差应符合表 3.51 的规定。

表 3.51　混凝土拌合物坍落度允许偏差

项目	控制目标值/mm	允许偏差/mm
坍落度	≤40	±10
	50～90	±20
	≥100	±30

（5）混凝土的匀质性应符合《混凝土质量控制标准》GB 50164-2011 的规定。

（6）混凝土拌合物中水溶性氯离子含量限值应符合《预拌混凝土》GB/T 14902—2012 的规定。

（7）混凝土结合水含量应满足设计要求。

（8）混凝土耐久性应满足设计要求

3.27 轻骨料混凝土

轻骨料混凝土分为全轻混凝土、砂轻混凝土、大孔轻骨料混凝土,结构用轻骨料混凝土应采用砂轻混凝土。轻骨料混凝土应符合《轻骨料混凝土应用技术标准》JGJ/T 12-2019 和现行国家标准《预拌混凝土》GB/T 14902—2012 的规定。

轻骨料混凝土的强度等级应划分为 LC5.0、LC7.5、LC10、LC15、LC20、LC25、LC30、LC35、LC40、LC45、LC50、LC55、LC60。

水泥应符合下列规定:

(1)硅酸盐水泥、普通硅酸盐水泥、矿渣硅酸盐水泥、火山灰质硅酸盐水泥、粉煤灰硅酸盐水泥和复合硅酸盐水泥应符合现行国家标准《通用硅酸盐水泥》GB 175—2023 的规定;

(2)通用硅酸盐水泥以外其他品种的水泥应符合国家现行相应标准的规定。

轻粗骨料和轻细骨料应符合下列规定:

(1)人造轻骨料、天然轻骨料和工业废渣轻骨料应符合现行国家标准《轻集料及其试验方法第 1 部分:轻集料》GB/T 17431.1—2010 的规定;

(2)膨胀珍珠岩应符合现行行业标准《膨胀珍珠岩》JC/T 209—2012 的规定;

(3)泵送轻骨料混凝土用轻粗骨料的密度等级不宜低于 600 级,并应采用连续级配,公称最大粒径不宜大于 25 mm;轻细骨料的密度等级不宜低于 700 级。

轻骨料混凝土用河砂和人工砂应符合现行行业标准《普通混凝土用砂、石质量及检验方法标准》JGJ 52-2006 的规定。

轻骨料混凝土用水应符合现行行业标准《混凝土用水标准》JGJ 63-2006 的规定。未经处理的海水不得用于轻骨料混凝土结构中混凝土的拌制和养护。

矿物掺合料应符合下列规定:

(1)粉煤灰应符合现行国家标准《用于水泥和混凝土中的粉煤灰》GB/T 1596—2017 的规定;磨细粉煤灰应符合现行国家标准《矿物掺合料应用技术规范》GB/T 51003-2014 的规定;

(2)粒化高炉矿渣粉应符合现行国家标准《用于水泥、砂浆和混凝土中的粒化高炉矿渣粉》GB/T 18046—2017 的规定;

(3)钢渣粉应符合现行国家标准《用于水泥和混凝土中的钢渣粉》GB/T 20491—2017 的规定;

(4)磷渣粉应符合现行国家标准《用于水泥和混凝土中的粒化电炉磷渣粉》GB/T 26751—2022 的规定;

(5)硅灰应符合现行国家标准《砂浆和混凝土用硅灰》GB/T 27690—2023 的规定;

(6)石灰石粉应符合现行国家标准《石灰石粉混凝土》GB/ T 30190—2013 和《石灰右粉在混凝土中应用技术规程》JGJ/T 318-2014 的规定;

（7）复合掺合料应符合现行行业标准《混凝土用复合掺合料》JG/T 486—2015 的规定。

外加剂应符合现行国家标准《混凝土外加剂》GB 8076—2008 的规定。

轻骨料混凝土的密度等级及其理论密度取值应符合表 3.52 的规定。

表 3.52　轻骨料混凝土密度等级及其理论密度取值

密度等级	干表观密度的变化范围/kg·m⁻³	理论密度/kg·m⁻³	
		轻骨料混凝土	配筋轻骨料混凝土
600	560～650	650	—
700	660～750	750	—
800	760～850	850	—
900	860～950	950	—
1 000	960～1 050	1 050	—
1 100	1 060～1 150	1 150	—
1 200	1 160～1 250	1 250	1 350
1 300	1 260～1 350	1 350	1 450
1 400	1 360～1 450	1 450	1 550
1 500	1 460～1 550	1 550	1 650
1 600	1 560～1 650	1 650	1 750
1 700	1 660～1 750	1 750	1 850
1 800	1 760～1 850	1 850	1 950
1 900	1 860～1 950	1 950	2 050

结构用轻骨料混凝土应采用砂轻混凝土。轻骨料混凝土结构的混凝土强度等级不应低于 LC20。采用强度等级 400 MPa 及以上的钢筋时，轻骨料混凝土的强度等级不应低于 LC25;预应力轻骨料混凝土结构的混凝土强度等级不宜低于 LC40,且不应低于 LC30。

轻骨料混凝土耐久性能应符合下列规定。

（1）轻骨料混凝土的碳化性能应符合表 3.53 的规定,并应满足设计要求。

表 3.53　轻骨料混凝土的碳化性能

等级	环境条件	28 d 碳化深度/mm
1	室内,正常湿度	≤40
2	室外,正常湿度;室内,潮湿	35
3	室外,潮湿	≤30

等级	环境条件	28 d 碳化深度/mm
4	干湿交替	25

注：① 正常湿度系指相对湿度为 55%～65%；② 潮湿系指相对湿度为 65%～80%；③ 28 d 碳化深度是采用现行国家标准《混凝土长期性能和耐久性能试验方法标准》GB/T 50082-2014 中碳化试验方法的试验结果。

（2）轻骨料混凝土的抗冻性能应符合表 3.54 的规定，并应满足设计要求。

（3）轻骨料混凝土的抗渗、抗硫酸盐腐蚀、抗氯离子渗透等耐久性能应满足设计要求。

表 3.54 轻骨料混凝土的抗冻性能

环境条件	抗冻等级
夏热冬冷地区	≥F50
寒冷地区	≥F100
寒冷地区干湿循环	≥F150
严寒地区	≥F150
严寒地区干湿循环	≥F200
采用除冰盐环境	≥F250

轻骨料混凝土拌合物性能应满足施工要求，并应符合下列规定。

（1）轻骨料混凝土拌合物坍落度和扩展度的允许偏差应符合表 3.55 的规定。

（2）泵送轻骨料混凝土坍落度经时损失不宜大于 30 mm/h。

（3）轻骨料混凝土拌合物不应离析，轻骨料不应明显上浮。

（4）轻骨料混凝土拌合物的凝结时间应满足施工要求和混凝土性能要求。

表 3.55 轻骨料混凝土拌合物坍落度和扩展度的允许偏差

项目	控制目标值/mm	允许偏差/mm
坍落度	40	±10
	50～90	±20
	100～150	±20
	≥160	±30
扩展度	≥500	±30

（5）轻骨料混凝土拌合物中水溶性氯离子最大含量应符合表 3.56 的规定。

表 3.56　混凝土拌合物中水溶性氯离子最大含量

环境条件	水溶性氯离子最大含量（水泥用量的质量百分比，%）	
	钢筋混凝土	预应力混凝土
干燥环境	0.30	0.06
潮湿但不含氯离子的环境	0.20	
潮湿而含有氯离子的环境、盐渍土环境	0.10	
除冰盐等侵蚀性物质的腐蚀环境	0.06	

轻骨料混凝土配合比设计一般要求如下。

（1）配合比设计应符合配制强度、密度、拌合物性能、耐久性能的规定，并应满足设计对轻骨料混凝土的其他性能要求。

（2）配合比设计应采用工程实际使用的原材料，并应以合理使用材料和节约水泥等胶凝材料为原则。

（3）轻骨料混凝土配合比中的轻粗骨料宜采用同一品种的轻骨料。当掺用另一品种轻粗骨料时，其掺用比例应通过试验确定。

（4）外加剂的品种和掺量应通过试验确定，与水泥等胶凝材料的适应性应满足设计与施工对混凝土性能的要求。

（5）矿物掺合料的品种和掺量应通过试验确定。

大孔轻骨料混凝土的配合比设计应符合《轻骨料混凝土应用技术标准》JGJ/T 12-2019 附录 A 的规定。

配合比设计的配制强度应按《普通混凝土配合比设计规程》JGJ 55-2011 的规定确定。无统计资料时，可按表 3.57 取值。

表 3.57　轻骨料混凝土强度标准差 σ 取值

轻骨料混凝土强度等级	低于 LC20	LC20～LC35	高于 LC35
$\sigma/N \cdot mm^{-2}$	4.0	5.0	6.0

轻骨料混凝土配合比设计应将工程设计文件提出的耐久性能和长期性能要求作为设计目标。工程设计文件未提出轻骨料混凝土耐久性能要求时，轻骨料混凝土配合比设计应结合工程具体情况，以现行国家标准《混凝土结构耐久性设计规范》GB/T 50476-2019 中对混凝土耐久性能的要求为设计目标。

在配合比设计过程中，应经试验确定轻骨料混凝土配合比是否符合耐久性能和长期性能的规定。

具有抗裂要求的轻骨料混凝土配合比设计宜符合下列规定。

（1）净水胶比不宜大于 0.50，宜采用聚羧酸系高性能减水剂。

（2）试配的混凝土早期抗裂试验的单位面积上的总开裂面积不宜大于 700 mm/m²。

具有抗渗要求的轻骨料混凝土配合比设计应符合下列规定。

（1）最大净水胶比应符合表 3.58 的规定。

表 3.58　最大净水胶比

设计抗渗等级	最大净水胶比
P6	0.55
P8～P12	0.45
>P12	0.40

（2）立方米轻料混凝中的胶凝材料不宜小于 320 kg。

（3）配制具有抗渗要求的轻骨料混凝土的抗渗水压值应比设计值提高 0.2 MPa。

具有抗冻要求的轻骨料混凝土配合比设计应符合下列规定。

（1）最大净水胶比和最小胶凝材料用量应符合表 3.59 的规定。

（2）复合矿物掺合料最大掺量宜符合表 3.60 的规定，其他矿物掺合料的最大掺量宜符合表 3.59 的规定。

（3）引气剂掺量应经试验确定，使轻骨料混凝土含气量符合工程设计要求。

表 3.59　最大净水胶比和最小胶凝材料用量

设计抗冻等级	最大净水胶比		最小胶凝材料用量/kg·m⁻³
	无引气剂时	掺引气剂时	
F50	0.50	0.56	320
F100	0.45	0.53	340
F150	0.40	0.50	360
F200	—	0.50	360

表 3.60　复合矿物掺合料最大掺量

净水胶比	复合矿物掺合料最大掺量（%）	
	采用硅酸盐水泥时	采用普通硅酸盐水泥时
≤0.40	55	45
>0.40	45	35

注：采用其他硅酸盐水泥时，应将水泥混合材掺量 20% 以上的混合材量计入矿物掺合料。

轻骨料混凝土抗氯离子渗透配合比宜符合下列规定。

（1）净水胶比不宜大于 0.40。

（2）每立方米轻骨料混凝土中的胶凝材料不宜小于 350 kg。

（3）矿物掺合料掺量不宜小于 25%。

轻骨料混凝土抗硫酸盐侵蚀配合比设计要求应符合表 3.61 的规定。

表 3.61　轻骨料混凝土抗硫酸盐侵蚀配合比设计要求

抗硫酸盐等级	最大净水胶比	矿物掺合料掺量（%）
KS120	0.42	≥30
KS150	0.38	≥35
>KS150	0.33	≥40

注：① 矿物掺合料掺量为采用普通硅酸盐水泥时的掺量；② 矿物掺合料主要为矿渣粉和粉煤灰等。

不同配制强度的轻骨料混凝土的胶凝材料用量可按表 3.62 选用，胶凝材料中的水泥宜为 42.5 级普通硅酸盐水泥；轻骨料混凝土最大胶凝材料用量不宜超过 550 kg/m^2；对于泵送轻骨料混凝土，胶凝材料用量不宜小于 350 kg/m^2。

表 3.62　轻骨料混凝土胶凝材料用量

单位：$kg \cdot m^{-3}$

混凝土配制强度/MPa	轻骨料密度等级						
	400	500	600	700	800	900	1 000
<5.0	260～320	250～300	230～280	—	—	—	—
5.0～7.5	280～360	260～340	240～320	220～300	—	—	—
7.5～10	—	280～370	260～350	240～320	—	—	—
10～15	—	280～350	260～340	240～330	—	—	—
15～20	—	—	300～400	280～380	270～370	260～360	250～350
20～25	—	—	—	330～400	320～390	310～380	300～370
25～30	—	—	—	380～450	370～440	360～430	350～420
30～40	—	—	—	420～500	390～490	380～480	370～470
40～50	—	—	—	—	430～530	420～520	410～510
50～60	—	—	—	—	450～550	440～540	430～530

注：表中下限范围值适用于圆球型轻骨料砂轻混凝土，上限范围值适用于碎石型轻粗骨料砂轻混凝土和全轻混凝土。

矿物掺合料在轻骨料混凝土中的掺量应符合下列规定。

（1）钢筋混凝土中矿物掺合料最大掺量宜符合表 3.63 的规定，预应力混凝土中矿物掺合料最大掺量宜符合表 3.64 的规定。

（2）对于大体积混凝土，粉煤灰、粒化高炉矿渣粉和复合掺合料的最大掺量可增加 5%。

（3）采用掺量大于 30%的 C 类粉煤灰的混凝土，应以实际使用的水泥和粉煤灰掺量进行安定性检验。

（4）采用其他通用硅酸盐水泥时，宜将水泥混合材掺量 20%以上的部分计入矿物掺合料。

（5）在混合使用两种或两种以上矿物掺合料时，矿物掺合料总掺量应符合表 3.63 和表 3.64 中复合掺合料的规定。

（6）复合掺合料各组分的掺量不宜超过单掺时的最大掺量。

（7）矿物掺合料最终掺量应通过试验确定。

表 3.63　钢筋混凝土中矿物掺合料最大掺量

矿物掺合料种类	净水胶比	最大掺量（%）	
		采用硅酸盐水泥时	采用普通硅酸盐水泥时
粉煤灰	<0.40	45	35
	>0.40	40	30
粒化高炉矿渣粉	<0.40	65	55
	>0.40	55	45
钢渣粉	—	30	20
磷渣粉	—	30	20
硅灰	—	10	10
复合掺合料	<0.40	65	55
	>0.40	55	45

表 3.64　预应力混凝土中矿物掺合料最大掺量

矿物掺合料种类	净水胶比	最大掺量（%）	
		采用硅酸盐水泥时	采用普通硅酸盐水泥时
粉煤灰	<0.40	35	30
	>0.40	25	20
粒化高炉矿渣粉	<0.40	55	45
	>0.40	45	35
钢渣粉	—	20	10
磷渣粉	—	20	10
硅灰	—	10	10
复合掺合料	<0.40	55	45
	>0.40	45	35

轻骨料混凝土的净用水量可按表 3.65 选用,并应根据采用的外加剂对其性能进行试验调整后确定。

轻骨料混凝土的砂率应以体积砂率表示。体积可用绝对体积或松散体积表示,对应的砂率应为绝对体积砂率或松散体积砂率。轻骨料混凝土的砂率可按表 3.66 选用。当混合使用普通砂和轻砂作为细骨料时,宜取表 3.66 中的中间值,并按普通砂和轻砂的混合比例进行插值计算;当采用圆球型轻粗骨料时,宜取表 3.66 中的下限值;当采用碎石型轻粗骨料时,宜取表 3.66 中的上限值。对于泵送现浇的轻骨料混凝土,砂率宜取表 3.66 中的上限值。

表 3.65　轻骨料混凝土的净用水量

混凝土成型方式	拌合物性能要求		净用水量/kg•m⁻³
	维勃稠度/s	坍落度/mm	
振动加压成型	10～20	—	45～140
振动台成型	5～10	0～10	140～160
振捣棒或平板振动器振实	—	30～80	160～180
机械振捣	—	150～200	140～170
钢筋密集机械振捣	—	≥200	145～180

表 3.66　轻骨料混凝土砂率

施工方式	细骨料品种	砂率
预制	轻砂	35%～50%
	普通砂	30%～40%
现浇	轻砂	40%～55%
	普通砂	35%～45%

当采用松散体积法设计配合比时,粗细骨料松散堆积的总体积可按表 3.67 选用。当采用膨胀珍珠岩砂时,宜取表 3.67 中的上限值。

表 3.67　粗细骨料松散堆积的总体积

轻粗骨料粒型	细骨料品种	粗细骨料松散堆积的总体积/m³
圆球型	轻砂	1.25～1.50
	普通砂	1.10～1.40
碎石型	轻砂	1.35～1.65
	普通砂	1.15～1.60

轻骨料混凝土配合比计算可采用松散体积法,也可采用绝对体积法。配合比计算中粗细骨料用量均以干燥状态为基准。按《普通混凝土配合比设计规程》JGJ 55-2011 规定的程序进行。

松散体积法应符合下列规定。

（1）粗细骨料的种类及粗骨料的最大粒径，应根据设计要求的轻骨料混凝土的强度等级、混凝土的用途进行确定。

（2）粗骨料应测定其堆积密度、筒压强度和1 h吸水率，细骨料应测定其堆积密度。

（3）应按式（3-4）计算轻骨料混凝土干表观密度ρ，并与设计要求的干表观密度进行对比，当其误差大于2%时，则应重新调整和计算配合比。

$$\rho_{ad}=1.15m_b+m_a+m_s \qquad (3-4)$$

式中，ρ_{ad}为混凝土干表观密度；m_b为每立方米混凝土中胶凝材料用量（kg）；m_s、m_a分别为每立方米混凝土的细骨料和粗骨料的用量（kg）。

绝对体积法应符合下列规定。

（1）粗细骨料的种类及粗骨料的最大粒径，应根据设计要求的轻骨料混凝土的强度等级、混凝土的用途确定。

（2）粗骨料应测定其表观密度、筒压强度和1 h吸水率，细骨料应测定其表观密度。

（3）应选择净用水量。采用预湿轻骨料时，净用水量应取为总用水量。

（4）应计算轻骨料混凝土干表观密度ρ，并与设计要求的干表观密度进行对比，当其误差大于2%时，则应重新调整和计算配合比。

配合比的调整应符合下列规定。

（1）以计算的混凝土配合比为基础，应维持用水量不变，选取与计算配合比胶凝材料相差±10%的两个胶凝材料用量，砂率相应适当减小和增加，然后分别按3个配合比拌制混凝土，并测定拌合物的稠度，调整用水量，以达到规定的稠度为止。

（2）应按校正后的3个混凝土配合比进行试配，检验混凝土拌合物的稠度和湿表观密度，制作确定混凝土抗压强度标准值的试块，每种配合比应至少制作1组。

（3）标准养护28 d后，应测定混凝土抗压强度和干表观密度；以既能达到设计要求的混凝土配制强度和干表观密度又具有最小胶凝材料用量的配合为标准选定配合比。

无砂或少砂轻骨料混凝土的生产与施工应按《轻骨料混凝土应用技术规程》JGJ/T 12—2019附录A的规定执行。

轻骨料在使用前的预湿处理应符合下列规定：

（1）对泵送施工，应充分预湿；对非泵送施工，可根据工程情况确定预湿程度；

（2）对吸水率不大于5%的轻骨料，当有可靠经验时，可不进行预湿；

（3）当气温低于5 ℃时，不宜进行预湿；

（4）拌制轻骨料混凝土前，预湿的轻骨料宜充分沥水。

轻骨料混凝土不宜冬期施工。

对于后张法预应力轻骨料混凝土结构构件，在预应力张拉前，宜根据相同条件下轻骨料混凝土表观密度、抗压强度和弹性模量测定结果进行验算,并调整张拉控制应力。

3.28　透水混凝土

预拌透水预拌混凝土生产施工应符合《透水水泥混凝土路面技术规程》CJJ/T 135-2009 的规定。

预拌透水水泥混凝土原材料进入搅拌机的原材料必须计量准确,计量允许误差不应超过规定。水泥:±1%;增强料:±1%;集料:±2%;水:±1%%;外加剂:±1%。

预拌透水水泥混凝土的拌制宜先将集料和 50% 用水量加入搅拌机拌合 30 s,再加入水泥、增强料、外加剂拌合 40 s,最后加入剩余用水量拌合 50 s 以上。

当透水水泥混凝土面层采用双色组合层设计时,应采用不同搅拌机分别搅拌不同色彩的混凝土。

预拌透水水泥混凝土拌合物运输时应防止离析,并应注意保持拌合物的湿度,必要时应采取遮盖等措施。新拌混凝土出机至浇筑地点运输时间不宜超过 30 min。

预拌透水水泥混凝土拌合物从搅拌机出料后,运至施工地点进行摊铺、压实直至浇筑完毕的允许最长时间,可由实验室根据水泥初凝时间及施工气温确定,并应符合表 3.68 的规定。

表 3.68　透水水泥混凝土从搅拌机出料至浇筑完毕的允许最长时间

施工气温(T)/℃	允许最长时间/h
5≤T<10	2.0
10≤T<20	1.5
20≤T<32	1.0

雨天或室外日平均气温连续 5 天低于 5 ℃时,不应进行透水水泥混凝土路面施工;当室外最高气温达到 32 ℃及以上时,不宜进行透水水泥混凝土路面施工。

透水水泥混凝土路面施工完毕后,宜采用塑料薄膜覆盖等方法养护。养护时间应根据透水水泥混凝土强度增长情况确定,养护时间不宜少于 14 d。

养护期间透水混凝土面层不得通车,并应保证覆盖材料的完整。

透水水泥混凝土路面未达到设计强度前不得投入使用。透水水泥混凝土路面的强度,应以透水水泥混凝土试块强度为依据。

水泥应采用强度等级不低于 42.5 级的硅酸盐水泥或普通硅酸盐水泥,质量应符合现行国家标准《通用硅酸盐水泥》GB 175—2023 的要求。不同等级、厂牌、品种、出厂日期的水泥不得混存、混用。

外加剂应符合现行国家标准《混凝土外加剂》GB 8076—2008 的规定。

透水水泥混凝土采用的增强料可分有机材料和无机材料二类,材料技术指标应符合表 3.69 的规定。

表 3.69　增强料的技术指标

聚合物乳液	含固量	延伸率	极限拉伸强度/MPa
	40%～50%	≥150%	1.0
活性 SiO_2	SiO_2 含量应大于 85%		

透水水泥混凝土的骨料,应采用 2.4～4.75 mm、4.75～9.5 mm、9.5～13.2 mm 的单粒级或间断级配碎石,碎石应质地坚硬、耐久、洁净、密实,性能指标应符合现行国家标准《建设用卵石、碎石》GB/T 14685—2022 中 Ⅱ 类碎石的要求,并应符合表 3.70 的规定。

表 3.70　集料的性能指标

项目	计量单位	指标		
		1	2	3
尺寸	mm	2.4～4.75	4.75～9.5	9.5～13.2
压碎值	%	<15.0		
针片状颗粒含量(按质量计)	%	<15.0		
含泥量(按质量计)	%	<1.0		
表观密度	kg·m^{-3}	>2500		
紧密堆积密度	kg·m^{-3}	>1350		
堆积孔隙率	%	<47.0		

透水水泥混凝拌合用水应符合现行行业标准《混凝土用水标准》JGJ 63—2006 的规定。

预拌透水混凝土性能应符合表 3.71 的要求。

表 3.71　透水混凝土性能

项目		计量单位	性能要求	
耐磨性(磨坑长度)		mm	30	
透水系数(15 ℃)		mm·s^{-1}	≥0.5	
抗冻性	25 次冻融循环后抗压强度损失率	%	<20	
	25 次冻融循环后质量损失率	%	≤5	
连续孔隙率		%	≥10	
强度等级		—	C20	C30
抗压强度(28 d)		MPa	≥20.0	≥30.0
弯拉强度(28 d)		MPa	≥2.5	≥3.5

注:耐磨性与抗冻性性能检验可视各地具体情况及设计要求进行。

耐磨性检验应符合标准《无机地面材料耐磨性能试验方法》GB/T 12988—2009 的规定。

透水系数的测试方法应符合《透水水泥混凝土路面技术规程》CJJ/T 135-2009 附录 A 的要求。

抗冻性试验应符合现行国家标准《混凝土长期性能和耐久性能试验方法标准》GB/T 50082-2014 的有关规定。

连续孔隙率试验应符合《再生骨料透水混凝土应用技术规程》CJJ/T 253-2016 的规定。

强度等级试验应符合《混凝土物理力学性能试验方法标准》GB/T 50081-2019 的规定。

透水水泥混凝土的配制强度,宜符合现行行业标准《普通混凝土配合比设计规程》JGJ 55-2011 的规定。

透水水泥混凝土的配合比设计应符合本规程表 3.71 中的性能要求。

透水水泥混凝土配合比设计步骤宜符合下列规定。

(1)单位体积粗集料用量应按式(3-5)计算确定:

$$W_G = \alpha \cdot \rho_G \tag{3-5}$$

式中,W_G 为透水水泥混凝土中粗集料用量(kg/m);ρ_G 为粗集料紧密堆积密度(kg/m);α 为粗集料用量修正系数,取 0.98。

(2)胶结料浆体体积应按式(3-6)计算确定:

$$V_p = 1 - \alpha \cdot (1 - \gamma_c) - 1 \cdot R_{void} \tag{3-6}$$

式中,V_p 为每立方米透水水泥混凝土中胶结料浆体体积(m³/m³);γ_c 为粗集料紧密堆积孔隙率(%);R_{void} 为设计孔隙率(%)。

(3)水胶比应经试验确定,选择范围控制在 0.25～0.35,并应满足技术要求。

(4)单位体积水泥用量应按式(3-7)确定:

$$Wc = \frac{V_P}{R_{W/C} + 1} \cdot \rho_c \tag{3-7}$$

式中,Wc 为每立方米透水水泥混凝土中水泥用量(kg/m³);V 为每立方米透水水泥混凝土中胶结料浆体体积(m³/m³);$R_{w/c}$ 为水胶比;ρ_c 为水泥密度(kg/m)。

(5)单位体积用水量应按式(3-8)确定:

$$W_w = W_C \cdot R_{w/c} \tag{3-8}$$

式中,W_w 为每立方米透水水泥混凝土中用水量(kg/m³);Wc 为每立方米透水水泥混凝土中水泥用量(kg/m³);$R_{w/c}$ 为水胶比。

(6)外加剂用量应按式(3-9)确定:

$$M_a = Wc \cdot \alpha \tag{3-9}$$

式中,M_a 为每立方米透水水泥混凝土中外加剂用量(kg/m³);Wc 为每立方米透水水泥混凝土中水泥用量(kg/m³);α 为外加剂的掺量(%)。

（7）当掺用增强剂时，掺量应按水泥用量的百分比计算，然后将其掺量换算成对应的体积。

（8）透水水泥混凝土配合比可采用每立方米透水水泥混凝土中各种材料的用量表示。

透水水泥混凝土配合比的试配应符合下列规定。

（1）应按计算配合比进行试拌，并检验透水水泥混凝土的相关性能。当出现浆体在振动作用下过多坠落或不能均匀包裹集料表面时，应调整透水水泥混凝土浆体用量或外加剂用量，达到要求后再提出供透水水泥混凝土强度试验用的基准配合比。

（2）透水水泥混凝土强度试验时，应选择 3 个不同的配合比，其中一个为基准配合比，另外两个配合比的水胶比宜较基准水胶比分别增减 0.05，用水量宜与基准配合比相同。制作试件时应目视确定透水水泥混凝土的工作性。

（3）根据试验得到透水水泥混凝土强度、孔隙率与水胶比的关系，应采用作图法或计算法求出满足孔隙率和透水水泥混凝土配制强度要求的水胶比，并据此确定水泥用量和用水量，最终确定正式配合比。

透水混凝土的材料用量可参考下列推荐用量。

（1）胶凝材料（增强料与水泥）：300～450 kg。

（2）碎石料：1 300～1 500 kg。

（3）水胶比：0.28～0.32。

（4）彩色透水混凝土颜料掺入量应根据工程要求经现场试验后确定。

第4章 配料、搅拌质量控制

4.1 一般规定

不同厂家、不同品种、不同等级、不同批次的水泥不得混用。

预拌混凝土所用骨料宜选用级配良好、质地坚硬、体积稳定、颗粒洁净的骨料，不应使用钢渣、矿渣颗粒做骨料。

混凝土生产信息应及时记录并保存，包括混凝土配合比签发及调整记录、生产前计量设备的检查记录、混凝土搅拌时间及计量偏差检查记录、混凝土生产全过程计量记录等。

4.2 配料计量

配料计量应采用电子计量设备，具备连续计量配合比中各种原材料的能力，并逐盘记录和储存计量结果（数据）的功能，不得通过人工计量添加外加剂等。

计量设备配料秤的精度应满足现行国家标准《建筑施工机械与设备混凝土搅拌站（楼）》GB/T 10171—2016 和《非连续累计自动衡器》GB/T 28013-2011 中规定的普通精度级 1.0 级。最大允许偏差首次检定时不应超过 ±0.5%，使用中不应超过 ±1%。

计量设备应委托法定计量部门每年检定或校准至少一次，检定证书或校准证书应存档。

计量设备在首次使用、停用超过 3 个月以上、出现异常情况、维修后再次使用前均应进行检定。

预拌混凝土企业技术负责人，应对计量设备校准结果是否满足预拌混凝土生产的计量精度控制要求，应进行书面确认。

使用骨料自动含水率测定装置时，应每月对自动检测装置进行校准或自校，自校可采用标准方法进行。

混凝土生产企业计量设备检定周期内，应采用标准砝码或其他方法，每月自校不少于一次，并记录存档，记录表见附录1。

自校（静态计量校验）的加荷总值应与该计量料斗实际生产时需要的计量值相当。

自校加荷时应分级进行，分级数量不应少于 3 级。

每一工作班开始前，搅拌机处置人员应对计量设备称量系统进行零点校准，并空转 10 s 进行动态检查，发现异常立即排除，记录零点校准检查情况并存档。

企业应配备用于校准计量设备的砝码或其他校准器具，校准器具应定期进行检定。

生产过程中计量偏差应每工作班检查 1 次（1 次抽查不少于连续 3 车的计量数据），记录检查情况并存档。检查发现计量偏差超过标准规定，应及时分析查找超差原因，采取措施纠正，并评估对已生产混凝土的质量影响，记录纠正措施和评估结果并存栏。

控制各种原材料的计量允许偏差，避免由于计量不准确或偏差过大而影响混凝土配合比的准确性，确保混凝土的匀质性、抗渗性和强度等技术性能。

每盘混凝土原材料计量的允许偏差应符合下列规定（按质量计）。

（1）水泥、矿物掺合料：±2%。

（2）粗、细骨料：±3%。

（3）拌合用水：±1%。

（4）外加剂：±1%。

每一运输车中各盘混凝土的每种材料计量的累计允许偏差（按质量计）应符合下列规定（该项指标仅适用于采用计算机控制计量的搅拌站）。

（1）水泥、矿物掺合料：±1%。

（2）粗、细骨料 ±2%。

（3）拌合用水：±1%。

（4）外加剂：±1%。

各种原材料均应按重量分别计量，水和液体外加剂可按体积计。

生产时原材料的计量值宜在计量装置额定量程的 20%～80% 之间。

当采用混合骨料时，必须在混合前分别计量原材料。

计量设定值应按照混凝土配合比通知单的要求设定，并由专人复核。

生产过程的计量记录应按质量控制技术资料的要求归档保存，保存期满足工程质量追溯的要求。

4.3 混凝土搅拌

混凝土搅拌应采用强制式搅拌机。

原材料投料方式应按配合比设计选定的方法控制。矿物掺合料宜与水泥同步投料，外加剂投料宜滞后于水和水泥。

混凝土搅拌的最短时间应符合设备说明书的规定，并且每盘搅拌时间（从全部材料投完算起）不得低于 30 s，制备高强混凝土或采用引气剂、膨胀剂、防水剂时应相应增加搅拌时间，且不应低于 45 s。

混凝土搅拌时间应每工作班检查不少于 2 次,检查情况记录并存档。

搅拌机首次使用或维修后应进行混凝土的搅拌匀质性检查。同一盘混凝土的搅拌匀质性应符合以下规定。

（1）混凝土中砂浆密度两次测值的相对误差不应大于 0.8%。

（2）混凝土稠度两次测值的差值不应大于规定的混凝土拌合物稠度允许偏差的绝对值。

搅拌控制操作人员应随时观察搅拌设备的工作状况和混凝土和易性,混凝土和易性应满足配合比要求。操作人员发现异常时应暂停生产,及时向相关部门反映,严禁任意更改配合比。

预拌混凝土生产台账应记录并保存,内容至少包括生产日期、产品名称、规格型号、数量、配合比编号、工程名称、施工部位及使用原材料批次等。

质量检查人员和搅拌机操作人员应对当班首盘生产的混凝土拌合物工作性能进行检查。

在生产过程中,质量检查人员应随时监控所用原材料和混凝土拌合物的变化,出现异常情况应及时采取有效措施进行调整,并予以记录。

生产控制系统应记录混凝土生产全过程数据,具有可追溯性。

冬季施工混凝土温度控制应符合下列要求。

（1）预拌混凝土企业应控制及检查原材料、搅拌、运输过程中的温度。

（2）原材料测温频次每工作班不少于 4 次。

（3）混凝土出机温度、运输到浇筑地点温度测温频次每工作班不少于 4 次。

（4）预拌混凝土企业应将测温记录提供给施工单位。

（5）施工单位应检查混凝土入模温度,每工作班不少于 4 次。

（6）温度按附录 1 中记录表记录。

在生产过程中,对预湿处理的轻骨料,应测定湿堆积密度;对未预湿处理的轻骨料,应测定含水率和堆积密度。含水率、堆积密度测定应符合下列规定:

（1）应在批量拌制轻骨料混凝土拌合物前进行测定,在生产过程中应设定批量进行抽查测定;

（2）雨天施工或发现拌合物稠度反常时应及时测定;

（3）当轻骨料的含水率和堆积密度发生变化时,应及时调整粗、细骨料和拌合用水的用量。

搅拌轻骨料混凝土时的投料搅拌顺序宜符合下列规定。

（1）当采用预湿的轻骨料时,宜先加入骨料和胶凝材料预先搅拌,之后加入外加剂和净用水进行搅拌,直至搅拌均匀。

（2）当采用未预湿的轻骨料时,宜先加入骨料、矿物掺合料和 1/2 的总用水量预先搅拌,之后加入水泥、外加剂和剩余的水进行搅拌,直至搅拌均匀。

轻骨料混凝土的搅拌时间宜符合下列规定。

（1）当采用预湿的轻骨料时，投料全部结束后搅拌不宜少于 60 s。

（2）当采用未预湿的轻骨料时，投料全部结束后搅拌不宜少于 120 s。

（3）当能保证搅拌均匀时，经均匀性试验验证，可缩短搅拌时间。

4.4 生产及计量设备的检查维护

对直接影响生产和产品质量的设备，企业应进行有效管理。完善日常检查保养制度和设备操作规程，保存保养计划、使用及维修记录等。

混凝土生产设备、计量设备等应定期保养和维护，保持运行状态良好。

应定期检查混凝土搅拌叶片和衬板等部位，保证搅拌叶片与衬板的间隙符合有关标准要求，并保持搅拌机内外清洁、润滑。

4.5 质量控制检查

检查计量装置和砝码的检定/校准证书、自校记录，核查检定/校准量程是否与使用量程一致。

检查零点清零记录。

检查计量偏差检查记录。

检查搅拌时间检查记录及搅拌匀质性试验验证记录。

检查冬期施工测温记录。

检查生产配料计量数据是否齐全完整并存档。

4.6 检查结果质量追溯

未检定/校准或检定/校准超期，应暂停生产，进行检定/校准，并按检定/校准结果处理。检定/校准结果不符合要求，应对之前生产的混凝土进行质量追溯。

未自校，应补充自校，按自校结果处理。

无清零或计量偏差检查记录，应核查生产计量数据是否超过计量允许偏差，按核查结果进行质量追溯。

搅拌时间不符合规定或搅拌匀质性未试验验证，应进行匀质性试验，并按试验结果进行质量追溯。

生产计量数据未保存，应按规定追溯企业质量责任和工程实体质量。

第5章 出厂质量控制

5.1 开盘鉴定

首次使用的配合比或配合比使用间隔时间超过 3 个月时,应进行开盘鉴定。鉴定包括以下内容。

(1)生产搅拌使用的原材料应与配合比设计一致。

(2)出机混凝土工作性、凝结时间应符合配合比设计要求。

(3)混凝土强度符合设计要求。

(4)混凝土耐久性能满足设计要求。

开盘鉴定应由预拌混凝土生产企业组织,监理和施工单位共同参与,至少留置 1 组标准养护试件用于验证配合比,并出具开盘鉴定报告。

5.2 出厂检验

出厂检验的项目:坍落度、强度、凝结时间、氯离子含量、含气量、耐久性指标。

同一工程项目、同一配合比的混凝土大批量、连续生产 2 000 m³ 以上,混凝土浇筑前应提供基本性能试验报告。检验项目包括坍落度、凝结时间、坍落度经时损失、泌水率、表观密度及设计、施工要求的其他检验项目。基本性能试验报告可由预拌混凝土企业或第三方检测机构提供。

混凝土坍落度取样检验频率应至少与强度取样检验频率相同。

同一工程、同一配合比、采用同一批次水泥和外加剂的混凝土的凝结时间应至少检验 1 次。

同一工程、同一配合比的混凝土的氯离子含量应至少检验 1 次,同一工程、同一配合比和采用同一批次海砂的混凝土的氯离子含量应至少检验 1 次。

强度检验应符合现行国家标准《混凝土强度检验评定标准》GB/T 50107-2010 的规定。

每 100 盘相同配合比的混凝土取样不少于 1 次,每工作班相同配合比的混凝土不足 100 盘时按 100 盘计,每次取样至少进行 1 组试验。

对有抗渗要求的混凝土,抗渗性能指标出厂检验的取样频率应为同一工程、同一配合比的混凝土不得少于一次,留置组数可根据实际需要确定。

重混凝土和轻骨料混凝土应检验拌合物表观密度,每工作班不少于一次。

预拌混凝土生产时可根据需要制作不同龄期的试件,作为混凝土质量控制的依据。混凝土试件应标明试件编号、强度等级、龄期和制作日期,用于出厂检验的混凝土试件应按年度分类连续编号。试件制作应由专人负责,并建立制作台帐。台帐内容应包括试件编号、强度等级、坍落度实测值、工程名称、任务量、制作日期、龄期和制作人等信息,便于追溯。

制作的试件应有明显和持久的标记,且不破坏试件。

试件成型抹面后应立即用塑料薄膜覆盖表面,或采取其他保持试件表面湿度的方法。

试件成型后应在 20 ℃ ±5 ℃、相对湿度大于 50% 的室内静置 1～2 d,试件静置期间应避免受到振动和冲击,静置后编号标记、拆模,当试件有严重缺陷时,应按废弃处理。

出厂检验结果应出具检测报告,与原始记录一并存档,便于质量检查和质量追溯。检验报告格式见附录 1。

混凝土强度评定应符合下列规定。

(1)应按统计方法评定,以留置的 28 d(或设计要求的龄期)标养试件抗压强度为判定依据,划分检验批评定,同一强度等级、生产工艺条件和配合比基本相同的混凝土为一个检验批。

(2)正常生产状态下,统计周期应按 1 个月计;当日常产量较少或生产不连续时,统计周期不宜超过 3 个月。

(3)出具混凝土强度统计评定报告,统计资料与报告一并存档。

(4)强度评定结果满足《混凝土强度检验评定标准》GB/T 50107-2010 的规定时,则该批混凝土强度评定为合格;当不能满足上述规定时,该批混凝土强度则评定为不合格。

出厂检验不合格混凝土不得直接用于工程。

预拌混凝土企业应建立不合格品控制程序,明确不合格品的评审、处置职责和权限,控制不合格品的标识、记录、评价、隔离和处置,以防止不合格品的非预期使用。出厂前的不合格品处置应符合下列规定。

(1)当经过返工符合标准要求时,可以采取返工的方式;当有可靠的技术措施时,经技术负责人同意可以降级使用,同时应记录并保存有关的技术措施、质量情况及使用情况等信息。

(2)经返工或通过技术措施仍无法满足质量要求的不合格品应予以报废。

5.3 出厂质量检查

预拌混凝土生产的质量控制重点环节应进行质量检测和检查,并填写质量检查记录表存档。质量检查记录格式见附录 1。

混凝土出厂前应每车目测检查混凝土拌合物的质量（坍落度、离析、分层、泌水），目测有异常时应取样检测，不满足要求不得出厂。

日常生产过程中，应做好以下工作：

（1）质量控制人员应认真核查生产配合比各项数据输入是否正确，检查使用原材料与配合比要求是否相符，检查设定的搅拌时间是否满足要求等，检查无误后，方可开盘；

（2）混凝土开盘时，质量检查人员可以根据混凝土工作性在授权范围内适当调整配合比；

（3）质量控制人员应进行坍落度试验，观察判断混凝土拌合物工作性，满足要求后应至少留置一组抗压强度试件，必要时进行表观密度、含气量等试验，满足要求后方可连续生产；

（4）应由技术人员负责全程跟踪混凝土在运输、泵送、浇筑过程中的工作性，必要时还应跟踪混凝土的凝结时间、外观质量和强度等，同时应做好跟踪记录。

生产调度人员、搅拌机操作人员和质量检查人员应分别填写工作日志，准确记录本班次发生的各种质量相关事件。

5.4 混凝土出厂质量证明文件

预拌混凝土的质量证明文件主要包括混凝土配合比通知单、混凝土质量合格证、强度检验报告、混凝土运输单以及合同规定的其他资料。对大批量、连续生产的混凝土，质量证明文件还包括规范规定的基本性能试验报告。强度检验报告可以在达到确定混凝土强度龄期后提供。

用于工程质量验收的混凝土质量合格证，应按子分部工程向施工总承包单位提供同一强度等级、同一配合比生产的混凝土质量合格证。混凝土质量合格证的内容及格式参照附录 1。

混凝土强度评定：

（1）按子分部划分评定，包括该子分部所供混凝土期间，同一强度等级、同一配合比全部抽样留置的混凝土试件抗压强度；

（2）评定指标、合格标准满足《混凝土强度检验评定标准》GB/T 50107—2011 规定。

混凝土企业向施工总承包单位提供的主要技术资料。

（1）混凝土配合比设计报告。

（2）混凝土质量合格证。

（3）混凝土运输单。

（4）混凝土性能报告（大批量、连续生产混凝土）。

（5）其他资料：合同中约定的资料；工程结构有要求时，应提供混凝土氯化物和总碱含量计算书、砂石碱活性试验报告。

5.5 生产质量控制水平评价

预拌混凝土企业技术负责人应定期组织生产质量控制水平评价。

对统计周期内的相同强度等级和龄期的混凝土强度进行统计分析，统计周期宜为一个月。混凝土强度试件的组数不宜少于 30 组。

预拌混凝土生产控制水平应符合现行国家标准《混凝土质量控制标准》GB 50164-2011 的规定。预拌混凝土生产控制水平可按强度标准差（σ）和实测强度达到强度标准值组数的百分率（P）表征，符合表 5.1 的规定。

表 5.1　混凝土强度标准差和实测强度达到强度标准值组数的百分率

强度标准差（σ）/MPa			实测强度达到强度标准值组数的百分率（P）
<C20	C20～C40	≥C45	≥95%
≤3.0	≤3.5	≤4.0	

生产质量控制水平按统计周期进行评价，作为改进质量控制的依据。评价宜包含下列内容。

（1）评价指标：强度、拌合物性能、耐久性，还应包括原材料质量和计量准确性、实体结构混凝土质量反馈信息等。

（2）统计分析内容：混凝土强度生产控制水平、质量控制存在问题和改进措施、配制强度与混凝土的经济合理性、取样和检验数据的准确可靠性。

（3）总结形成质量控制分析报告，指导下个周期混凝土质量控制。

混凝土强度合格评定应符合下列规定。

（1）对统计周期内的混凝土强度应分批进行评定。一个检验批的混凝土应由强度等级相同、试验龄期相同、生产工艺条件和配合比基本相同的混凝土组成。

（2）按《混凝土强度检验判定标准》GB/T 50107-2010 统计方法的规定，计算检验批混凝土强度的平均强度。

（3）应体现检验批内的最小强度值。

（4）按《混凝土强度检验判定标准》GB/T 50107-2010 的规定，对检验批混凝土强度进行合格评定。

混凝土强度生产控制水平与混凝土强度合格评定的关系：混凝土强度评定合格是混凝土生产质量控制水平合格的基本前提。

当出现以下情形时，应及时分析原因，进行验证、调整或重新设计配合比设计。

（1）混凝土工作性能发生较大变化时。

（2）生产的混凝土上一个统计周期强度评定不合格时。

（3）抗压强度平均值与试配强度偏差较大时。

（4）混凝土强度离散性较大时。

预拌混凝土企业可采用波动图、控制图、直方图等质量管理图法，对混凝土质量进行动态监控。

5.6　质量控制检查

检查开盘鉴定记录，核对开盘鉴定的项目、频次与生产配合比的一致性。

检查出厂检验报告，核对检验项目、频次与出厂混凝土的等级、品种、生产量、工程项目的一致性；核查混凝土强度评定是否合格。

检查出厂质量证明文件，核对混凝土质量合格证与出厂检验报告、生产量的一致性；核查混凝土强度评定是否合格；核查出厂质量证明文件是否齐全、完整、真实。

检查生产质量控制水平评价资料，核对生产质量控制标准差与配合比设计选择的标准差是否符合相关标准规定。

5.7　检查结果质量追溯

首次使用配合比未进行开盘鉴定，应采取纠正措施，补充开盘鉴定，并追溯工程实体混凝土质量；配合比使用超过 3 个月未进行开盘鉴定，应补充开盘鉴定，并核对使用期间原材料与配合比一致性，出现原材料与配合比不一致的，追溯工程实体混凝土质量；开盘鉴定项目漏项，应补充检验或对工程实体混凝土进行检验；混凝土强度低于设计等级标准值，应追溯工程实体混凝土质量，并进行实体混凝土强度检验。

出厂检验项目不全，应补充检验；混凝土氯离子含量、放射性项目未检验，应追溯工程实体混凝土质量和违反工程建设强制性标准的责任，并对结构实体混凝土取样进行检验；混凝土强度评定不合格，应追溯工程实体混凝土质量，并进行检测检定。

用于工程质量验收的出厂质量证明文件虚假，应追溯工程实体混凝土质量和违反工程建设强制性标准的责任，并对结构实体混凝土取样进行检验；质量证明文件不齐全，应追溯相关工程实体混凝土质量。

生产控制水平的标准差大于配合比计算配制强度选择的标准差，应采取纠正措施，追溯统计周期内相关工程结构实体混凝土质量，并进行检测。

第6章 运输质量控制

6.1 一般规定

预拌混凝土在运输过程中,严禁加水。

禁止润泵砂浆与混凝土同车运输。

混凝土运输车在装料前,应排净罐内积水、残留浆液和杂物。混凝土运输车在装料、运输途中及等候卸料时,应保持罐体正常转速,不得停转,保证施工所必需的工作性。

混凝土运输车应符合《混凝土搅拌运输车》GB/T 26408—2011 的规定。混凝土运输车应保持清洁,罐内外黏结的残留混凝土应及时清理。应定期检查罐体内搅拌叶片的磨损情况,更换磨损严重的搅拌叶片。

运送混凝土时应随车签发预拌混凝土运输单,包括电子运输单。

6.2 运输时间控制

预拌混凝土运输时间(指预拌混凝土由搅拌机装入运输车开始至该运输车开始卸料为止)不宜大于 90 min,如需延长运送时间,则应采取有效的技术措施,并应通过试验验证。已初凝的预拌混凝土不得使用。

对使用已初凝预拌混凝土的结构构件,由建设单位牵头委托有资质的检测机构对所有混凝土结构构件实体强度进行检测后按规定处理。

混凝土从搅拌机卸出后到浇筑完毕的延续时间不应超过表 6.1 的规定。

表 6.1 混凝土从搅拌机卸出后到浇筑完毕的延续时间

混凝土配比	运输、输送入模及间歇总时间限值/min	
	气温 ≤25 ℃	气温 >25 ℃
掺外加剂	240	210
不掺外加剂	180	150

预拌混凝土在运输前,应由企业安排人员实地勘查,对运输时间作出估算。

6.3　运输过程防止加水控制

预拌混凝土企业应建立防止加水管理制度,并制定控制措施。

应采用视频监控等技术措施对运输及交货过程进行实时监控,并记录存档,便于质量追溯。

6.4　混凝土温度控制

混凝土入模温度应满足标准或合同的相关要求,且满足下列要求。

(1)冬期混凝土的入模温度不应低于 5 ℃。

(2)夏季混凝土的入模温度不应高于 35 ℃。

(3)大体积混凝土的入模温度不宜高于 30 ℃。

混凝土拌合物运送至浇筑地点时的温度超过 35 ℃或低于 5 ℃时,应及时采取相应措施。

采用搅拌罐车运送混凝土拌合物,搅拌罐在冬期应有保温措施,夏季最高气温超过 40 ℃时,应有隔热措施。

夏季最高气温高于 35 ℃时,应增加用于生产预拌混凝土的水泥温度检查,每班不少于一次,检查记录存档。

6.5　混凝土坍落度损失控制

控制坍落度损失的主要技术措施如下。

(1)选择相适应的胶凝材料——外加剂体系,包括胶凝材料与外加剂的适应性、胶凝材料品种选择及掺量、外加剂品种选择、外加剂掺加方法(后掺法)。

(2)延缓水泥水化,掺加矿物掺合料、缓凝剂。

(3)骨料在使用前进行预吸水处理。测定骨料吸水率,确定骨料预吸水处理措施。

(4)增强混凝土保水能力。增加优质粉煤灰,减少矿渣;加入保水剂,在混凝土中掺入 0.1%～0.2%的纤维素醚可以使混凝土的保水性能显著改善。

(5)控制混凝土中不稳定气泡的含量需掺入适量消泡剂。

(6)优化配料投料方式,采用二次投料法或水泥裹砂石法。

混凝土出现坍落度损失,不满足施工要求或不符合配合比设计要求,按下列原则处理。

(1)退回预拌混凝土企业,按余退混凝土进行处理。

(2)施工单位、监理批准,可现场补加外加剂进行处理。

6.6　混凝土泌水、离析控制

控制泌水技术措施如下。

(1)减小胶凝材料的颗粒粒径。

（2）减少胶凝材料颗粒的密度。

（3）掺入优质粉煤灰、少量硅灰就可以非常有效地控制泌水。

（4）掺入磨细矿渣粉比掺入粉煤灰容易泌水。

控制浮浆现象技术措施如下。

（1）减少集料颗粒的粒径：降低砂的细度。

（2）增大水泥浆的黏度：减少水胶比，增加水泥浆体积含量。

控制离析技术措施如下。

（1）出现粗骨料分离，表明砂浆的黏度太小，可适当提高砂率。

（2）优化混凝土各种颗粒的级配，保持混凝土有较好均匀性。

6.7 混凝土坍落度损失补加外加剂质量控制

预拌混凝土运送至浇筑地点，坍落度损失较大而卸料困难时，可采用在混凝土拌合物中补加适量减水剂并快档旋转搅拌罐的措施，减水剂补加应有经试验确定的预案。补加外加剂应符合下列规定。

（1）应按预案确定的外加剂补加量和搅拌罐旋转时间搅拌，准确计量和搅拌。

（2）补加外加剂的人员应经过培训并获得授权。

（3）补加外加剂后，混凝土搅拌运输车罐体应快速旋转，旋转时间符合预案的要求，搅拌均匀，拌合物符合要求后可交货。

（4）应记录补加外加剂的时间和数量（实际计量数据），记录留存归档。补加外加剂记录格式见附录1。

（5）补加外加剂事先应经预拌混凝土企业技术负责人、施工单位及监理批准。

没有预先经试验确定的补加外加剂预案，不得补加外加剂调整混凝土拌合物的坍落度。

现场只允许进行一次补加外加剂调整。

清水混凝土不得补加外加剂。

质量控制检查方法为查看存档的补加外加剂预案和外加剂计量记录。

检查结果质量追溯如下。

（1）无预案补加外加剂或未按预案补加外加剂，应追溯混凝土所用实体结构质量，按检测结果和任意调整配合比规定处理，并追溯施工单位、监理和预拌混凝土企业的质量管理责任。

（2）补加外加剂未计量或无计量记录，应追溯混凝土所用实体结构混凝土质量，按检测结果和任意调整配合比规定处理，并追溯追溯施工单位、监理和预拌混凝土企业的质量管理责任。

（3）补加外加剂预案不符合规定，不得补加外加剂，并应进行纠正。

第7章 施工现场交货验收质量控制

7.1 质量责任划分

预拌混凝土实施交货验收制度,由施工总承包单位负责在施工现场组织实施,交货检验记录格式应符合附录1的要求。

坍落度检验、混凝土强度检验试件制作以及拌合物中水溶性氯离子含量交货检验时,应取证拍照,并标明工程名称、浇筑部位、施工总承包单位和预拌混凝土企业(以下简称供需双方)名称及双方参与人员姓名、交货检验内容、拍照日期,照片应含所有参与人员、运输单,混凝土强度检验试件制作的照片还应包括试件标识,照片由供需双方作为工程资料留存备查。

未组织实施交货检验或因交货检验不规范造成无法对预拌混凝土质量进行判定追溯的,责任由施工总承包单位承担。

交货检验混凝土强度以供需双方共同取样送检的标准条件养护试件强度为依据,双方应在试件上标明工程名称、浇筑部位、取样日期、强度等级等不可更改的标识,送至双方共同认可的有检测资质的检测机构标养室养护,并在有资质的检测机构检测。

交货检验混凝土强度评定的检验批划分应与结构构件标准养护试件强度评定的检验批划分一致。施工单位依据《混凝土强度检验评定标准》GB/T 50107-2010对交货检验混凝土强度进行评定,并将评定结果书面告知预拌混凝土企业。

预拌混凝土强度出厂检验和交货检验不作为工程质量验收混凝土强度合格评定的依据。

施工总承包单位或监理应核查预拌混凝土企业混凝土投料计量等质量控制情况,发现超过计量允许偏差时,应督促预拌混凝土企业即时纠正。对同一批次(同一配合比)预拌混凝土的同一胶凝材料累计计量偏差超过-1%的,拌合水累计计量偏差超过+1%的,应按照市住建局《青岛市预拌混凝土质量追踪及动态监管系统应用指南》第十八条处理。

施工总承包单位应在混凝土浇筑现场设置标准养护室。标准养护室应符合《混凝土物理力学性能试验方法标准》GB/T 50081-2019的规定。

7.2 交货质量验收内容

混凝土运送至浇筑地点,应每车目测混凝土拌合物的质量(离析、分层、泌水等)。

施工总承包单位进行交货检验的混凝土试样,应通过预拌混凝土专业承包单位参与,监理见证取样的方式,在交货地点取样、制作和养护。应与混凝土试件强度比对试验的规定相结合。

交货检验混凝土试样的采取及坍落度试验应在混凝土运到交货地点时 20 min 内完成,试样的制作应在 40 min 内完成。

每批交货检验的试样应随机从同一运输车中抽取,混凝土试样应在卸料量的 1/4 至 3/4 之间采取。

每个试样量应满足混凝土质量检验项目所需用量的 1.5 倍,且不宜少于 0.02 m³。

施工总承包单位应每车检测混凝土坍落度,不符合施工和规范标准要求的混凝土不得用于工程。

混凝土强度检验的试样,其取样频次应按下列规定进行。

(1)每浇筑 100 m³ 同一配合比的混凝土,取样不得少于一次。当一次连续浇筑超过 1 000 m³ 时,同一配合比的混凝土每 200 m³ 取样不得少于一次。每一楼层、同一配合比的混凝土,取样不得少于一次。每次取样应至少留置一组标准养护试件,同条件养护试件的留置组数应根据实际需要确定。

(2)大体积混凝土采用 60 d 或 90 d 龄期的设计强度时,宜采用标准尺寸试件进行抗压强度试验。

对有抗渗要求的混凝土进行抗渗检验的试样,交货检验的取样频率应为同一工程、同一配合比的混凝土不得少于一次,留置组数可根据实际需要确定。

当设计有其他耐久性要求时,其取样检验应按照《混凝土长期性能和耐久性能试验方法标准》GB/T 50082-2014 进行。

交货检验项目:坍落度、强度、氯离子含量、含气量(抗冻、防冻混凝土)、硬化混凝土放射性检测。

氯离子含量检验验收,可以预拌混凝土企业提供的配合比报告和出厂检验报告或混凝土质量合格证中的检测结果为依据,也可交货现场检验。

重要混凝土结构或氯离子含量控制要求高的混凝土结构,以及对预拌混凝土企业出厂检验结果有怀疑时,应在交货地点进行取样检验。

硬化混凝土放射性检测以预拌混凝土企业提供的配合比报告中的检测结果为依据。

对使用环境要求较高的建筑物,施工总承包单位可对交货检验的混凝土强度试验后的混凝土试件进行放射性检测,应委托有资质的检测机构检测,检测结果和报告作为交货验收和工程质量验收的依据。

基本性能检验:技术指标包括坍落度、凝结时间、坍落度损失、泌水与压力泌水、表观密度、设计要求的其他性能试验等。试验报告可有混凝土企业试验室或有资质的检测机构提供。

检验混凝土强度和耐久性制作的试件应有明显和持久的标记,且不破坏试件。

试件成型后应在 20 ℃±5 ℃、相对湿度 50% 的室内静置 1~2 d,试件静置期间应避免受到振动和冲击,静置后编号标记、拆模,当试件有严重缺陷时,应按废弃处理。

试件养护龄期应从搅拌加水开始计时,养护龄期的允许偏差宜符合表 7.1 的规定。

表 7.1　养护龄期的允许偏差

养护龄期	1 d	3 d	7 d	28 d	56 d 或 60 d	≥84 d
允许偏差	±30 min	±2 h	±6 h	±20 h	±24 h	±48 h

预拌混凝土交货质量的合格判定应符合下列要求:

(1)坍落度、强度、含气量应以交货检验结果为依据;

(2)氯离子含量以预拌混凝土企业提供的出厂检验资料为依据。

强度的检验评定应符合《混凝土强度检验评定标准》GB/T 50107-2010 的规定。

坍落度的试验结果应满足表 7.2 的要求。其他特殊要求项目的试验结果应符合合同规定。

表 7.2　混凝土交货坍落度允许偏差

配合比设计坍落度/mm		允许偏差/mm
100~160		±20
>160		±30
特殊要求	防水混凝土坍落度	±20
	高强混凝土坍落度	±10

混凝土送到交货地点时,应随每一运输车提供所运预拌混凝土的运输单。运输单内容应包括运输单编号、工程名称、浇筑部位、施工单位、生产单位、混凝土标记、供货日期、运输车号、混凝土数量、发车时间、到达时间等。

混凝土运输至施工现场后,施工单位现场被授权人应确认混凝土的数量和质量,并在预拌混凝土运输单上签字。

预拌混凝土交货检验的结果应在试验结束后 10 d 内通知预拌混凝土企业。在交货地点可直接判定坍落度等性能的项目,当不符合标准和合同的要求时,施工单位应拒绝收货。

7.3　不合格混凝土退货处置

施工总承包单位对不符合现行规范标准及合同约定的预拌混凝土应予以退货,并按照预拌混凝土退货要求做好退货信息记录。

预拌混凝土企业应建立退货台帐，主要内容包括工程项目、退货原因、数量、时间及处理结果等。

预拌混凝土企业对被退货的预拌混凝土应妥善处置并做好处置记录。退货混凝土经处理再次出厂时，应经技术负责人批准，严禁将未经处理合格的退货混凝土再次出厂。

当经过返工符合标准要求时，可以采取返工的方式；当有可靠的技术措施时，经技术负责人同意可以降级使用，同时应记录并保存有关的技术措施、质量情况及使用情况等信息。

经返工或通过技术措施仍无法满足质量要求的不合格品应予以报废。

7.4 余退混凝土处置

预拌混凝土出厂后因各种原因发生余退混凝土时，应填写余退混凝土记录，并建立余退混凝土台帐，内容包括余退混凝土原因、余退混凝土数量、余退混凝土时间及处理方式、结果等。

采用机械分离机从退货或剩余混凝土中分离出来的砂、石经检验符合标准要求的，可重新使用。

退货或剩余混凝土已经硬化，应按建筑物拆除混凝土进行处理，产生的骨料应按再生骨料的相关技术标准检验和使用。

7.5 混凝土强度比对合格评定

预拌混凝土施工现场交货时，应进行混凝土试件强度比对试验。

为验证预拌混凝土（生产及运输）质量，确保工程混凝土结构质量，每个工程项目主体结构混凝土施工过程中，应按每个混凝土强度等级进行不少于 2 次的混凝土试件抗压强度比对试验。

比对试验由工程项目建设单位组织，施工总承包单位、预拌混凝土企业、有资质的检测机构负责实施。

按照混凝土试件比对试验方案，三方同时在浇筑地点（入模处）随机取样，按照标准要求各自制作混凝土试件 1 组；试件标识三方分别独立编写，内容应齐全、唯一，整个过程须由项目监理单位旁站。

三方在工程现场制作的混凝土试件应符合规定，拆模后，即可由标准养护室进行养护，标养龄期应为 28 d。当有特殊要求时，依据设计龄期确定。

达到标养龄期后，预拌混凝土企业、施工总承包单位分别将混凝土试件送至有资质的检测机构试验室。在监理见证下，确认 3 组试件（包括有资质的检测机构留置的 1 组试件）无误后，进行抗压强度试验。整个过程应在 28 d+20 h 内完成（应留有影像资料）。

抗压强度结果评定如下。

（1）检测机构负责出具检测报告和比对结果评定报告。

（2）3 组试件强度平均值符合表 7.3 的要求，不宜低于表 7.4 的要求。

（3）3 组试件强度最小值宜大于或等于 90%，不得小于 85%。

表 7.3　按验收规范统计方法最小样本（10～14 组）的平均强度

强度等级	C30	C35	C40	C45	C50	C55	C60
平均强度/MPa（设计强度等级值百分数）	≥32.9（110%）	≥37.9（108%）	≥42.9（107%）	≥47.9（106%）	≥52.9（106%）	≥57.9（105%）	≥62.9（105%）

表 7.4　按标准要求生产质量控制水平合格（σ）的平均强度

强度等级	C30	C35	C40	C45	C50	C55	C60
平均强度/MPa（设计强度等级值百分数）	≥34.0（113%）	≥39.0（112%）	≥44.0（110%）	≥49.6（110%）	≥54.6（109%）	≥59.6（108%）	≥64.6（108%）

表 7.5　青岛市预拌混凝土企业实际生产的平均强度

强度等级	C30	C35	C40	C45	C50	C55	C60
平均强度/MPa（设计强度等级值百分数）	37.6（125%）	43.2（124%）	49.2（123%）	55.2（123%）	61.0（122%）	65.8（120%）	71.8（120%）

注：对全市监管平台采集的混凝土生产企业几万组混凝土强度试验数据进行统计分析，确定全市预拌混凝土生产企业各等级混凝土实际生产质量控制水平的平均强度。

建设单位、施工总承包单位、监理单位、预拌混凝土企业应按比对结果进行质量追溯。青岛市预拌混凝土企业实际生产的平均强度见表 7.5。

比对结果质量追溯如下。

（1）平均强度小于规定值，强度最小值小于 90%，应对生产、运输、施工及养护过程的质量控制进行追溯，并对混凝土对应的实体结构混凝土构件强度进行检测，按检测结果进行处理；追溯混凝土配制强度是否满足生产控制水平统计结果。

（2）最小强度小于 85%，应按检验批对实体结构混凝土强度进行检测。

第8章 混凝土运输、浇筑及养护质量控制与验收

8.1 混凝土输送质量控制

严禁将运输、输送过程中散落的混凝土用于结构浇筑。

用于湿润结构施工缝时，水泥砂浆应与混凝土浆液成分相同；接浆厚度不应大于30 mm，多余水泥砂浆应收集后运出。

不同配合比或不同强度等级泵送混凝土在同一时间段交替浇筑时，输送管道中的混凝土不得混入其他不同配合比或不同强度等级混凝土。

泵送混凝土输送技术要求如下。

（1）应按《混凝土泵送施工技术规程》JGJ/T 10-2011 执行。

（2）泵送间歇时间不宜超过 15 min。

（3）混凝土入泵坍落度不宜小于 100 mm，高强混凝土入泵坍落度不宜小于 180 mm。

施工总承包单位应制定输送过程防止加水控制措施，应对输送过程进行视频监控。

8.2 混凝土浇筑及养护质量控制

混凝土浇筑过程中严禁加水。

施工中遇到坍落度不满足要求时会出现随意加水的现象，随意加水将改变原有规定的水灰比，水灰比的增大不仅影响混凝土的强度，而且对混凝土的抗渗性影响极大，将会引起渗漏水的隐患，应严格禁止，制定专门控制措施，加强质量控制。

结构混凝土浇筑应密实、浇筑后应及时进行养护。

混凝土浇筑过程中应有效控制混凝土的均匀性和密实性。混凝土保湿养护方式可采用洒水、覆盖、喷涂养护剂等方式。

混凝土浇筑应保证均匀性、密实性和连续性。

当夏季天气炎热时，混凝土拌合物入模温度不应高于 35 ℃，宜选择晚间浇筑混凝土；当冬期施工时，混凝土拌合物入模温度不应低于 5 ℃，并应有保温措施。

混凝土到达现场验收合格后，应及时浇筑到位。混凝土拌合物从搅拌机卸出后到浇筑完毕的延续时间应符合《混凝土结构工程施工规范》GB 50666-2011 和《混凝土

质量控制标准》GB 50164-2011 中的相关规定。核查运输单中出机时间和浇筑入模时间，混凝土从出机到浇筑完毕时间不应超过混凝土初凝时间，不宜超过表 8.1 的规定，且不应超过表 6.1 的规定。

表8.1　混凝土拌合物从搅拌机卸出后到浇筑完毕的延续时间

混凝土生产地点	气温	
	≤25 ℃	>25 ℃
预拌混凝土搅拌站	150 min	120 min

不同配合比或不同强度等级泵送混凝土在同一时间段交替浇筑时，输送管道中的混凝土不得混入其他不同配合比或不同强度等级混凝土。

润滑混凝土泵和输送管道的浆料，泵出后应妥善回收，不得浇筑到结构混凝土中。

根据混凝土拌合物特性及混凝土结构选择适当的振捣方式和振捣时间。

振捣时间宜按拌合物稠度和振捣部位等不同情况控制在 10～30 s 内，当混凝土拌合物表面出现泛浆，基本无气泡逸出，可视为捣实。

按工程质量要求和相关标准制定混凝土养护方案并严格执行，养护方式应符合以下要求。

（1）在施工浇筑平面构件时应减少暴露工作面，首次找平后应立即用塑料薄膜紧密覆盖，抹面时应随抹随盖，终凝后可蓄水养护。

（2）柱或墙等竖向构件拆模后宜直接覆膜，并采取有效措施防止薄膜脱落，或采用蓄水内膜、保水性能良好的模板等养护。浇筑完毕后顶部应严密覆盖。

（3）洒水养护应保证混凝土表面处于湿润状态，养护水的温度与混凝土表面温度之差不应超过 25 ℃，宜不超过 15 ℃；养护水可采用饮用水、地下水、地表水、再生水，水质应符合《混凝土用水标准》JGJ 63-2006 的规定。

（4）冬期施工期间，应按照《建筑工程冬期施工规程》JGJ/T 104 的规定，选择合适的施工养护方法，进行施工和养护。

（5）采用养护剂养护时，应通过试验检验养护剂的保湿效果。养护剂的有效保水率不应小于 90%，R7 和 R28 抗压强度比不应小于 95%，试验方法应按《公路工程水泥混凝土养生剂（膜）》JT/T 522—2022 的规定执行。

（6）大体积混凝土养护方式应按施工组织设计（施工方案）确定，大体积混凝土施工前，应对混凝土浇筑体的温度、温度应力及收缩应力进行试算，并确定混凝土浇筑体的温升峰值、里表温差及降温速率的控制指标，制定相应的温控技术措施。大体积混凝土施工温控指标应符合下列要求：

1）混凝土浇筑体在入模温度基础上的温升值不宜大于 50 ℃；

2）混凝土浇筑体里表温差（不含混凝土收缩当量温度）不宜大于 25 ℃；

3）混凝土浇筑体降温速率不宜大于 2.0 ℃/d；

4）拆除保温覆盖时混凝土浇筑体表面与大气温差不应大于 20 ℃。

（7）补偿收缩混凝土要特别加强养护，膨胀结晶体钙矾石的形成需要大量水，混凝土浇筑后 1～7 d 内是膨胀变形的主要阶段，应特别加强浇水养护；7～14 d 仍需湿养护，才能发挥混凝土的膨胀效应。如不养护或养护不当，就难以发挥膨胀剂的补偿作用。

底板或楼板较易养护，能蓄水养护最好；一般用麻袋或草席覆盖，定期浇水养护。墙体等立面结构受外界温度、湿度影响较大，容易发生竖向裂缝。混凝土浇筑完 2～3 d 内水化温升最高，而抗拉强度很低，如果早拆模板，墙体内外温差较大反而易于开裂。

混凝土结构施工养护时间应符合以下规定。

（1）对于采用硅酸盐水泥、普通硅酸盐水泥或矿渣硅酸盐水泥配制的混凝土，采用浇水和潮湿覆盖的养护时间不得少于 7 d。

（2）对于采用粉煤灰硅酸盐水泥、火山灰硅酸盐水泥、复合硅酸盐水泥配制的混凝土或掺加缓凝剂的混凝土，采用浇水和潮湿覆盖的养护时间不得少于 14 d。

（3）大掺量矿物掺合料混凝土、抗渗混凝土、抗冻混凝土、高强混凝土，养护时间不得少于 14 d。

（4）地下室底层墙、柱和上部结构首层墙、柱，养护时间宜适当延长，且带模养护时间不应少于 3 d。

（5）后浇带混凝土的养护时间不得少于 14 d。

（6）大体积混凝土养护时间应根据施工方案确定。

（7）粉煤灰混凝土养护时间不宜少于 28 d。

（8）补偿收缩混凝土养护不得少于 14 d。

对于冬期施工的混凝土，养护应符合以下规定。

（1）日均气温低于 5 ℃时，不得采用浇水自然养护方法。

（2）混凝土受冻前的强度不得低于 5 MPa，高强混凝土受冻前的强度不得低于 10 MPa。

（3）模板和保温层应在混凝土冷却到 5 ℃方可拆除，或在混凝土表面温度与外界温度相差不大于 20 ℃时拆模，拆模后的混凝土亦应临时覆盖，使其缓慢冷却。

（4）混凝土强度达到设计强度等级标准值的 50%（高强混凝土为 70%）时，方可撤除养护措施。在寒冷气候下，应采取保温措施并延迟拆模时间。

（5）补偿收缩混凝土拆模时间应延至 7 d 以上。

当混凝土养护至具有一定强度不粘模板时，方可拆除侧模。混凝土强度达到 1.2 MPa 前，不得在其上踩踏、堆放荷载、安装模板及支架。

混凝土养护监测方法如下。

（1）采取目测观察法时，混凝土表面应处于湿润状态。

（2）采取孔隙负压监测时，表层和内部孔隙负压差值不应大于 15.0 kPa。

（3）采用湿度仪测试混凝土表面相对湿度时，混凝土表面相对湿度不应低于

90%。

（4）孔隙负压测试方法按《现浇混凝土养护技术规范》JC/T 60018—2023 附录 B 的规定。

（5）监测记录按附录 1 格式。

大体积混凝土保温养护监测应符合现行国家标准《大体积混凝土施工标准》GB 50496-2018 和《大体积混凝土温度测控技术规范》GB/T 51028-2015 的规定。

非大体积混凝土保温养护监测宜符合下列规定：

（1）对混凝土结构或构件关键截面的中心温度、表层温度及环境气温进行监测，并及时采取有效措施控制混凝土里表温差以及升温、降温速率；

（2）可选用具有自动采集、可实时在线查看数据的监测系统，采集频率不宜低于每小时 1 次；人工采集时，采集频率不宜低于每 2 小时 1 次；

（3）当混凝土结构或构件中心温度、里表温差及升温、降温速率连续 3 d 满足设计文件和施工方案要求时，可结束监测。

8.3 混凝土结构裂缝控制

建筑工程裂缝的控制应采取预防为主的原则。控制裂缝的预防措施，应根据建筑的特点确定并实施。混凝土的质量应满足设计或施工企业提出的体积稳定性和抗裂性能的要求。

设计应采取预防措施，提出混凝土的体积稳定性、变形能力、抗裂性能的要求，应执行《混凝土结构设计标准》GB 50010-2010 中关于裂缝控制的规定，并在构件容易开裂的部位采取相应的构造措施预防裂缝的产生。

预拌混凝土企业对结构混凝土的配制应符合国家现行有关标准的规定，并应保证其体积稳定性。

混凝土结构施工时应符合下列规定。

（1）混凝土的浇筑、振捣、压面、养护和拆模应符合现行国家标准《混凝土结构工程施工规范》GB 50666-2011 的规定。

（2）对容易出现裂缝的结构或构件宜采取避免开裂的预防措施。

应针对板类构件的混凝土采取专门的预防裂缝的措施。对板类构件的混凝土宜进行混凝土抗裂性能试验，除采取规定的养护措施外，施工单位应采取下列附加处理措施。

（1）混凝土浇筑完成到初凝前，应采用平板振捣器进行二次振捣，二次振捣可以减小水化收缩的不利影响。

（2）终凝前对表面进行抹压，表面压光可减少混凝土表层水分蒸发的速度。

（3）掺加粉煤灰、缓凝剂的混凝土应增加养护时间。

预拌混凝土的生产企业，应采取下列保证混凝土质量和体积稳定性的措施。

（1）严格控制混凝土原材料的质量。

（2）按混凝土抗裂性能的要求进行配合比设计。

（3）按《建筑工程裂缝防治技术规程》JGJ/T 317-2014 附录 D 进行胶凝材料及外加剂相容性检验。

（4）混凝土的试配时，对混凝土抗裂性能按《建筑工程裂缝防治技术规程》JGJ/T 317-2014 附录 E 进行检验。对有较高抗裂要求的混凝土，如抗渗混凝土，可使粗骨料紧密堆积密度达到最大化进行配合比设计。

预拌混凝土试配时，宜进行下列相同条件养护试验。

（1）混凝土立方体抗压强度。

（2）混凝土收缩量和收缩速率。

（3）混凝土抗裂性能。

（4）混凝土微膨胀性能。

对大体积混凝土应采取下列控制水化热的措施。

（1）宜采用低热水泥。

（2）可按设计允许的延迟龄期要求使用粉煤灰和缓凝剂，调节胶凝材料水化速度。

（3）在混凝土拌合物的运输与浇筑过程中，应进行温度控制。

大体积混凝土施工温度控制应符合下列规定。

（1）入模温度宜控制在 30 ℃ 以下，应控制在 5 ℃ 以上。

（2）绝热温升不宜大于 45 ℃，不应大于 55 ℃，混凝土浇筑体在入模温度基础上的温升值不宜大于 50 ℃。

（3）混凝土内部温度与表面温度的差值不大于 25 ℃，表面与大气温差不大于 20 ℃。

（4）混凝土降温速率不宜大于 2.0 ℃/d。

（5）拆除保温覆盖时混凝土浇筑体表面与大气温差不应大于 20 ℃。

建筑工程裂缝应先判明开裂原因，对造成影响开裂的因素进行处置后，再进行裂缝处理。当结构构件存在裂缝时，应按下列规则进行判断与处理。

（1）应通过分析判断裂缝是荷载作用效应裂缝、非荷载作用裂缝或变形裂缝。

（2）当为变形裂缝时，可根据裂缝的形态、位置和出现的时间等因素分析裂缝的原因和发展情况，并应采取相应的治理措施和裂缝处理措施。

（3）当为荷载作用效应裂缝时，对存在受力裂缝的结构应进行承载能力和正常使用极限状态计算分析，并应根据分析情况采取相应的处理措施。

（4）当为非荷载作用裂缝时，应分析非荷载因素的发展情况。

（5）当判定裂缝原因需要特定的参数时，可委托有资质和能力的机构进行检测和鉴定。

造成结构混凝土开裂的主要客观原因：原材料安定性因素、混凝土沉陷、早期温度—收缩、混凝土水化热温降、混凝土干缩、太阳辐射热和温度、钢筋锈蚀、碱骨料反应、硫酸盐侵蚀、冻胀作用、荷载作用效应和变形等。

因胶凝材料安定性引发的膨胀性裂缝,可按下列规定判断与处理。

(1)当有剩余胶凝材料时,应对其安定性进行试验或检验。

(2)当没有剩余胶凝材料时,可按现行国家标准《建筑结构检测技术标准》GB/T 50344-2019 的有关规定判断其继续发展的可能性。

(3)对于大面积出现严重裂缝的构件,可采取重新浇筑混凝土或外包混凝加固等处理措施。

(4)对于裂缝较少且没有明显发展的构件,可按《建筑工程裂缝防治技术规程》JGJ/T 317-2014 附录 H 规定的方法进行裂缝处理,也可采取局部剔凿修补的处理措施。

施工期间,在梁、板类构件钢筋保护层上的顺筋裂缝以及墙、柱类构件箍筋外侧的水平裂缝,可采取封闭处理措施。

高温、干燥条件下,浇筑的混凝土终凝后出现的龟裂,应对裂缝进行灌缝或表面封闭的处理。

对混凝土硬化过程中因水化热造成的表面与内部的温差裂缝,应待其稳定后向裂缝内灌注胶黏剂封闭。当构件有防水要求时,应检查灌胶后的渗漏情况,或在构件表面增设弹性防水涂层。

混凝土硬化后,在表面积较大的构件、形状突变部位、高度较大的梁的腹部、门窗洞口的角部、长度较大的构件中部和浇筑混凝土的施工缝等处出现的干缩裂缝,应在其稳定后采取封闭处理措施。

混凝土结构中由于钢筋锈蚀引起的裂缝,可根据下列特征或方式进行判断。

(1)裂缝顺钢筋的方向发展并有黄褐色锈渍。

(2)对锈蚀钢筋边的混凝土取样,进行氯离子含量测定。

对混凝土结构中由于钢筋锈蚀引起的裂缝,在构件承载力尚符合设计要求的条件下,应按下列方法进行处理。

(1)采取遏制钢筋锈蚀继续发展的措施。

(2)对于发展缓慢的钢筋锈蚀裂缝,应采取封闭裂缝的处理措施或将开裂处混凝土剔除,用高强度等级的砂浆或聚合物砂浆进行修补。

对碱骨料反应引起的裂缝,可根据下列特征进行判断。

(1)骨料出现反应开裂,混凝土表面出现裂缝的形态一般是网状裂缝。

(2)混凝土碱含量超过现行国家标准《混凝土结构耐久性设计规范》GB/T 50476-2019 的限值。

(3)混凝土中骨料具有碱活性。

(4)碱骨料反应可发生在混凝土温度较高且含水量较大施工阶段和长期使用阶段。温度高和含水量大是碱骨料反应快速发展的充分条件,碱含量超标且骨料具有碱活性是发生碱骨料反应的必要条件。发生碱骨料反应并不一定会对耐久性和构件的承载力构成影响，也不一定会出现表面的龟裂。判断碱骨料反应引发的裂缝应检查骨料是否开裂。

碱骨料反应裂缝应按下列方法进行处理。

（1）在干燥常温环境下，对较轻的裂缝进行灌缝处理；对较重的裂缝进行裂缝封闭后，对构件采取约束加固的处理措施。

（2）在潮湿高温环境下，可在封闭裂缝、约束加固后，增设表面防水处理和隔热处理措施。

（3）对不易采取上述处理措施的构件，可采取更换构件的措施。

硫酸盐侵蚀引起的裂缝，可根据下列特征进行判断。

（1）混凝土表面发白，有白色结晶盐析出。

（2）损坏通常从棱角处开始，接着裂缝开展、剥落，使混凝土成为一种易碎的甚至松散的状态，裂缝形态一般是网状裂缝。

（3）混凝土本身含有的硫酸盐引起的侵蚀，或外部环境中硫酸盐对混凝土的侵蚀，可取样检验确定。

硫酸盐侵蚀引起的裂缝应按下列方法进行处理。

（1）分析混凝土腐蚀产物组成，确定腐蚀类型（钙矾石型或碳硫硅酸钙）。

（2）外部硫酸盐侵蚀引起的裂缝，应先采取阻断混凝土硫酸盐供给通道的治理措施，后采取裂缝处理的措施。

（3）对裂缝进行封堵后，增设表面叠合面层；叠合面层应具备三个性能。

1）有较好抗渗性能。

2）有较强抗硫酸盐侵蚀性能。

3）有一定强度和抗冲磨能力。

对使用阶段出现的混凝土构件受力裂缝，应根据裂缝形态作出判断并进行构件承载能力及正常使用极限状态的验算。当不满足设计要求时，应采取加固处理措施。

8.4 混凝土质量验收

应对结构混凝土强度进行检验评定，试件应在浇筑地点随机抽取。混凝土强度以混凝土试件标准养护至 28 d 或设计龄期进行强度检验结果为验收依据，检验批的划分和评定应符合现行国家标准《混凝土强度检验评定标准》GB/T 50107—2010 的规定。

混凝土强度试样应在混凝土的浇筑地点（入模处）随机取样。

试件的取样频率和数量应符合下列规定。

（1）每 100 盘，但不超过 100 m³ 的同配合比的混凝土，取样次数不应少于一次。

（2）每一工作班拌制的同一配合比的混凝土不足 100 盘和 100 m³ 时其取样次数不应少于一次。

（3）当一次连续浇筑超过 1 000 m³ 时，同一配合比的混凝土每 200 m³ 取样不应少于一次。

（4）每一楼层、同一配合比的混凝土,取样不应少于一次。

（5）每次取样应至少留置一组标准养护试件。

混凝土强度应分批进行检验评定。一个验收批的混凝土应由强度等级相同、试件试验龄期相同、生产工艺条件和配合比基本相同的混凝土组成。

混凝土强度验收评定不合格时,应对不合格检验批的结构实体混凝土强度进行检测,可依据《建筑结构检测技术标准》GB/T 50344-2019 和《混凝土结构现场检测技术标准》GB/T 50784-2013。

涉及结构实体混凝土强度检验应在混凝土标准养护试件强度验收的基础上,对涉及结构安全的代表性部位的实体混凝土强度进行检验。

验收规范规定的检验方法:同条件养护试块方法和回弹—取芯法。

结构实体混凝土强度应按不同强度等级分别检验,检测方法宜采用同条件养护混凝土试件方法;当同条件养护试件强度评定不符合要求或无同条件试件强度时,可采用回弹—取芯法进行检验。

回弹—取芯法检验不合格时,应委托有资质检测机构按国家现行有关混凝土结构检测标准进行检测,检测结果作为验收的依据。有关标准可依据《建筑结构检测技术标准》GB/T 50344-2019 和《混凝土结构现场检测技术标准》GB/T 50784-2013。

长期性能、耐久性能检验评定应符合现行行业标准《混凝土耐久性检验评定标准》JGJ/T 193—2009 的规定。

（1）混凝土的收缩和徐变应满足设计要求。

（2）混凝土的抗冻性能、抗渗透性能和抗硫酸盐侵蚀性能应满足设计要求。

（3）混凝土抗氯离子渗透性能应满足设计要求。

（4）混凝土的抗碳化性能应满足设计要求。

（5）混凝土的早期抗裂(收缩)性能满足施工要求。

（6）混凝土中的氯离子含量应满足设计和规范标准要求,可以将预拌混凝土出厂检验结果作为验收依据,也可以将混凝土强度验收试件的检测结果或结构实体混凝土取样的检测结果作为验收依据。

混凝土放射性应符合工程建设强制性标准规定。

工程质量验收混凝土强度评定不合格质量追溯及责任划分如下。

（1）标养混凝土试件强度评定不合格,应追溯试件制作及养护、混凝土质量控制是否符合要求,由存在问题单位承担相关责任。

（2）结构实体混凝土强度检验不符合要求,应追溯混凝土浇筑、振捣及养护、混凝土质量控制是否符合要求,由存在问题单位承担相关责任。

补偿收缩混凝土工程的验收应符合下列要求。

（1）补偿收缩混凝土工程的验收应符合现行国家标准《建筑工程施工质量验收统一标准》GB 50300-2013 和《混凝土结构工程施工质量验收规范》GB 50204—2015 的

有关规定。

（2）对于补偿收缩混凝土的限制膨胀率的检验，应在浇筑地点制作限制膨胀率试验的试件，在标准条件下水中养护 14 d 后进行试验，并应符合下列规定。

1）对于配合比试配，应至少进行一组限制膨胀率试验，试验结果应满足配合比设计要求。

2）在施工过程中，对于连续生产的同一配合比的混凝土，应至少分成两个批次取样进行限制膨胀率试验，每个批次应至少制作一组试件，各批次的试验结果均应满足工程设计要求。

3）对于多组试件的试验，应取平均值作为试验结果。

4）限制膨胀率试验应按现行国家标准《混凝土外加剂应用技术规范》GB 50119-2013 的有关规定进行。

（3）当现场取样试件的限制膨胀率低于设计值，而实际工程没有发生贯通裂缝时，可通过验收；当现场取样试件的限制膨胀率符合设计值，而实际工程发生贯通裂缝时，应按《补偿收缩混凝土应用技术规程》JGJ/T 178-2009 的措施修补，或由施工单位提出技术处理方案并经认可后进行处理。处理后，应重新检查验收。

当现场取样试件的限制膨胀率低于设计值，实际工程也发生贯通裂缝时，应组织专家进行专项评审并提出处理意见，经认可后进行处理。处理后，应重新检查验收。

第9章 混凝土生产回收水应用质量控制

9.1 基本规定

生产回收水是指在清洗混凝土生产设备、运输设备和生产厂区地面时所产生、含有胶凝材料、外加剂和砂等组分的废浆，经适当工艺（三级沉淀法或压滤机法）处置后的净化回收水，固含量不大于1%。

净化回收水检验符合要求后可用于混凝土拌合用水。油污污染水和生活污水不得用于混凝土生产。

预拌混凝土生产企业应配备生产废水处置系统，包括排水沟系统、多级沉淀池系统和管道系统。排水沟系统应覆盖连通搅拌站（楼）装车层、骨料堆场、砂石分离机和车辆清洗场等区域，并与多级沉淀池连接；管道系统可连通多级沉淀池和搅拌主机。

当采用压滤机对废浆进行处理时，压滤后的废水应通过专用管道进入生产废水回收利用装置，压滤后的固体应做无害化处理。

未经处理和检验、检验不符合要求的生产回收水，不得用于混凝土生产。

生产回收水、废浆不宜用于制备预应力混凝土、装饰混凝土、高强混凝土和暴露于腐蚀环境的混凝土，不得用于制备使用碱活性或潜在碱活性骨料的混凝土。

生产回收水、废浆不应有明显漂浮的油脂和泡沫，不应有明显的颜色和异味。

废浆应经稀释、过滤或压滤等工艺处理后用于生产混凝土，未经处理不得用于生产混凝土。

9.2 混凝土掺用生产回收水质量控制

经沉淀、过滤或压滤处理的生产回收水用作混凝土拌合用水时，与取代的其他混凝土拌合用水按实际生产用比例混合后，水质应符合现行行业标准《混凝土用水标准》JGJ 63-2006 的规定，掺量应通过混凝土试配确定。

生产回收水单独使用时，pH值、不溶物、可溶物、Cl⁻、SO_4^{2-} 和碱含量指标应严格控制，并符合《混凝土用水标准》JGJ 63-2006 的规定。

生产回收水使用前，应与饮用自来水进行水泥凝结时间对比试验，对比试验的水泥初凝时间差及终凝时间差均不应大于30 min，初凝和终凝时间应符合《通用硅酸盐水泥》GB 175—2023 的规定;应与饮用自来水进行水泥胶砂强度对比试验,被检验生产回收水配制的水泥胶砂 3 d 和 28 d 强度均不应低于对应龄期饮用水配制的水泥胶砂强度的 90%,检验方法按《混凝土用水标准》JGJ 63-2006 的相关规定执行。

生产回收水的技术指标不符合技术要求时,应采用生产废浆处置设施、设备进行再处理,并重新取样检验合格后方可用于混凝土生产。

生产回收水的放射性应符合现行国家标准《生活饮用水卫生标准》GB 5749—2022 的规定。

经检验符合要求的生产回收水应用时,应符合下列规定。

(1)掺量应通过混凝土试配确定。

(2)混凝土强度等级不高于 C20 时,掺量不作限制。

(3)混凝土强度等级为 C20~C45,等量替代混凝土拌合用水宜小于总用水量的50%。

生产回收水应经专用管道和计量装置输入搅拌机。

生产回收水应采用重量法并单独计量,累计偏差不应超过 ±1%。

混凝土施工配合比的砂、石含水率应优先用生产回收水的单方用量进行抵扣。

9.3 混凝土掺用废浆质量控制

废浆用于预拌混凝土生产时,应符合下列规定。

(1)废浆经稀释后可用于混凝土生产,应控制固含量(≤10%)、密度(≤1.06g/mL)、水泥胶砂流动比(≥95%)、水泥净浆凝结时间差、水泥胶砂强度比、混凝土抗压强度比等技术指标。

(2)废浆使用前,应对其静置沉淀 24 h 后的澄清水和其他的混凝土拌合用水按实际比例混合后的水质进行检验,水质应符合现行行业标准《混凝土用水标准》JGJ 63-2006 的规定。

(3)掺用废浆前,应采用均化装置将废浆中固体颗粒分散均匀。

(4)废浆应经专用管道和计量装置输入搅拌主机。

检验项目和频次应符合下列规定。

(1)每生产台班应检验废浆中固体颗粒含量、密度不应少于一次,检验方法应按现行行业标准《预拌混凝土企业生产废水回收利用规范》JC/T 2647—2021 中附录 A 和附录 B 执行。

(2)废浆首次使用前应检验水泥胶砂流动比、水泥初凝时间差及终凝时间差,生产期间每季度检验不少于一次。水泥初凝时间差及终凝时间差均不应大于 30 min、水泥胶砂强度比(3 d 和 28 d)≥90%、混凝土抗压强度比(3 d 和 28 d)≥90%,检验方法应按现行行业标准《预拌混凝土企业生产废水回收利用规范》JC/T 2647—2021 的有关规定执行。

（3）水泥胶砂强度比与混凝土抗压强度比检验结果发生争议时，以混凝土抗压强度比为准。

掺废浆混凝土配合比应符合下列规定。

（1）废浆掺量应通过混凝土试配确定，试配时应将废浆中的水计入混凝土拌合用水量，固体颗粒含量可计入细骨料用量。

（2）混凝土强度等级不高于 C20 时，废浆掺量不作限制。

（3）混凝土强度等级为 C20～C45，废浆的固含量 ≤5％时，废浆等量替代混凝土拌合用水宜小于总水量的 30％；废浆的固含量 >5％时，废浆等量替代混凝土拌合用水宜小于总用水量的 40％。

（4）C50 及以上强度等级混凝土不宜使用废浆。

（5）使用废浆配制的混凝土，与其同强度等级的使用饮用水生产的混凝土相比，外加剂掺量可适当增加。

使用废浆配制的混凝土，其搅拌投料顺序应与使用饮用水生产的混凝土相同；搅拌时间宜延长 10～20 s。

生产回收水应采用重量法并单独计量，累计偏差不应超过 ±1％。

9.4 混凝土质量检验与评定

用生产回收水生产的混凝土，其质量检验和评定应执行《混凝土强度检验评定标准》GB/T 50107-2010 和《混凝土结构工程施工质量验收规范》GB 50204—2015 的有关规定。

混凝土出厂检验应符合第 5 章规定，宜加强混凝土凝结时间检验与控制。

9.5 质量检查

生产设施检查如下。

（1）三级沉淀池（含生产回收水搅拌系统）或压滤机的设置及使用。

（2）使用生产回收水独立计量系统。

质量控制检查如下。

（1）废浆固含量、密度检验的检测仪器配备、检验抽样记录、检验原始记录、检测报告。

（2）使用生产回收水和饮用水的水泥凝结时间和胶砂强度对比检验的检验抽样记录、检验原始记录、检测报告，使用废浆的水泥胶砂流动比、水泥凝结时间差、水泥胶砂强度比、混凝土抗压强度比检验原始记录和试验报告。

（3）生产回收水、废浆的检验期限、频率等技术资料。

（4）生产回收水技术指标检验报告。

（5）使用生产回收水的混凝土配合比设计原始记录及配合比报告。

（6）生产使用计量记录及计量偏差。

（7）生产回收水、废浆抽样记录。

（8）留置混凝土试件抗压强度报告及出厂质量合格证检验批判定结果等。

9.6 质量检查结果追溯

无处理设施或专用计量设备，应停止生产回收水的使用，采取纠正措施。

生产回收水、废浆未检验或检验指标不全，应追溯相关混凝土的质量或结构实体混凝土质量。

生产回收水、废浆的试验检验资料不完整，应追溯生产质量。

使用生产回收水、废浆未计量或计量偏差超差且为正差，应追溯混凝土质量。

出厂混凝土强度检验按批判定不合格，应按出厂检验的规定追溯结构实体混凝土的质量。

第10章 绿色低碳高性能混凝土应用与质量控制

10.1 术　语

10.1.1　高性能混凝土（HPC）

以建筑工程设计、施工对混凝土性能特定要求为总体目标，选用优质常规原材料，合理掺加外加剂和矿物掺合料，采用较低水胶比并优化配合比，通过预拌和绿色生产方式以及严格的施工措施制成具有优异的拌合物性能、力学性能、耐久性能和长期性能的混凝土。

10.1.2　常规品高性能混凝土（OHPC）

除特制品高性能混凝土之外，符合高性能混凝土技术要求并常规使用的混凝土，强度等级不大于 C55。

10.1.3　特制品高性能混凝土（SHPC）

符合高性能混凝土技术要求的轻骨料混凝土、高强混凝土、自密实混凝土、纤维混凝土。

10.1.4　绿色低碳高性能外加剂

绿色低碳高性能外加剂是基于绿色低碳高性能混凝土的低水泥用量的特性，以混凝土的高工作性、高强度和高耐久性（抗裂、抗渗、抗冻融等）为目标，采用减水率较高的减水剂同自防护功能性助剂复合配制的高性能外加剂，主要应用于绿色低碳常规品高性能混凝土和特制品高性能混凝土的制备。

10.1.5　低碳高性能混凝土（LHPC）

按照高性能混凝土技术要求，在普通混凝土应用技术规定的原材料基础上，采用低碳材料、节能技术和施工工艺，以高性能混凝土的设计方法优化普通混凝土配合比设计，结合绿色低碳高性能外加剂应用，以减少水泥用量、降低碳排放为目的，在满足高性能混凝土性能要求的前提下，使普通混凝土达到"低碳和高性能化"的一种新型混凝土。

10.1.6　绿色高性能混凝土（GHPC）

按照高性能混凝土技术要求，选择资源丰富、能耗小的原材料，大量利用工业废弃资源，使不可再生资源可循环使用，满足混凝土的可持续发展，比传统混凝土具有更高的强度和耐久性。

10.1.7　绿色低碳高性能混凝土（GLHPC）

绿色低碳高性能混凝土是通过绿色环保生产工艺以及新技术等措施生产的一种新型混凝土。其按照高性能混凝土技术要求，采用绿色低碳原材料、再生原材料，通过采用高性能混凝土的设计方法优化普通混凝土配合比设计，能降低水泥用量，提高混凝土性能，显著降低碳排放，达到环境保护、生态保护和可持续发展目的。

10.1.8　生物炭

生物炭是有机物在热气条件下热裂解（＜700 ℃）形成的一类结构稳定、高度芳香化的多孔化合物。生物炭是一种源自废物的材料，可以大规模固碳。生物炭的来源可以是养殖场粪肥、酿酒发酵剩余物、农田秸秆，也可以是污水处理厂的污泥、城乡垃圾、工业废弃有机物等对环境质量安全造成危害的有机物。

10.1.9　碳汇技术（碳封存技术）

碳汇技术，亦称"碳封存技术"，是减缓全球变暖的关键技术，是指将混凝土中的二氧化碳汇集封存，再加以利用。目前，国内外碳封存技术包括地质封存、海洋封存、矿石碳化、工业利用、生态封存。

10.1.10　生物炭高性能混凝土（BHPC）

生物炭高性能混凝土是利用生物炭与水泥的相容性替代普通水泥，形成一种具有封存碳的功能且同时具有混凝土工程属性和施工属性的混凝土。其减碳功能，一是生物炭替代了混凝土中一部分的普通水泥，间接地减少碳排放；二是生物炭可以在混凝土内部经过汇集固化到混凝土中，达到"碳封存"的目的。

10.1.11　碱激发胶凝材料

以经过高温过程的固体废物或火山灰类物质为主要原材料（掺量大于90%，可不需要烧制水泥熟料），模仿火山灰大地成岩过程，经配方设计、配料计算制备而成的硅铝基水硬性胶材料，称为凝石。凝石是碱激发胶凝材料的典型代表，是一类可以在许多场合取代水泥，但又有着许多与传统水泥不同的优异特性的硅铝基胶凝材料体系。

在一些火山灰质的混合料中，存在着一定数量的活性二氧化硅、活性氧化铝等活性组分。这些活性组分与氢氧化钙反应，生成水化硅酸钙、水化铝酸钙或水化硫铝酸钙等产物。其中，氢氧化钙可以来源于外掺的石灰，也可以来源于水泥水化时所放出的氢氧化钙。这就是火山灰反应，也就是碱性激发的原理。

工业废渣成分大部分为 SiO_2、Al_2O_3、CaO 等，其自身没有或具有很微弱的胶凝性，但其大多是经急冷而形成的玻璃体，本身具有热力学活性，因而可用机械、热力、化学方法激活，使之具有胶凝性。通用的方法是碱性激发或硫酸盐激发（即化学激发）。

10.1.12　高炉灰渣微粉 ECM 水泥

矿渣微粉是高炉水渣经过研磨得到一种超细粉末，化学成分主要是 SiO、AlO、CaO、MgO、FeO、TiO、MnO 等，含有 95% 以上玻璃体和硅酸二钙、钙黄长石、硅灰石等矿物，与水泥成分接近。矿渣微粉具有超高活性，作为优质矿物掺合料，与复合材料（ECM）水泥复合制成高炉灰渣微粉 ECM 水泥，可替代普通水泥，是一种新型绿色建筑材料。

10.2 一般规定

绿色低碳高性能混凝土,应在使用普通混凝土常规原材料的条件下,按照高性能混凝土的设计方法优化普通混凝土配合比设计,亦使用绿色、低碳材料和生产工艺,将普通混凝土绿色化、低碳化和高性能化。

绿色低碳高性能混凝土,按照高性能特性,分为常规品高性能混凝土和特制品高性能混凝土;按照绿色减碳特性,分为绿色高性能混凝土、低碳高性能混凝土和绿色低碳高性能混凝土。

绿色低碳高性能混凝土标记代号应为 GLHPC,其他高性能混凝土的标记应符合现行国家标准《预拌混凝土》GB/T 14902—2012 的相关规定。

绿色低碳高性能混凝土,采用先进的现代化混凝土技术,在完善的质量控制条件下,节约熟料水泥,大量使用工业废弃物(如掺加以工业废渣为主的活性细掺料)和城市垃圾(替代砂石骨料),减少水泥和混凝土的用量,具有高强度、优良耐久性、工作性和经济适用性。

绿色低碳高性能混凝土,应能够节约资源和能源、可持续发展。

绿色低碳高性能混凝土的制备要求如下。

(1)宜具备优良的施工性能:能在正常施工条件下保证混凝土结构的密实性和均匀性,并尽量降低振捣噪声和密实能耗。

(2)宜具备高强度:尽量减少"肥梁胖柱",并应考虑到建筑的美学效果、结构挠度、功能等方面的要求。

(3)宜具备高耐久性:在一般环境或存在腐蚀介质的环境中,混凝土具有良好的耐久性能。

(4)宜具备特殊功能:超早强、低脆性、高耐磨性、吸声、自呼吸性等。

(5)宜更多地掺加以工业废渣为主的掺合料,控制和减少水泥熟料的用量。

(6)宜更大地发挥混凝土的高性能优势,提高混凝土的耐久性,延长建筑物的使用寿命,使材料和工程充分发挥其功能。

(7)宜采用先进生产工艺,对大量建筑垃圾进行资源化处理,使之成为可用的再生混凝土骨料,减少对天然砂石的开采。

绿色低碳高性能混凝土拌合物性能,应符合《高性能混凝土技术条件》GB/T 41054—2021 以及相关的其他规定。

绿色低碳高性能混凝土耐久性能和长期性能,应符合《高性能混凝土技术条件》GB/T 41054—2021 以及相关的其他规定。

绿色低碳高性能混凝土力学性能,应符合《高性能混凝土技术条件》GB/T 41054—2021 以及相关的其他规定。

绿色低碳高性能混凝土,可采用能够直接减碳的碱激发胶凝材料混凝土。利用其本身具有的热力学活性,通过化学方法等激活,使之具有胶凝性,从而替代普通水泥。凝石是碱激发材料的典型代表,凝石的原料中90％为工业废料,绿色化生产工艺完全无污染排放。

绿色低碳高性能混凝土,可采用能够直接减碳的高炉灰渣微粉ECM水泥混凝土。矿渣微粉是高炉水渣经过研磨得到一种超细粉末,具有超高活性,作为优质矿物掺,与复合材料(ECM)水泥复合可制成高炉灰渣微粉ECM水泥。

绿色低碳高性能混凝土,可采用能够直接减碳的低熟料水泥混凝土。在保证水泥满足其性能要求的条件下,减少水泥中的熟料用量,达到直接减碳的目的。

绿色低碳高性能混凝土,可采用能够间接减碳的低碳高性能混凝土。通过采用高性能混凝土的设计方法优化普通混凝土配合比设计,更多地使用矿物掺合料,在满足或超过普通混凝土各种性能的条件下,更多地减少水泥用量。

对于抗裂、抗渗、抗冻及抗腐蚀等要求高的环境,绿色低碳高性能混凝土可采用能够间接减碳的非膨胀刚性自防护混凝土。非膨胀混凝土中添加了非膨胀复合高性能混凝土外加剂(由无膨胀组分的合理级配超细矿粉与功能性外加剂复合配制的高性能外加剂),可以代替中抗硫酸盐水泥或高抗硫酸盐水泥。采用非膨胀刚性自防护混凝土的结构底部、覆土顶板及外墙,当所用材料的类型、性能指标以及设计、施工与质量验收均符合规定时,可不做混凝土构件表面的柔性防水层、有机抗蚀涂层、砂浆或砌砖防护层等附加措施。

绿色低碳高性能混凝土,可采用能够间接减碳的清水混凝土。使用清水混凝土时,混凝土表面无需任何涂装、抹砂浆、贴瓷砖、贴石材等工序,达到间接减碳的目的。

绿色低碳高性能混凝土,可采用能够封存碳的生物炭混凝土。

10.3 原材料技术要求及质量控制

10.3.1 水泥

绿色低碳高性能混凝土采用的水泥应符合现行国家标准《通用硅酸盐水泥》GB 175—2023以及《高性能混凝土技术条件》GB/T 41054—2021中有关混凝土原材料的要求,不宜使用早强水泥。水泥品种与强度等级的选用应根据设计、施工要求以及工程所处环境确定,对于一般建筑结构或预制构件,宜选用硅酸盐水泥或普通硅酸盐水泥。

绿色低碳高性能混凝土用水泥比表面积宜控制在360 m^2/kg以下,应控制水泥熟料的矿物组成,为满足耐久性要求,应尽量降低C3A和C3S的含量,适当地增加C2S的含量。C3A不超过6％,C2S应大于20％。水泥中的碱含量<0.6％,标准稠度用水量≤27％;氯离子含量≤0.06％;对有抗裂要求的混凝土,水泥的R28/R3≥1.7;水泥中不应含有影响混凝土长期性能和耐久性能的助磨剂或激发剂。

10.3.2　矿物掺合料

配制绿色低碳高性能混凝土的矿物掺合料,应符合《高性能混凝土技术条件》GB/T 41054—2021 及其他相关要求;宜采用粉煤灰、磨细矿渣粉、硅灰、磨细天然沸石粉、超细石灰石粉等,并可采用两种或两种以上的矿物掺合料,按一定比例混合使用。

粉煤灰应符合现行国家标准《用于水泥和混凝土中的粉煤灰》GB/T 1596—2017 中 F 类 Ⅰ 级或 Ⅱ 级粉煤灰的有关规定,磨细粉煤灰符合现行国家标准《高强高性能混凝土用矿物外加剂》GB/T 18736—2017 的规定。粉煤灰宜与矿渣粉等其他掺合料复合使用。

粒化高炉矿渣粉应符合现行国家标准《用于水泥、砂浆和混凝土中的粒化高炉矿渣粉》GB/T 18046—2017 的有关规定,其 28 d 活性指数宜大于 95%。

硅灰应符合现行国家标准《砂浆和混凝土用硅灰》GB/T 27690—2023 的有关规定,使用时宜选择比表面积大、二氧化硅含量高的硅灰,其二氧化硅含量宜大于 90%。

超细石灰石粉应符合现行国家标准《用于水泥、砂浆和混凝土中的石灰石粉》GB/T 35164—2017 的有关规定,其碳酸钙含量宜不低于 80%,活性指数不低于 65%。掺用石灰石粉时,其掺量不宜大于 20%。

其他矿物掺合料应符合相关规定并满足混凝土性能要求。

生物炭应根据混凝土的配合比设计、混凝土拌合物性能、力学性能、耐久性能和长期性能要求,经试配试验进行验证和论证。

碱激发胶凝材料混凝土、高炉灰渣微粉 ECM 水泥混凝土、低熟料水泥混凝土、低碳高性能混凝土、非膨胀刚性自防护混凝土、清水混凝土和生物炭混凝土的矿物掺合料及其替代量,应根据其配合比设计、拌合物性能、力学性能、耐久性能和长期性能要求确定,并经实验验证后方可使用。

在绿色低碳高性能混凝土中使用的复合掺合料,其性能应按照现行国家标准《矿物掺合料应用技术规范》GB/T 51003-2014 规定的项目检验,性能指标符合表 10.1 的要求。使用前应进行复合掺合料与外加剂的相容性试验,并宜与硅酸盐水泥或普通硅酸盐水泥复合使用,当使用其他种类水泥时应适当降低复合掺合料的掺量。

表 10.1　高性能混凝土用复合掺合料的技术要求

项目		技术指标
比表面积/m²·kg⁻¹		≥400
细度(0.045 mm 方孔筛筛余)		≤10%
活性指数	7 d	≥70%
	28 d	≥90%
流动度比		≥100%
含水量		≤1.0%

项目	技术指标
三氧化硫含量	≤3.0%
氯离子含量	≤0.02%
安定性	合格
放射性	合格

掺合料不应含有影响混凝土长期性能和耐久性能的激发剂或助磨剂。

10.3.3 骨料

高性能混凝土用骨料应符合《高性能混凝土用骨料》JG/T 568—2019 的规定。

碎石应采用连续级配，其松散堆积空隙率应不大于 45%，吸水率应低于 2%；抗冻混凝土用碎石吸水率应低于 1%。

级绿色低碳高性能混凝土用碎石，其压碎值宜小于 12%，最大粒径不宜大于 31.5 mm，且宜采用：单一级配，5～31.5 mm 连续粒级；二级配，5～10 mm、10～20 mm 或 5～10 mm、10～16 mm；三级配，5～10 mm、10～16 mm、16～25 mm 或 5～10 mm、10～16 mm、16～31.5 mm。

碎石中针片状颗粒含量应小于 8%，且不得混入风化颗粒。

10.3.4 外加剂

绿色低碳高性能混凝土中采用的外加剂，应符合现行国家标准《混凝土外加剂》GB 8076—2008、《混凝土外加剂应用技术规范》GB 50119-2013、《混凝土膨胀剂》GB/T 23439—2017 以及现行行业标准《聚羧酸系高性能减水剂》JG/T 223—2017、《砂浆、混凝土防水剂》JC/T 474—2008、《混凝土防冻剂》JC/T 475—2004、《混凝土防冻泵送剂》JG/T 377—2012 的规定，防冻剂应为无氯盐防冻剂。

绿色低碳高性能混凝土中采用的外加剂，应能降低混凝土的收缩率，显著改善混凝土的体积稳定性及耐久性；混凝土坍落度应保持性能优良，满足预拌混凝土的长距离运输需要。

绿色低碳高性能混凝土中采用的外加剂，应考虑外加剂与胶凝材料的相容性，其掺量应根据外加剂的推荐掺量、环境温度、施工要求、运输距离、停放时间等经试验确定。

绿色低碳高性能混凝土中采用的外加剂，需要将不同品种的外加剂共同使用时，应先经试验确定两种外加剂无相容性问题后再行使用。

绿色低碳高性能混凝土使用高效减水剂时，其收缩率比不宜大于 125%。

高性能混凝土使用聚羧酸系高性能减水剂时，应注意高性能减水剂与骨料的适应性问题；减缩型高性能减水剂的收缩率比应不大于 90%，普通型高性能减水剂的收缩率比应不大于 110%；不得与萘系、氨基磺酸盐和三聚氰胺系高效减水剂混合使用；与其他品种外加剂同时使用时，宜分别掺加。

高性能混凝土宜掺入引气剂,其掺量应根据试验确定,并宜在使用前稀释,以降低计量误差;用于改善新拌混凝土的工作性时,新拌混凝土的含气量宜控制在3%～5%;有抗冻融要求的混凝土,其含气量应满足现行国家标准《混凝土结构耐久性设计标准》GB/T 50476-2019 的要求。

配制用于连续施工的超长结构、防水结构、填充结构使用的绿色低碳高性能混凝土时,宜掺入膨胀剂;用于绿色低碳高性能混凝土的膨胀剂应满足现行国家标准《混凝土膨胀剂》GB/T 23439—2017 Ⅱ型产品的要求;长期处于 80 ℃以上环境的钢筋混凝土结构用混凝土,不得使用膨胀剂;使用膨胀剂的混凝土结构,应加强早期湿养护工作。

绿色低碳高性能混凝土具有低碳特性,属于低水泥胶材混凝土,宜使用与低水泥胶材相适应的混凝土外加剂,根据混凝土所处环境特点、强度及耐久性要求进行减水剂复配。

当混凝土结构需考虑防水、抗裂缝、抗腐蚀等要求时,可采用非膨胀复合高性能混凝土外加剂。

10.3.5　拌合用水

绿色低碳高性能混凝土的拌合用水,应符合现行行业标准《混凝土用水标准》JGJ 63-2006 的规定。

生产回收水不应单独用作绿色低碳高性能混凝土拌合用水,但可按一定比例掺用在正常用水中,其用量应经试验确定,但不宜超过 15%。

10.3.6　纤维

高性能混凝土用钢纤维应符合现行行业标准《纤维混凝土应用技术规程》JGJ/T 221-2010 的规定,合成纤维应符合现行国家标准《水泥混凝土和砂浆用合成纤维》GB/T 21120—2018 的规定,玄武岩纤维应符合现行国家标准《水泥混凝土和砂浆用短切玄武岩纤维》GB/T 23265—2023 的规定。

高性能混凝土需要掺入钢纤维时宜采用异型钢纤维品种,生产时宜配备纤维专用的计量和投料设备;为抑制混凝土塑性裂缝而在混凝土中掺入纤维时,宜选用聚丙烯纤维;需要掺入合成纤维时优先选用膜裂纤维;纤维混凝土的应用还应符合现行行业标准《纤维混凝土应用技术规程》JGJ/T 221-2010 的有关规定。

为保证纤维均匀分布在混凝土中,宜先将纤维和粗细骨料投入搅拌机中干拌,将纤维打散,然后加入水泥、矿物掺合料、水、外加剂搅拌,其搅拌时间应较普通混凝土适当延长。

10.4　配合比设计及质量控制

10.4.1　一般规定

绿色低碳高性能混凝土配合比设计应符合《普通混凝土配合比设计规程》JGJ

55-2011 及《高性能混凝土技术条件》GB/T 41054—2021 的规定。

绿色低碳高性能混凝土配合比应满足混凝土配制强度及其他力学性能、拌合物性能、长期性能、抗裂性能和耐久性能的设计要求。

10.4.2 配合比设计

绿色低碳高性能混凝土配合比设计,应采用《普通混凝土配合比设计规程》JGJ 55-2011 规定的体积法计算混凝土的配合比,宜使用普通混凝土原材料,采用低水泥胶材、低水胶比、最佳骨料级配、最佳胶材级配、最佳浆骨比等配合比设计方法,以获得最佳骨架结构,在满足混凝土性能要求的条件下,使普通混凝土绿色化、低碳化和高性能化。

绿色低碳高性能混凝土具有低水胶比(最佳水胶比)和低水泥胶材特性,配合比设计应充分考虑胶材的需水量和骨材的吸水率、混凝土骨架结构孔隙率、耐久性要求的用水量和浆骨比,并通过精确计算获得。

绿色低碳高性能混凝土宜通过理想富勒级配曲线原理确定骨料最佳级配,使混凝土骨架结构具有最小孔隙率和最大密实度;且宜通过颗粒紧密堆积理论确定胶材粒径分布最佳级配,所得到的各胶材用量应符合《普通混凝土配合比设计规程》JGJ 55-2011 及《高性能混凝土技术条件》GB/T 41054—2021 的相关规定,并需经过实验验证及调整。

绿色低碳高性能混凝土的浆骨比,宜符合《高性能混凝土技术条件》GB/T 41054—2021 的规定。

绿色低碳高性能混凝土配合比设计,当砂子为天然砂与人工砂组合级配时,宜使用两种不同的细度模数的砂进行组合级配,细度模数宜分别控制在 2.6~2.8 及 3.0~3.2。机制砂中的石粉含量应计入胶材用量。

绿色低碳高性能混凝土配合比设计,在满足拌合物性能和施工要求的情况下,宜尽量增加碎石用量,且宜采用以下级配组合:碎石为单一级配时,宜采用 5~25 mm 或 5~31.5 mm 连续粒级;碎石为二级配时,宜采用 5~16 mm、16~25 mm 或 16~31.5 mm 连续粒级;碎石为三级配时,宜采用 5~10 mm、10~16 mm、16~25 mm 或 16~31.5 mm 连续粒级。

绿色低碳高性能混凝土配合比设计时,混凝土强度和耐久性应由混凝土的骨架结构设计(骨料结构和胶材结构)来实现;混凝土的工作性能应由绿色低碳高性能外加剂来实现。

绿色低碳高性能混凝土耐久性设计,应符合《高性能混凝土技术条件》GB/T 41054—2021 的规定。

绿色低碳高性能混凝土配合比设计的水胶比、胶凝材料用量应符合《高性能混凝土技术条件》GB/T 41054—2021 的规定。

绿色低碳高性能混凝土的拌合物应具有良好的工作性和匀质性,无分层、离析和泌水现象。

绿色低碳高性能混凝土配合比的混凝土试配,宜包括进行早期抗裂试验,其单位面积上的总开裂面积不宜大于 700 mm²/m²,180 d 干燥收缩率不宜超过 0.045%;抗裂试验和干燥收缩试验应按照《混凝土长期性能和耐久性能试验方法标准》GB/T 50082-2014 进行。

绿色低碳高性能混凝土,根据绿色低碳的需要,宜开发应用生物炭高性能混凝土技术。生物炭可以替代部分水泥,间接减少了碳排放量,同时,生物炭可以汇聚碳固化到混凝土内部,达到碳封存的目的。

生物碳高性能混凝土,宜采用按符合国际生产标准的生物炭原材料,其他材料宜采用普通混凝土常规原材料。生物炭高性能混凝土技术的研发与应用,宜以常规品高性能混凝土为主。

生物炭高性能混凝土的配合比设计,生物炭替代水泥的替代比例宜选择在 5%～50%,其他矿物掺合料的替代比例除应符合本导则规定的最佳胶材级配要求外,还应符合《普通混凝土配合比设计规程》JGJ 55-2011 及《高性能混凝土技术条件》GB/T 41054—2021 的规定。

生物炭高性能混凝土配合比,应满足混凝土配制强度及其他力学性能、拌合物性能、长期性能、抗裂性能和耐久性能的设计要求,应经研发实验验证及专项论证后使用。

绿色低碳高性能混凝土,根据绿色低碳的需要,宜开发应用碱激发胶材混凝土技术。碱激发胶材可以完全替代普通水泥,碱激发材料凝石的主要原材料是工业废料,属于无碳排放原材料。

碱激发胶材高性能混凝土,宜采用符合国家相应建筑新材料标准,进行碱激发胶材原材料生产,其他材料宜采用普通混凝土常规材料。碱激发胶材高性能混凝土技术的研发与应用,宜以常规品高性能混凝土为主。

碱激发胶材高性能混凝土的配合比设计时,碱激发胶材替代水泥的替代比例宜选择为 100%,其他矿物掺合料的替代比例除应符合本导则最佳胶材级配要求外,还应符合《普通混凝土配合比设计规程》JGJ 55-2011 及《高性能混凝土技术条件》GB/T 41054—2021 的规定。

碱激发胶材高性能混凝土配合比,应满足混凝土配制强度及其他力学性能、拌合物性能、长期性能、抗裂性能和耐久性能的设计要求,应经研发实验验证及专项论证后使用。

绿色低碳高性能混凝土,根据绿色低碳的需要,宜开发应用高炉灰渣微粉 ECM 水泥混凝土技术。高炉灰渣微粉作为矿物掺合料,可以等量取代替代部分(20%～70%)普通水泥,高炉灰渣微粉原材料属于工业废料,属于无碳排放原材料。

高炉灰渣微粉 ECM 水泥高性能混凝土,宜采用符合国家相应建筑新材料生产标准,进行高炉灰渣微粉 ECM 水泥原材料生产,其他材料宜采用普通混凝土常规材料。高炉灰渣微粉 ECM 水泥高性能混凝土技术的研发与应用,宜以常规品高性能混凝土为主。

高炉灰渣微粉 ECM 水泥高性能混凝土的配合比设计时,高炉灰渣微粉 ECM 水泥可以完全替代普通水泥,其他矿物掺合料的替代比例,除应符合本岛则最佳胶材级配要求外,还应符合《普通混凝土配合比设计规程》JGJ 55-2011 及《高性能混凝土技术条件》GB/T 41054—2021 的规定。

高炉灰渣微粉 ECM 水泥高性能混凝土配合比,应满足混凝土配制强度及其他力学性能、拌合物性能、长期性能、抗裂性能和耐久性能的设计要求,应经研发实验验证及专项论证后使用。

绿色低碳高性能混凝土,根据绿色低碳的需要,宜开发应用低熟料水泥混凝土技术。在满足水泥质量的条件下,减少生产用熟料水泥,直接地减少碳排放量。

低熟料水泥高性能混凝土,宜采用符合相关标准的低熟料水泥原材料生产,其他材料宜采用普通混凝土常规材料。低熟料水泥高性能混凝土技术的研发与应用宜以常规品高性能混凝土为主。

低熟料水泥高性能混凝土的配合比设计,其他矿物掺合料的替代比例,除应符合最佳胶材级配要求外,还应符合《普通混凝土配合比设计规程》JGJ 55-2011 及《高性能混凝土技术条件》GB/T 41054—2021 的规定。

低熟料水泥高性能混凝土配合比,应满足混凝土配制强度及其他力学性能、拌合物性能、长期性能、抗裂性能和耐久性能的设计要求,应经研发实验验证及专项论证后使用。

绿色低碳高性能混凝土,可采用低碳高性能混凝土技术。低碳高性能混凝土,原材料选择及配合比设计,应符合《普通混凝土配合比设计规程》JGJ 55-2011 及《高性能混凝土技术条件》GB/T 41054—2021 的规定。

非膨胀刚性自防护高性能混凝土,原材料选择及配合比设计可参照《地下工程混凝土结构防腐阻锈防水抗裂技术规程》DB62/T25-3109-2016、《地下自防护混凝土结构耐久性技术规程》DB21/T 3413-2021 的规定。

绿色低碳高性能混凝土,根据绿色低碳的需要,可采用清水混凝土技术。清水混凝土表面无需装饰,达到间接减碳目的。

10.5 应用质量控制

预拌绿色低碳高性能混凝土配料及搅拌质量控制,按第 4 章的规定。

预拌绿色低碳高性能混凝土出厂质量控制,按第 5 章的规定。

预拌绿色低碳高性能混凝土运输质量控制,按第 6 章的规定。

预拌绿色低碳高性能混凝土交货验收质量控制,按第 7 章的规定。

预拌绿色低碳高性能混凝土输送、浇筑、养护质量控制,按第 8 章的规定。

预拌绿色低碳高性能混凝土质量控制技术资料,按第 11 章的规定。

　　绿色低碳高性能混凝土质量检验、评定与验收,应符合《混凝土结构通用规范》GB 55008-2021、《混凝土结构施工质量验收规范》GB 50204—2015、《混凝土强度检验评定标准》GB/T 50107-2010 的规定。

第11章 预拌混凝土生产质量控制技术资料

11.1 技术资料内容

归档技术资料应包括以下内容。

（1）与混凝土施工有关的标准、规范、规程等。

（2）技术、质量保证措施文件。

（3）混凝土专业承包合同、设计要求文件、混凝土施工技术方案、技术交底文件。

（4）试验设备、仪器检定/校准证书（试验室仪器设备配备参照附录3）。

（5）生产配料计量系统检定证书。

（6）原材料质量证明文件。

（7）原材料试验记录及报告，碱总量计算书。

（8）配合比设计资料，混凝土基本性能试验报告。

（9）生产任务单。

（10）混凝土配合比通知单，配合比调整记录。

（11）生产配料计量数据。

（12）开盘鉴定资料。

（13）质量检查资料。

（14）出厂检验资料。

（15）出厂质量证明文件（质量合格证、提供的其他技术资料）。

（16）运输单。

（17）质量事故分析及处理资料。

（18）其他与预拌混凝土生产质量控制有关的重要文档。

每批材料质量证明文件应齐全，信息完整，内容应符合下列要求。

（1）合格证至少包含下列内容：产品名称，生产日期、批号，企业名称、地址，出厂检验结论，企业质检印章、质检人员签字或代号。

（2）出厂检验报告内容：产品标准要求的全部出厂检验项目，外加剂应包括匀质性指标的出厂控制值。出厂检验项目参照附录4。

（3）型式检验报告内容：产品标准要求的全部型式检验项目，参照附录5。砂、石型式检验报告应包含碱活性指标。

（4）使用说明书内容：产品名称及型号、执行标准、适用范围、主要性能特点（特征）、技术指标、推荐掺量、储存条件及有效期、使用方法及注意事项等。

（5）出厂检验报告中的检验结果与型式检验报告中结果有较大差异时，供货方应提供新的型式检验报告，并对该批材料进行型式检验并提供型式检验报告。

（6）超出型式检验报告有效期进场的原材料，应对进场原材料进行型式检验，提供型式检验报告。

11.2 技术资料质量要求

技术资料的填写应内容齐全、字迹清晰、书写规范，并符合数字修约等有关规定。原始记录严禁随意更改，因笔误需要更改时应在错误处杠改，并注明更改人、更改日期。

提供复印件时应加盖印章，注明原件存放处并有经手人签字。

生产过程质量控制技术资料应为真实的原始资料，应具有良好的可追溯性，不得复抄、篡改、编造。

技术资料应与原材料进场、质量检验、生产过程控制、产品出厂、运输、交接验收、输送、浇筑、养护、实体检验与验收等混凝土分项工程质量控制的各环节同步，逻辑关系密切关联，不应存在疏漏、滞后。

原材料型式检验报告的有效期限（自报告签发日期计算有效期）如下。

（1）粉煤灰、膨胀剂：不超过半年。

（2）外加剂、矿渣粉：不超过一年。

（3）砂、石：不超过一年。

（4）水泥：不超过一年，其中水泥中水溶性铬、放射性、安定性压蒸法指标不超过半年。

原材料出厂检验报告有效期：应在型式检验报告的有效期内。

归档资料为电子载体（自动采集数据）形式的，电子载体应满足长期保存的要求。

11.3 技术档案管理

预拌混凝土企业应建立完善的资料管理制度，包括收集、整理、分类编目、归档和保管、利用、销毁、移交等内容。资料应真实、完整、有效、齐全，且具有可追溯性。

预拌混凝土企业应设专人负责技术资料管理。

供方提供的质量证明文件，预拌混凝土企业应负责对其真实性核查，并对留存虚假质量证明文件负有连带责任。

预拌混凝土企业技术负责人应保证使用的标准和规范有效。

混凝土生产质量控制资料应满足工程质量追溯的要求，应长期保存，涉及结构安全的，保存期宜与工程设计预期寿命一致。

归档技术资料应按年度分类装订成册。

资料室应保持卫生整洁,防止资料受潮、虫蛀、损坏、丢失等。

归档资料的保存可采用纸介质或电子载体(计量数据)的形式,并应有防止信息丢失或被篡改的可靠措施。

归档技术资料存放应有专门的档案室,采取有效的保管措施,防止损坏和丢失,具备防火、防潮、防蛀等措施。

11.4 技术资料分类归档

生产质量控制技术资料应按表 11.1 规定对技术资料进行分类归档。

表 11.1 技术资料项目分类及归档内容

档案序号	档案项目		资料名称	备注
01	设计、施工要求资料		设计图纸说明	
			施工方案(或技术交底资料)	
			专业承包合同(或技术质量要求内容)复印件	
02	生产技术管理资料		混凝土生产技术方案、冬期施工等技术措施	
			不合格材料处置技术措施、处置记录	
			使用新技术、新工艺、新材料论证资料	
03	原材料质量证明文件	水泥	合格证、出厂检验报告	按批号顺序装订
		掺合料	合格证、出厂检验报告、型式检验报告	
		外加剂	合格证、出厂检验报告、型式检验报告、使用说明书	
		骨料	合格证、出厂检验报告、型式检验报告	
		纤维	合格证、出厂检验报告、型式检验报告	
		进场台账	各类原材料进场登记台账	
04	原材料进场检验资料	水泥	抽样记录、检验原始记录和检验报告	委托检测机构检测的项目或参数、存档委托单和检测报告
		掺合料	抽样记录、检验原始记录和检验报告	
		外加剂	抽样记录、检验原始记录和检验报告	
		骨料	抽样记录、检验原始记录和检验报告	
		纤维	抽样记录、检验原始记录和检验报告	
05	配合比资料		配合比设计原始记录和配合比设计报告	按报告编号顺序装订
			每个设计配合比补加外加剂试验预案	
			每个设计配合比混凝土放射性检验报告	
			补偿收缩混凝土限制膨胀率试验报告	
			生产配合比通知单	

档案序号	档案项目	资料名称		备注
06	生产质量控制资料	计量装置	计量检定报告、计量校准报告、自校记录	
		开盘鉴定	开盘鉴定记录、开盘鉴定报告	
		配料	每盘计量数据、每车计量数据	存电子档案
		搅拌	搅拌时间记录、拌合物均匀性试验记录	
		质量检查	计量偏差和搅拌时间检查计量	
07	出厂检验	拌合物性能	坍落度检验记录、凝结时间试验记录及报告、氯离子含量检验记录及报告	原始记录中包含混凝土取样信息记录
		抗压强度	混凝土强度试验报告	
		耐久性	混凝土抗渗试验报告	
		基本性能	大批量、连续浇筑混凝土基本性能试验报告	
08	质量证明文件	合格证	按工程子分部提供的混凝土质量合格证	提供给施工单位文件
		配合比	施工配合比通知单	
		其他资料	设计或专业承包合同约定的其他资料	
09	交货	交货验收检验记录、补加外加剂计量记录		

11.5　质量控制检查

核查档案室存档技术资料与混凝土生产种类、强度等级、产量以及原材料种类、批量等是否一致。

核查档案室存档技术资料是否齐全、完整、及时、有效。

查验存档技术资料的真实性。

11.6　检查结果质量追溯

存档技术资料不真实(虚假),应承担相关混凝土质量或相关工程结构实体混凝土质量责任;出厂质量证明文件不真实(虚假),应追溯预拌混凝土企业及责任人的责任。

技术资料未存档或不齐全、不完整,应承担相关混凝土质量或相关工程结构实体混凝土质量追溯的责任。

第12章　预拌混凝土生产信息化管理

预拌混凝土企业应依据相关行业管理规定和内部管理要求，建立完善的信息化管理体系，实现混凝土生产智能管控，生产数据采集、分析和存储，确保混凝土生产质量的安全稳定和生产质量信息的可追溯性。

12.1　原材料信息化管理

预拌混凝土企业应具备完善的原材料管理体系。

预拌混凝土企业宜与材料供应商实现原材料供应的线上对接与预约，包括原材料规格、型号、供应商、产地、车牌号、GPS定位等。

预拌混凝土企业原材料入场宜采用无人值守智能过磅系统。该系统应由计算机、视频监控存储、车辆识别摄像头、上料口门禁系统、道闸及地磅管理系统和材料库存管理系统等组成。

粉料仓应具有清晰物料显示牌，宜配备料位监控、库存采集、过量和余量不足报警系统，料位控制系统应定期检查维护，粉料入口应配置上料口门禁系统。

粉料卸料管道处宜安装自动取样器，自动取样器与企业信息化管理系统连接，可实现在粉料输送过程中随机多次抽取检验样品，提高取样效率和准确性。

12.2　试验室信息化管理

预拌混凝土企业试验室应建立试验信息管理系统。

预拌混凝土企业试验室主要试验设备应具备高精度感知和试验数据实时联网上传、分析功能。

预拌混凝土企业试验室水泥胶砂抗压抗折试验机、混凝土试块压力试验机，应具备现场摄像监控，能控制荷载的加载、卸载，并完成荷载、位移数据的自动采集、处理和传输等。

企业试验室应能通过数据接口技术实现数字化试验设备与行业监管信息化系统进行实时数据传输。

12.3　生产信息化管理

预拌混凝土企业应具备完整的生产管理体系。

预拌混凝土企业应具备生产信息化集中控制中心,对多条生产线进行集中控制,可实现对操作楼远程监控及控制功能,同时实现对整个厂区的实时监控。信息化管理系统中可进行泵送、运输管理统计、生产数据统计与分析等。

混凝土生产计划宜实现信息化智能管理。混凝土计划通过软件形式可由客户进行自主下单,确定混凝土强度等级、需求量、浇筑方式、坍落度等基本信息。

混凝土生产控制系统应与企业信息化管理系统连接。混凝土生产控制系统应具备以下功能。

(1)仓门开、关量在线监测。

(2)软件调零。

(3)辅助校秤。

(4)生产状况动态模拟显示,各种动态数据实时显示。

(5)称量动态自动补称。

(6)称量提前量自动修正。

(7)投料顺序可根据需要调整。

(8)搅拌时间可根据需要调整。

(9)生产数据实时存储,定期转存、导出。

(10)可查询一个月内不同时段生产数据。

企业应配备完整的搅拌主机、物料称量系统、物料输送系统、物料储存系统和控制系统。混凝土生产应具备质量及工艺控制出现异常时的报警系统,包括配料、搅拌、出料等过程。

混凝土生产应配备混凝土施工配合比审核管控措施,具备配合比异常智能提醒功能。

混凝土搅拌机和卸料口处应安装监控装置。

骨料配料输送过程中宜安装含水率自动测定装置,及时动态准确调整用水量,确保坍落度变动保持稳定,提高混凝土匀质性。

对原材料及混凝土温度信息,具备实时监测显示提醒功能,满足混凝土质量控制需要。

12.4　运输和施工信息化管理

预拌混凝土企业宜具备车辆智能调度系统,车辆排队通过系统直接上传到 LED 显示屏和驾驶员手机,透明、公开。

混凝土运输车应具备车辆调度和车辆安全监控的车辆管理系统平台。运输车具备定位设备、车载视频等车载设备。车载设备应满足以下技术要求。

（1）运输车应具备定位功能，实现记录车辆运行状态信息和路线的交通状态信息、装载和输送产品状态信息，并将信息进行有效的传输。

（2）运输车应在前、后方与两侧安装摄像头，并能将监控信号实时传送到调度中心。

混凝土搅拌运输车进出场宜进行自动过磅，安装自动高压洗车机，对进出车辆进行全方位清洗。

施工单位应在施工现场混凝土卸料处、泵送出料口及施工作业面安装视频监控装置，对混凝土交货、泵送、浇筑、养护进行实时监控。

预拌混凝土企业宜使用电子运输单。

第13章 生产质量控制快速检验方法

13.1 水洗砂中絮凝剂快速检测方法

13.1.1 检测目的

大量砂石生产企业在污水处理工艺中采用絮凝剂加速污水中悬浮物的沉降,使其能够快速、有效地将洗砂后的污水沉淀处理以循环利用。因此,用絮凝剂处理后的机制砂中会残留一部分絮凝剂,这部分絮凝剂对混凝土性能的影响很大,本测定方法的主要目的就是通过简捷的路径和方法测定机制砂中絮凝剂的残留量,以便针对絮凝剂残留量对混凝土性能的影响进行研究,对机制生产中砂絮凝剂的使用控制提出限制要求,减少絮凝剂对混凝土性能的影响。

13.1.2 检测方法一:物理分解法

物理分解法就是在含有絮凝剂的机制砂中掺入一定浓度的特殊性质的分散剂和抗絮凝剂,在常温下经过充分搅拌,使包裹在砂子表面的絮凝剂从机制砂表面分离,从而测定机制砂中絮凝剂的含量,测定方法如下。

(1)四分法选取含有絮凝剂的机制砂湿砂样品 1 000 g,分成两份放到陶瓷托盘内备用。将陶瓷盘放在干燥箱中于(105±5)℃下烘干至恒重。取出样品冷却至室温后,称取试样的质量 m_1。

(2)将烘干后的砂子再一次倒入淘洗容器内,加入适当清水,然后将调配好的浓度为 40% 的液态分散剂(聚丙烯酸盐或羟丙基甲基纤维素)和抗絮凝剂(枸橼酸盐或酒石酸盐)按照 0.5% 和 0.2% 的掺量(以干砂为基数)加入淘洗容器内,充分搓洗、搅拌后静止 2 h,将浑浊液倒掉,再放入清水反复清洗直至容器内的水清澈为止。

(3)将淘洗容器中洗净的试样一并装入搪瓷盘,放在干燥箱中于(105±5)℃下烘干至恒重。取出样品冷却至室温后,称取试样的质量 m_2。

絮凝剂含量(v_f)计算:

$$v_f = (m_1 - m_2)/m_2 \tag{13-1}$$

13.1.3 检测方法二:紫外-可见光光度计检测方法

检测设备:紫外可见分光光度计,由 5 个部件组成,分别为辐射源、单色器、试样容器、检测器、显示装置。

图 13-1　紫外可见分光光度计

仪器类型：波长单光束直读式分光光度计，单波长双光束自动记录式分光光度计和双波长双光束分光光度计。

应用范围：定量分析，广泛用于各种物料中微量、超微量和常量的无机和有机物质的测定。

测定方法如下。

（1）标准溶液的制备。四分法选取含有絮凝剂的机制砂湿砂样品 500 g，放到陶瓷托盘内备用。将陶瓷盘放在干燥箱中于（105±5）℃下烘干至恒重，取出来冷却至室温后，称取两份试样，各 100 g，分别放到 250 ml 烧杯内备用。再分别向两个烧杯加蒸馏水至刻度（250 mL），得到含絮凝剂机制砂的"初始溶液"。然后，将调配好的浓度为40%的液态分散剂（聚丙烯酸盐或羟丙基甲基纤维素）和抗絮凝剂（枸橼酸盐或酒石酸盐），按照 0.5% 和 0.2% 的掺量（以干砂为基数），分别加入以上两份初始溶液中，用搅拌棒或充分用手（带防腐手套）搓洗搅拌后静止 2 h，使机制砂中的絮凝剂与砂子完全分离并溶入水中，得到含絮凝剂机制砂的"标准溶液"。

（2）絮凝剂残留量的测定准备。测定时，应以配制好的含絮凝剂机制砂的标准溶液（供试品溶液）的同批溶剂为空白对照，采用 1 cm 的石英吸收池，在规定的吸收峰波长±2 nm 以内测试几个点的吸光度，或由仪器在规定波长附近自动扫描测定，以核对供试品的吸收峰波长位置是否正确，除另有规定外，吸收峰波长应在该品种项下规定的波长±2 nm 以内，并以吸光度最大的波长作为测定波长。一般供试品溶液的吸收度读数以在 0.3～0.7 区间为宜。仪器的狭缝波带宽度宜小于供试品吸收带的半宽度的 1/10，否则测得的吸光度会偏低；狭缝宽度的选择应以"减小狭缝宽度时供试品的吸收度不再增大"为准，由于吸收池和溶剂本身可能有空白吸收，因此测定供试品的吸光度后应减去空白读数，或由仪器自动扣除空白读数后再计算含量。当溶液的 pH 值对测定结果有影响时，应将供试品溶液的 pH 值和对照品溶液的 pH 值调成一致。

絮凝剂残留量测定有以下几种方法。

（1）对照品比较法。按各品种项下的方法，分别配制供试品溶液和对照品溶液，对照品溶液中所含被测成分的量应为供试品溶液中被测成分规定量的 100%±10%，

所用溶剂也应完全一致,在规定的波长测定供试品溶液和对照品溶液的吸光度后,按(13-2)式计算供试品中被测溶液的浓度:

$$cx=(Ax/Ar)cr \hspace{3cm} (13-2)$$

式中,cx 为供试品溶液的浓度;Ax 为供试品溶液的吸光度;cr 为对照品溶液的浓度;Ar 为对照品溶液的吸光度。

（2）吸收系数法。按各品种项下的方法配制供试品溶液,在规定的波长处测定其吸光度,再以该品种在规定条件下的吸收系数计算含量。用本法测定时,吸收系数通常应大于 100,并注意仪器的校正和检定。

（3）计算分光光度法。计算分光光度法有多种,使用时应按各品种项下规定的方法进行。当吸光度处在吸收曲线的陡然上升或下降的部位时,波长的微小变化可能对测定结果造成显著影响,故对照品和供试品的测试条件应尽可能一致。计算分光光度法一般不宜用作含量测定。

（4）比色法。供试品本身在紫外—可见光区没有强吸收,或在紫外—可见光区虽有吸收但为了避免干扰或提高灵敏度,可加入适当的显色剂,使反应产物的最大吸收移至可见光区,这种测定方法称为比色法。

用比色法测定时,应取数份梯度量的对照品溶液,用溶剂补充至同一体积,显色后,以相应试剂为空白,在各品种规定的波长处测定各份溶液的吸光度,以吸光度为纵坐标,浓度为横坐标绘制标准曲线,再根据供试品的吸光度在标准曲线上查得其相应的浓度,并求出其含量。也可取对照品溶液与供试品溶液同时操作,显色后,以相应的试剂为空白,在各品种规定的波长处测定对照品和供试品溶液的吸光度,按式(13-2)计算供试品溶液的浓度。

除另有规定外,比色法所用空白系指用同体积溶剂代替对照品或供试品溶液,然后依次加入等量的相应试剂,并用同样方法处理制得。

13.2　水泥中混合材掺加量快速检测方法

13.2.1　检测目的

目前预拌混凝土生产使用的水泥,混合材掺量普遍超出标准规定,且在水泥生产企业提供的水泥质量证明资料中没有真实反映,水泥进场使用前没有检测混合材掺量,缺少相关资料控制措施,混凝土配制时不能准确控制掺合料用量,甚至超过标准要求掺量,导致混凝土生产施工中出现多方面质量问题,与此密切相关。水泥混合材掺量已经列入强制性要求,进场时要通过自检或第三方机构检测混合材掺量,快速法检测可满足生产质量控制的快速需求。

13.2.2　检测方法一:X 射线衍射分析方法

依据标准:《硅酸盐水泥熟料矿相 X 射线衍射分析方法》GB/T 40407—2021。

检测仪器:Rietveld 定量分析 X 射线衍射仪

测试方法：仪器扫描范围为 $10°\sim70°$，步宽不大于 0.02。对采集得到的数据使用 Rietveld 法进行精修，分析得到水泥中矿物组成以及含量。

样品要求：粉末样品过 200 目筛，保持样品干燥。

测试步骤如下。

（1）压片：将样品填入样品槽后刮平，保持样品表面跟样品槽表面处于同一个平面，将周围多余的样品清除，保持样品只在样品槽内。

（2）装样：将样品槽装入仪器样品台，关闭舱门之后进行测试。

（3）测试：设置扫描范围、扫描速率等参数，设置完成之后进行测试。

图 13-2　Rietveld 定量分析 X 射线衍射仪

（4）测试完成之后导出数据。

13.2.3　检测方法二：X 荧光硫钙分析仪法

依据标准：《水泥 X 射线荧光分析通则》GB/T 19140—2023。

分析范围：CaO：$0.01\%\sim100\%$。分析宽度：$CaO\%_{max}\sim CaO\%_{min}\leqslant5\%$

样品要求：粉末样品过 200 目筛，保持样品干燥。

测试步骤如下。

（1）标定曲线：通过对某种水泥样品进行化学分析（水泥化学分析法、水泥组分的定量测定）后，得到该水泥的 SO_3、CaO 和混合材掺加量的标准工作曲线，创建适合该水泥待测样的分析条件。

（2）压片：准确称取称 8 ± 0.3 g 待测样品，将样品倒入压模环内，按规定操作压模，压模后按规定操作将待测样压片和样品环从压模环上取出，压片应平整、光滑，不凸出样品环，不破裂。

（3）装样：将压制好的样品用洗耳球吹净样品表面的浮灰，放在仪器的滑板上，将滑板推进仪器至测量位置。

（4）测试：选择待测样品所对应的工作曲线，选择测量时间，启动按键，仪器进入自动测量，测量完毕，仪器显示含量结果，并自动将含量结果进行储存。

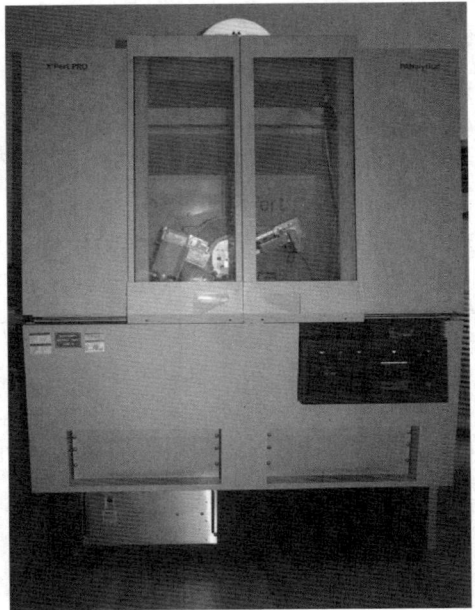

图 13-3　X 荧光硫钙分析仪以及实验数据

13.2.4　检测方法三：CaO 含量检测

检测原理：通用水泥的生产都是以硅酸盐水泥熟料为主要原料，配以矿渣、粉煤灰、沸石、石灰石等混合材料加入石膏磨细制成，上述原料或是大宗工业产物或是大宗矿产，其定点供应的批量物料成分具有一定的均匀性，其化学成分尤其是 CaO 含量有着明显的差别，每一种物料各有 CaO 含量范围，通常水泥企业也把 CaO 含量作为生产过程控制的重要技术指标。预拌混凝土企业在选择可靠、稳定、长期合作的水泥厂家时，可在采购合同中要求水泥厂在出厂检验报告中明示混合材料品种和掺加量、石膏和助磨剂的品种及掺加量，并提供氧化钙含量的控制范围，作为水泥混合材掺量是否发生波动的重要评定依据，或者与水泥厂加强沟通，建立 CaO 含量与混合材掺加量的关联曲线，通过测定水泥中 CaO 含量推测水泥中混合材的掺加量。

CaO 含量测定基准法按照《水泥化学分析方法》GB/T 176—2017 中氧化钙的测定——EDTA 滴定法。

CaO 含量测定简易法：称取试样 0.05 g，放入 300 mL 的烧杯中，加入少量蒸馏水润湿，慢慢加入 10 mL 盐酸，稀释到 50 mL，放在电炉上加热煮沸 2 min，取下、冷却，加入 5～7 mL 浓度为 2% 的 KF，搅拌并放置 2 min 以上，再加蒸馏水至 150～200 mL，加入 5 mL 三乙醇胺，搅拌，放入少量 CMP 指示剂，在搅拌下加入 40～50 mL 浓度为 20% 的氢氧化钾溶液至出现绿色荧光，用 0.015 mol/L 的 EDTA 标准溶液滴定至绿色荧光消失并出现红色为止，记录消耗的毫升数为 $V_{消耗}$，按式（13-3）计算 CaO 的百分含量。

$$CaO\ 的百分含量 = T_{CaO} \times V_{消耗} \times 100\% \tag{13-3}$$

T_{CaO}——EDTA 标准溶液对氧化钙滴定度，单位为 mg/mL。

$V_{消耗}$——消耗的 EDTA 数，单位为 mL。

13.2.5　检测方法使用说明

以上方法为入场水泥混合材掺加量是否发生显著变化或确认混合材掺加量范围的简易方法。如经上述方法检测发现异常，应按《水泥组分的定量测定》GB/T

12960—2007 检测确定。

13.3 胶凝材料颗粒粒径分布快速检测方法

13.3.1 检测目的

为使高性能混凝土配合比设计达到高强度、高工作性能和高耐久性的要求,在进行配合比设计时,不但要考虑骨料的最佳级配,更要考虑胶材的最佳级配。因此,要确定胶材的颗粒级配,测定胶材的颗粒粒径分布至关重要。

13.3.2 检测方法

检测依据:《水泥颗粒级配测定方法》JCT 721—2006,采用激光法。

检测仪器:颗粒粒径分析测定仪(Mastersizer 3000)。

检测范围:0.015~3 500 μm。

样品要求:检验用水泥样品应通过 0.5 mm 方孔筛,在 105 ℃~115 ℃的条件下烘干 1 h 后冷却至室温,混匀之后进行检测。

测试步骤如下。

(1)打开仪器,仪器预热 20 min 以上。

(2)装入干法样品池,用文丘里管将分散装置与样品池进行连接。

(3)将漏斗与样品盘放入分散装置,加入样品,盖上密闭盖。

(4)运行仪器进行测试(测试过程可以设置进样气压),样品达到设置好的遮光度范围之后开始进行测量。

(5)测试完成之后,导出测试数据以及报告。

图 13-4 胶凝材料颗粒粒径分析测定仪(Mastersizer 3000)

第14章 青岛市混凝土质量控制试验研究

14.1 机制砂中絮凝剂含量的控制及其对混凝土性能影响的研究

14.1.1 研究项目背景

近10年来,随着我国建筑业的迅猛发展,建筑用资源砂石十分紧张,预拌混凝土企业开始使用各类山砂,机制砂也开始大量使用。在机制砂的生产过程中,由于环保部门的严厉监管,明确要求砂石生产企业的废水不得外排,故大量砂石生产企业在处理污水时掺加絮凝剂,加速污水中悬浊物的沉降,使其能够快速、有效地将洗砂后的污水进行沉淀以循环利用。针对机制砂絮凝剂残留值的测定方法及其残留值对混凝土性能的影响,本研究进行了大量科学实验,对机制生产中砂絮凝剂的使用提出了限制要求,以减少其对混凝土性能的影响。

本研究通过对机制砂中絮凝剂残留值的检测方法以及絮凝剂残留值对混凝土性能影响的系列研究,探索机制砂絮凝剂使用浓度的控制方法,为制砂企业提供使用絮凝剂的有效方法。

14.1.2 市场调研

本研究调研了青岛市25家砂场,其中10家未使用絮凝剂,剩余15家全部使用了絮凝剂。青岛市所使用的絮凝剂主要为有机阳离子高分子絮凝剂聚丙烯酰胺和少量的无机高分子絮凝剂聚合氯化铝。被调研企业及其使用现状如表14.1所示。

表 14.1 水洗砂中絮凝剂对混凝土质量的影响试验研究调研表

调查对象公司名称	蒸凝剂供应商	絮凝剂种类	分子量
青岛永君建材有限公司	青岛纳森蒸凝剂有限公司	聚丙烯酰胺阴离子	1 200 万
青岛绿水建材有限公司	山东行领环保材料有限公司	聚丙烯酰胺阴离子	1 800 万
胶州市金源建材厂(九龙)	山东瑞普浩化工有限公司	聚丙烯酰胺阴离子	800 万
青岛家盛源建材有限公司(中云)	山东瑞思经贸有限公司	聚丙烯酰胺阴离子	1 200 万
胶州市悦峰建材厂	山东鑫盛和环保科技有限公司	聚丙烯酰胺阴离子	800 万
胶州市永力安建材有限公司	山东宝祥能源有限公司	聚丙烯酰胺阴离子	1 200 万
胶州市晓华建材有限公司	山东凤鸣新建村有限公司	聚丙烯酰胺阴离子	1 200 万

调查对象公司名称	蒸凝剂供应商	絮凝剂种类	分子量
山东领舵建材有限公司(三里河)	山东忧隆环保科技有限公司	聚丙烯酰胺阴离子	1 800 万
胶州金鳞新型建材有限公司(杜村)	山东齐化环保有限公司	聚丙烯酰胺阴离子	1 200 万
青岛博鑫建材有限公司(胶西)	鲁国化工有限公司	聚丙烯酰胺阴离子	600 万
青岛联聚建材有限公司	山东荣福环保科技有限公司	聚丙烯酰胺阴离子	800 万

14.1.3 机制砂中絮凝剂残留值的检测方法的研究

目前,机制砂中絮凝剂残留量的检测方法有很多,对常见的几种方法进行对比分析,从中找到适用于预拌混凝土检测行业的简便、实用方法。

14.1.3.1 红外光谱仪检测方法

基本原理:当一束红外光射到物质上,可能发生吸收、透过、反射、散射或者激发荧光(即拉曼效应),光的辐射可以看作是波的运动,波长是两个连续峰之间的距离。根据絮凝剂颗粒形成的光谱特点,通过光谱分析确定絮凝剂的含量。对于水洗砂中絮凝剂的含量,最好采用红外光谱仪检测,但配制费用高。

14.1.3.2 物理分解法

物理分解法:在含有絮凝剂的机制砂中掺入一定浓度的特殊性质的分散剂和抗絮凝剂,在常温下经过充分搅拌,使包裹在砂子表面的絮凝剂从机制砂表面分离开来,从而测定机制砂中絮凝剂的含量,测定方法如下。

四分法选取含有絮凝剂的机制砂湿砂样品 1 000 g,分成两份放到搪瓷托盘内备用。将陶瓷盘放在干燥箱中于(105 ± 5)℃下烘干至恒重。取出试样冷却至室温后,称取试样的质量 m_1。

将烘干后的砂子再一次倒入淘洗容器内,加入适当清水,再将浓度为 40% 的特殊液态分散剂(聚丙烯酸盐或羟丙基甲基纤维素)和抗絮凝剂(枸橼酸盐或酒石酸盐)按照 0.5% 和 0.2% 的掺量(以干砂为基数)加入淘洗容器内,用手(带防腐手套)充分搓洗、搅拌后静止 2 h,然后将浑浊液倒掉,用清水反复清洗直至容器内的水清澈为止。

将淘洗容器中洗净的试样一并装入搪瓷盘,放在干燥箱中于(105 ± 5)℃下烘干至恒重。取出试样冷却至室温后,称取试样的质量 m_2。

絮凝剂含量 v_f 计算:

$$v_f = (m_1 - m_2)/m_2 \tag{14-1}$$

物理分解法是目前最有效、最简易的絮凝剂残留值的定量测定方法,建议优先采用此方法。

14.1.3.3 澄清时间法

澄清时间法是指通过沉淀方法检测砂中絮凝剂的含量。絮凝剂含量越高,砂的沉淀速度越快。当砂中絮凝剂的掺量超过 0.140% 时,水的黏性加大,絮凝剂对砂的包裹性加强,水、砂无法正常分离。此方法是目前搅拌站常用的方法,也是最直观的方法。

水洗砂在不同浓度絮凝剂条件下的澄清时间实验数据如表 14.2 所示。

表 14.2　澄清时间实验数据

絮凝剂含量	0%	0.005%	0.01%	0.03%	0.05%	0.07%	0.14%	0.28%
澄清时间/s	438	80	33	21	14	13	48	56

研究结论:澄清时间(在强太阳光下通过肉眼观测)随絮凝剂含量的提高而缩小,后又随含量的增加而增加,拐点发生在絮凝剂含量为 0.07% 处,建议澄清时间控制在 30 s 以内。

澄清时间法的试验技术要求如表 14.3 所示。

表 14.3　澄清时间法的试验技术要求

原材料要求	砂石需同一批,确保无絮凝剂残留或经人工清洗										
C30配合比	水泥	矿粉	粉煤灰		砂	石			水	外加剂	
	260	70	60		870	870			185	根据原材料确定	
絮凝剂浓度(以干砂质量计)	0.005%	0.01%	0.02%	0.03%	0.04%	0.05%	0.07%	0.08%	0.09%	0.14%	0.28%
检测项目	坍落度、扩展度		(初始、30 min、1 h)						初始坍落度以 220 mm 为准	留存照片资料	
	外加剂掺量		(各浓度对外加剂掺量的影响)								
	强度		(7 d、28 d、60 d)								
附加一条	当絮凝剂开始产生影响时,从上一级絮凝剂浓度开始,取 1 000 g 砂、100 g 水,制作不同浓度的含絮凝剂的湿砂,浸泡 1 h 后,进行计时沉淀法检测										
检测方法	300 g 砂、300 g 水,观察沉淀澄清速度并计时										
备注	为确保混凝土状态,砂率选用 50%										

澄清时间法的试验影像资料如图 14.1 所示。

基准絮凝剂含量 0%　　　　　　PAM1-1　砂中含絮凝剂 0.005%

PAM1-2　砂中含絮凝剂 0.01%

PAM1-3　砂中含絮凝剂 0.03%

PPAM1-4　砂中含絮凝剂 0.05%

PAM1-5　砂中含絮凝剂 0.07%

PPAM1-6　砂中含絮凝剂 0.14%

PAM1-7　砂中含絮凝剂 0.28%

图 14.1　澄清实验法的试验影像资料

14.1.4　机制砂中絮凝剂残留值对混凝土性能的影响

14.1.4.1　丰基公司的试验数据

为了检测测试絮凝剂对混凝土工作性及强度的影响,添加不同掺量的絮凝剂进行试验。

1. 原材料

水泥:山水水泥 P·O 42.5。矿粉:日钢 S95 级。粉煤灰:华电二级灰。烘干机制砂:细度 3.0,含泥 3.0%。碎石:1～2.5 连续级配。外加剂:聚羧酸减水剂。有机高分子絮凝剂:阴离子聚丙烯酰胺(600 万分子量)。

2. 试验技术要求

试验技术要求如表 14.3 所示。

3. 机制砂中添加絮凝剂的混凝土工作性能

添加絮凝剂的混凝土工作性能如表 14.4 所示。

表 14.4　添加絮凝剂的混凝土工作性能

絮凝剂浓度	外加剂掺量	塌落度			扩展度			实际用水量/g	和易性
		初始	0.5 h	1 h	初始	0.5 h	1 h		
0.000%	2.5%	225	206	190	570	580	530	180	较好
0.005%	3.4%	220	170	150	560	400	360	180	一般
0.010%	3.8%	220	170	140	560	360	340	180	一般
0.030%	5.2%	220	190	180	550	406	390	180	略黏
0.050%	8.7%	225	210	205	540	435	425	180	黏性较大
0.070%	12.2%	225	210	210	540	380	370	180	黏性大
0.140%	21.2%	220	210	195	510	370	360	180	黏性大
0.260%	41.2%	225	205	185	510	370	355	180	黏性大

结论：通过添加不同掺量的絮凝剂发现，随着絮凝剂掺量的增加，在用水量不增加的情况下达到相同的初始坍落度，外加剂的掺量需要大幅度增加，并且坍落度和扩展度也比未添加絮凝剂的混凝土损失得快。在掺量超过 0.030% 时，絮凝剂对混凝土的和易性、坍落度损失影响尤为明显，并且絮凝剂在混凝土中的掺量越高，混凝土拌合物越粘，严重影响混凝土的工作性能。

4. 机制砂中添加絮凝剂的混凝土对强度的影响

添加絮凝剂的混凝土对强度的影响如表 14.5 所示。

表 14.5　添加絮凝剂的混凝土对强度的影响

絮凝剂浓度	外加剂掺量	7 d 强度/MPa	强度百分比	28 d 强度/MPa	强度百分比	60 d 强度/MPa	强度百分比
0.000%	2.0%	22.9	77	38.1	121%	39.5	132%
0.005%	3.4%	17.7	59	30.4	101%	32.7	109%
0.010%	3.8%	18.4	61	31.5	105%	33.8	113%
0.030%	5.2%	18.3	61	29.9	100%	30.3	101%
0.050%	8.7%	17.5	58	33.5	112%	34.0	113%
0.070%	12.2%	17.5	58	29.9	100%	29.1	97%
0.140%	21.2%	10.5	35	21.9	73%	20.3	68%
0.260%	41.2%	0.8	3	8.7	29%	5.4	18%

结论：试验中发现，当机制砂中絮凝剂的掺量超过 0.030% 时，混凝土后期强度影响非常大，28 d 后强度无任何增长甚至出现强度倒缩。通过沉淀法检测砂中絮凝剂的含量发现，絮凝剂含量越高，砂的沉淀速度越快。当砂中絮凝剂的掺量超过 0.140% 时，水的黏性加大，絮凝剂对砂的包裹性加强，水、砂无法正常分离。

5. 试验影像资料

试验影像资料详见图 14.2。

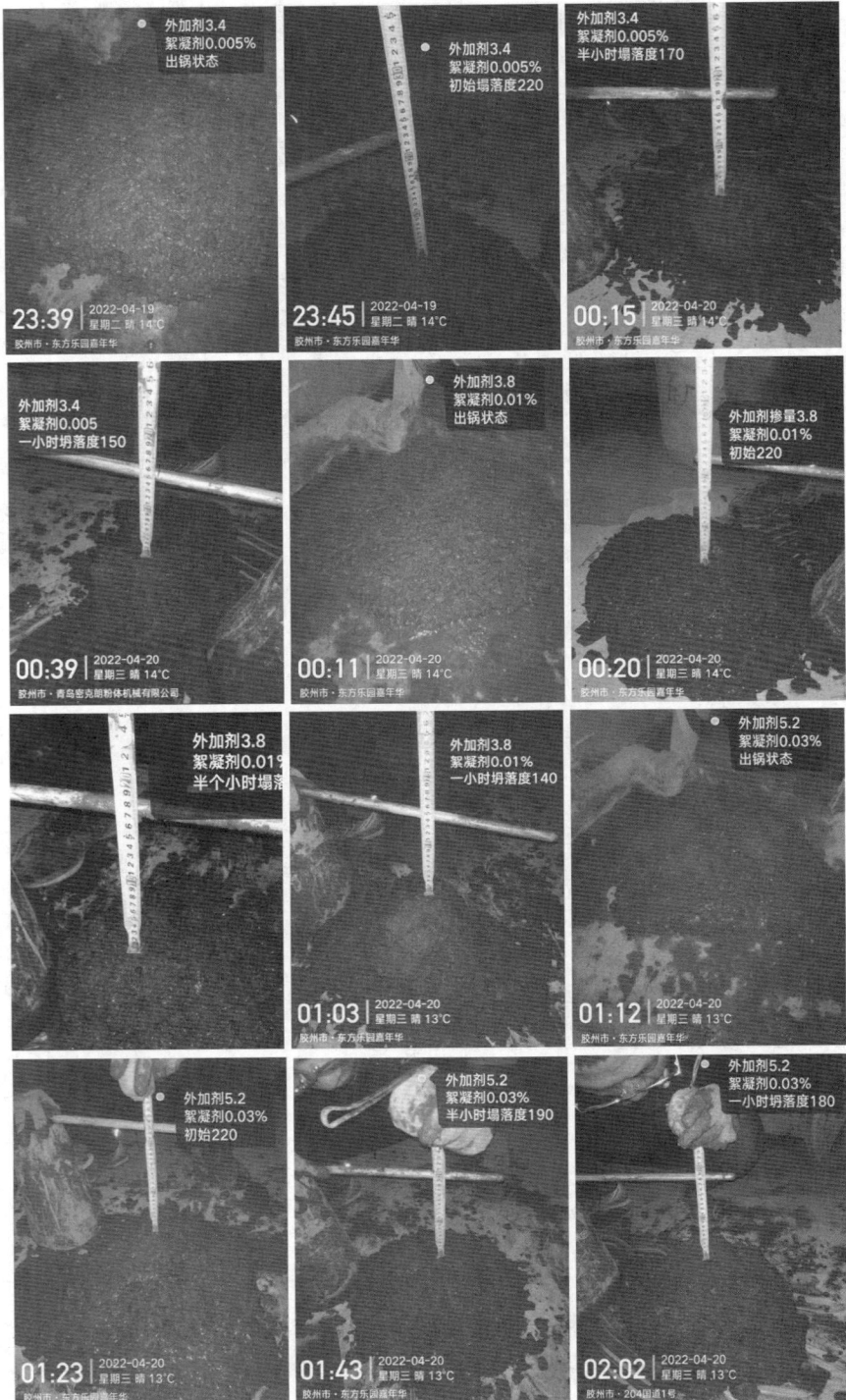

图 14.2(1) 坍落度—拓展度试验状态及数据

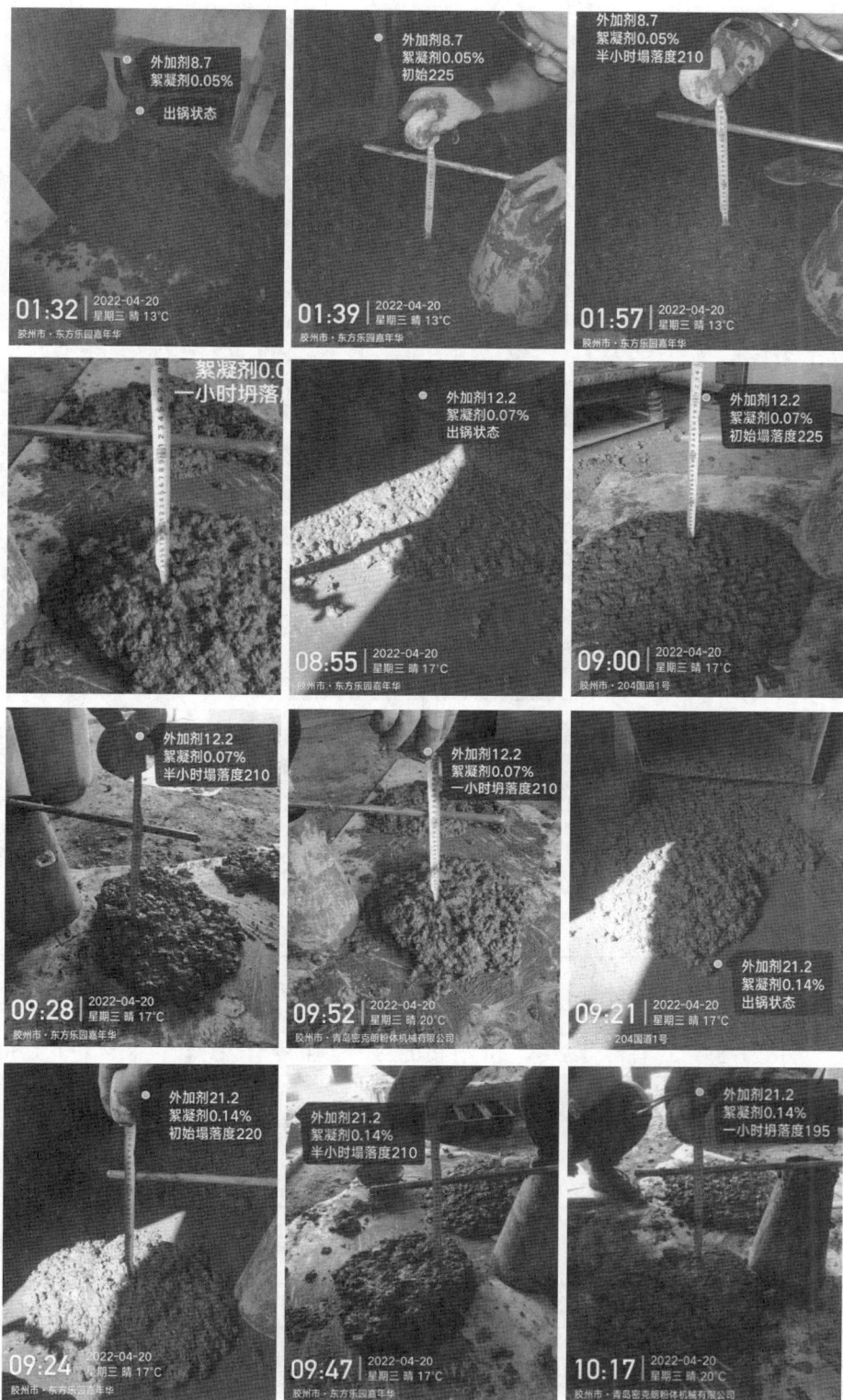

图 14.2（2）　坍落度—拓展度试验状态及数据

图 14.2（3） 坍落度—拓展度试验状态及数据

14.1.4.2 一源公司的试验数据

1. 试验用混凝土材料

水泥：采用清正 P•O 42.5 水泥,性能指标见表 14.6。

表 14.6 水泥性能指标

比表面积/ $m^2•kg^{-1}$	标准稠度	安定性	初凝	终凝	Cl^-	MgO	SO_3	28 d 抗折强度/MPa	28 d 抗压强度/MPa
365	27.8%	合格	205	245	0.032%	2.38%	1.93%	8.7	50.5

矿粉：采用日照京华 S95 矿粉,矿粉性能指标见表 14.7。

表 14.7 矿粉性能指标

密度/ $g•cm^{-3}$	比表面积/ $m^2•kg^{-1}$	含水量	含流动度比	三氧化硫	Cl^-	烧失量	活性指数
2.90	365	27.8%	205%	245%	0.032%	0.84%	97%

粉煤灰：采用莱州华电Ⅱ级粉煤灰,粉煤灰性能指标见表 14.8。

表 14.8　粉煤灰在性能指标

细度 45 μm 方孔筛	需水量比	烧失量	含水量	三氧化硫	28 d 活性指数
20.5%	101%	3.5%	0.5%	2.25%	83%

　　砂石:青岛胶州产人工砂(S),细度模数 2.9,含泥量 2%,压碎值 19.7%;花岗岩碎石(G),5~25 mm,石粉含量 1%,压碎值 8.7%,坚固性 12%。因水洗砂本身就有絮凝剂残留,为保证试验的可靠性,试验前将水洗砂浸泡 3 次,清洗后晒干。

　　外加剂:选用聚羧酸泵送剂,其匀质性指标和混凝土性能指标检测结果见表 14.9 和表 14.10。

表 14.9　匀质性检测结果

Cl	总碱量	Na_2SO_4 含量	含固量	密度/g•cm^{-3}	pH
0.024%	0.2%	0.5%	10.83%	1.03	5.8

表 14.10　混凝土性能检测结果

减水率	含气量	泌水率比	凝结时间之差	7 d 抗压强度比	28 d 抗压强度比	收缩率比
22%	2.4%	10	170	150%	130%	106%

　　絮凝剂:选用了砂石行业普遍使用的 600 万分子量的阴离子型聚丙烯酰胺。

　　2. 混凝土试验配合比

　　试验选用 C30 混凝土配合比(表 14.11)。为保证初始坍落度在 220 mm 范围,需改变外加剂的用量。如果使用基准配比外加剂量,絮凝剂含量为 0.03% 的混凝土初始坍落度只有 100 mm,絮凝剂含量提高后,混凝土搅拌无法成型。

表 14.11　600 万单位絮凝剂的混凝土试验配合比

样品	砂中含絮凝剂浓度	C/kg	K/kg	F/kg	S/kg	G/kg	W/kg	A/kg
基准 1	0	260	70	60	870	870	185	6.63
PAM1-1	0.005	260	70	60	870	870	185-0.7	7.41
PAM1-2	0.01	260	70	60	870	870	185-2.5	9.36
PAM1-3	0.03	260	70	60	870	870	185-4.6	11.70
PAM1-4	0.05	260	70	60	870	870	185-8.1	15.60
PAM1-5	0.07	260	70	60	870	870	185-11.6	19.50
PAM1-6	0.14	260	70	60	870	870	185	50.00
PAM1-7	0.28	260	70	60	870	870	185	50.00

3. 不同浓度絮凝剂试验

不同浓度絮凝剂，在保证混凝土初始坍落度控制在 220 mm 情况下，流动度和强度试验结果见表 14.12。

表 14.12　不同浓度絮凝剂的流动度和强度试验结果

编号	砂中含絮凝剂浓度	$A/$ kg·m^{-3}	$T_0/$ mm	$T_{0.5h}/$ mm	$T_{1h}/$ mm	$K_0/$ mm	$K_{0.5h}/$ mm	$K_{1h}/$ mm	3 d 强度/MPa	7 d 强度/MPa	28 d 强度/MPa
基准 1	0%	6.63	230	230	230	580	570	520	20.2	28.3	39.3
PAM1-1	0.005%	7.41	230	220	220	550	500	500	23.6	30.8	42.7
PAM1-2	0.01%	9.36	230	220	220	500	500	480	22.4	29.4	40.7
PAM1-3	0.03%	11.70	230	230	220	550	550	500	22.1	28.5	39.8
PAM1-4	0.05%	15.60	230	220	210	480	300	280	21.5	27.7	38.2
PAM1-5	0.07%	19.50	230	180	160	450	—	—	20.7	26.3	36.0
PAM1-6	0.14%	40.00	220	140	140	260	—	—	22.9	30.5	—
PAM1-7	0.28%	40.00	200	80	70	230	—	—	21.6	29.6	

试验结果总结：絮凝剂浓度小于或等于 0.07% 时对混凝土强度影响不大，絮凝剂浓度变化主要影响外加剂的掺量，当浓度由 0.07% 增加到 0.014% 时，外加剂掺量增加 40%，在实际生产中应增加质量控制风险。

试验影像资料如图 14.3~图 14.11 所示。

（1）基准 1 影像资料如图 14.3 所示。

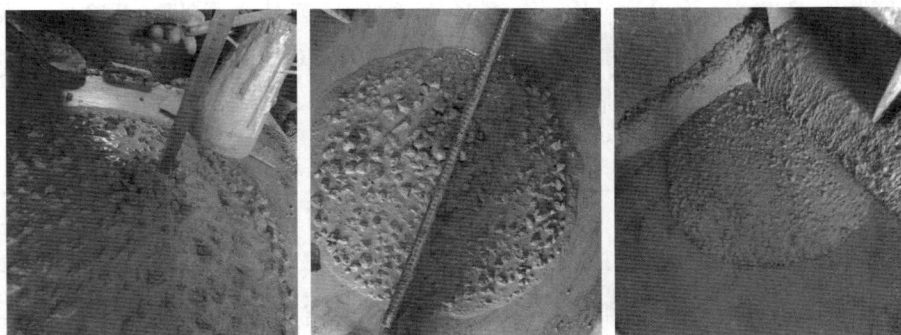

a. 基准 1：初始坍落度、扩展度和出机状态

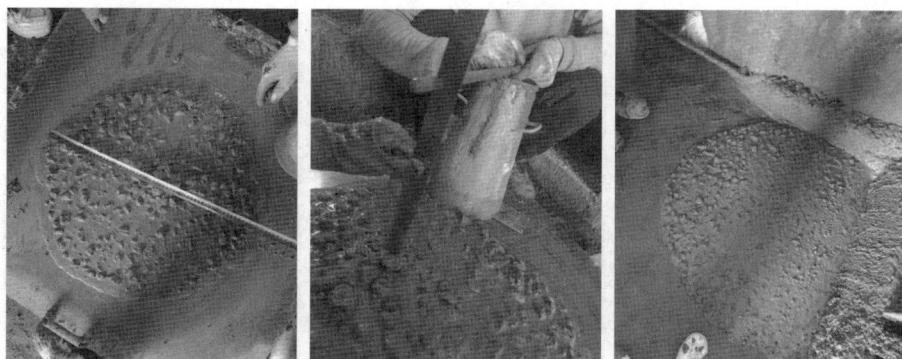

b. 基准 1:0.5 h 坍落度、扩展度和出机状态

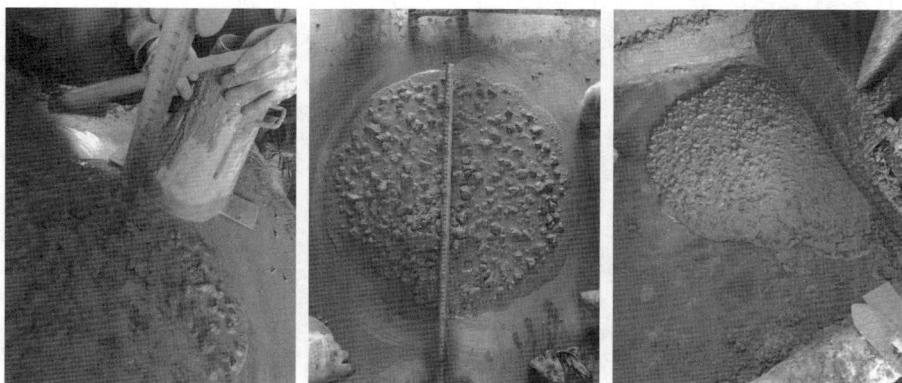

c. 基准 1:1 h 坍落度、扩展度和出机状态

图 14.3 基准 1 影像资料

（2）PAM1-1（砂中含絮凝剂 0.005％）影像资料如图 14.4 所示。

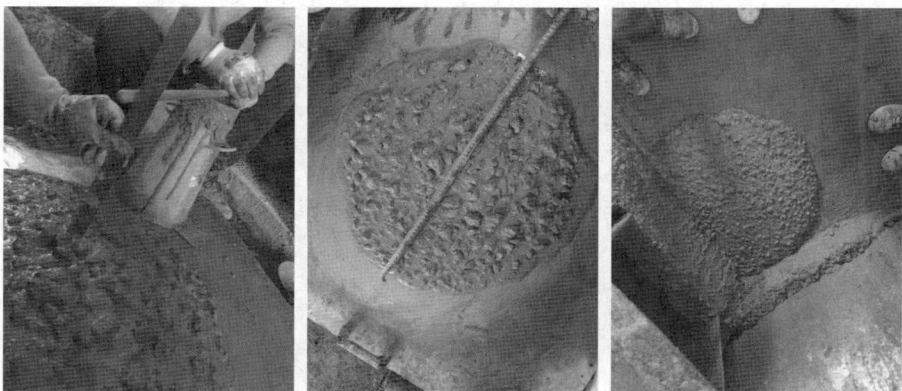

a. PAM1-1:砂中含絮凝剂 0.005％条件下初始坍落度、扩展度、出机状态

b. PAM1-1：砂中含絮凝剂 0.005％条件下 0.5 h 坍落度、扩展度和出机状态

c. PAM1-1：砂中含絮凝剂 0.005％条件下 1 h 坍落度、扩展度和出机状态

图 14.4　PAM1-1（砂中含絮凝剂 0.005％）影像资料

（3）PAM1-2（砂中含絮凝剂 0.01％）影像资料如图 14.5 所示。

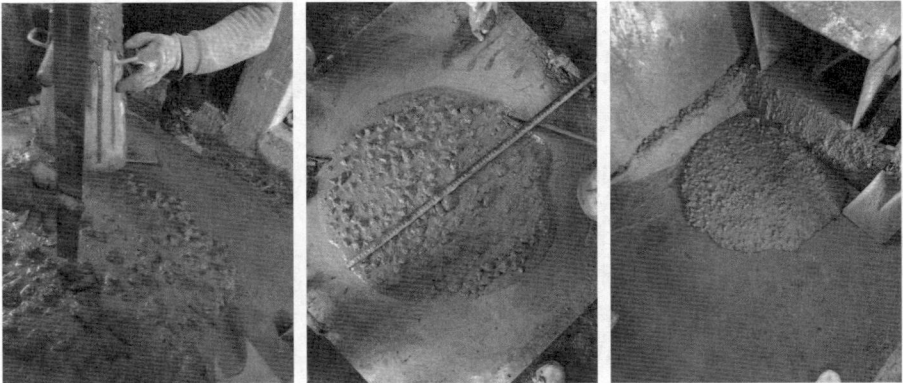

a. PAM1-2：砂中含絮凝剂 0.01％条件下初始坍落度、扩展度和出机状态

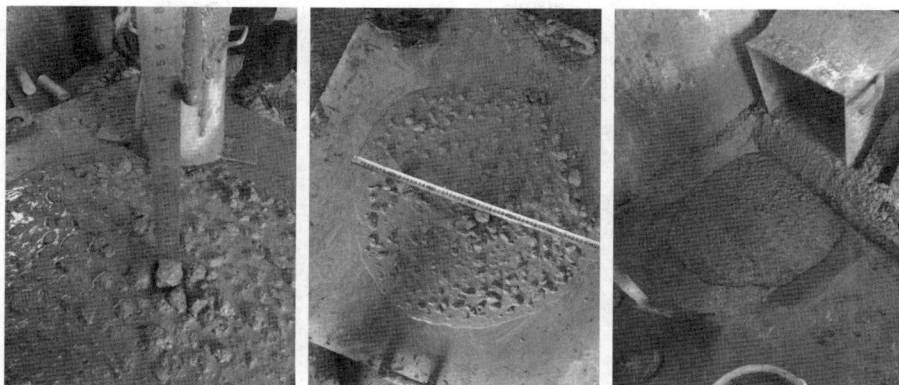

b. PAM1-2：砂中含絮凝剂 0.01％条件下 0.5 h 坍落度、扩展度和出机状态

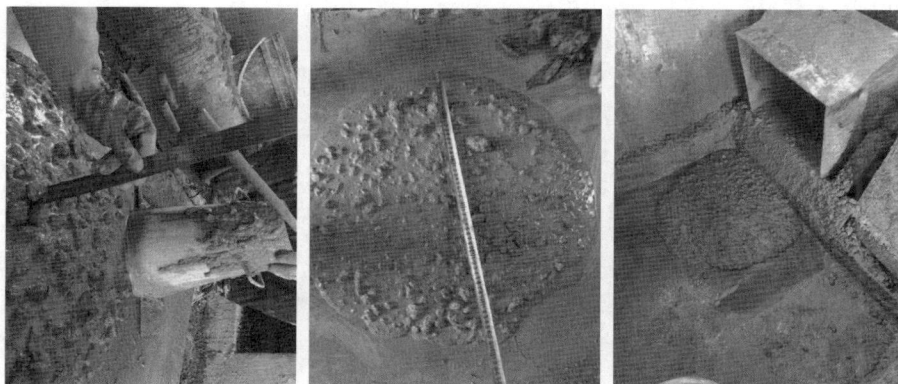

c. PAM1-2：砂中含絮凝剂 0.01％条件下 1 h 坍落度、扩展度和出机状态

图 14.5　PAM1-2（砂中含絮凝剂 0.01％）影像资料

（4）PAM1-3（砂中含絮凝剂 0.02％）影像资料如图 14.6 所示。

a. PAM1-3：砂中含絮凝剂 0.02％条件下初始坍落度、扩展度和出机状态

b. PAM1-3：砂中含絮凝剂 0.02％条件下 0.5 h 坍落度、扩展度和出机状态

c. PAM1-3：砂中含絮凝剂 0.02％条件下 1 h 坍落度、扩展度和出机状态

图 14.6　PAM1-3（砂中含絮凝剂 0.02％）影像资料

（5）PAM1-4（砂中含絮凝剂 0.03）影像资料如图 14.7 所示。

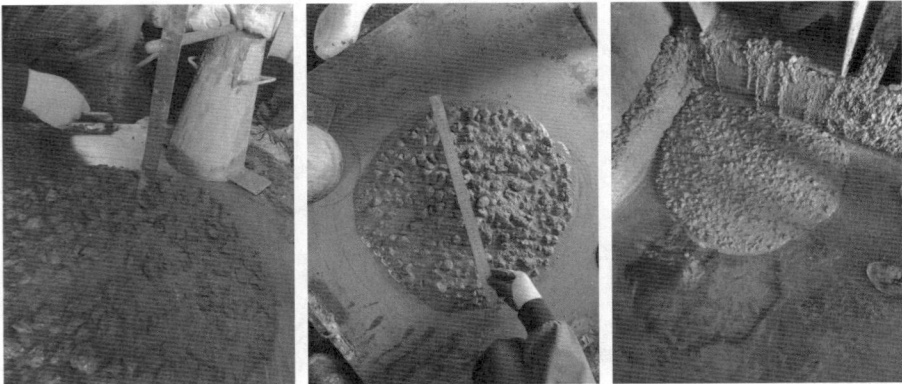

a. PAM1-4：砂中含絮凝剂 0.03％条件下初始坍落度、扩展度和出机状态

b. PAM1-4:砂中含絮凝剂 0.03% 条件下 0.5 h 坍落度、扩展度和出机状态

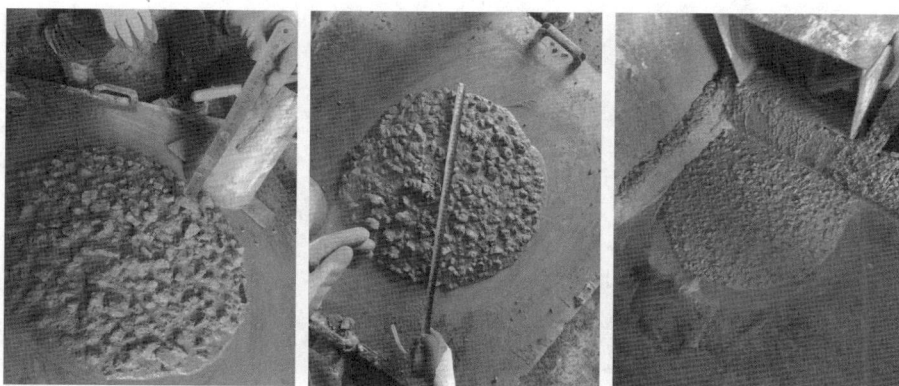

c. PAM1-4:砂中含絮凝剂 0.03% 条件下 1 h 坍落度、扩展度和出机状态

图 14.7　PAM1-4（砂中含絮凝剂 0.03%）影像资料

（6）PAM1-5（砂中含絮凝剂 0.04%）影像资料如图 14.8 所示。

a. PAM1-5:砂中含絮凝剂 0.04% 条件下初始坍落度、扩展度和出机状态

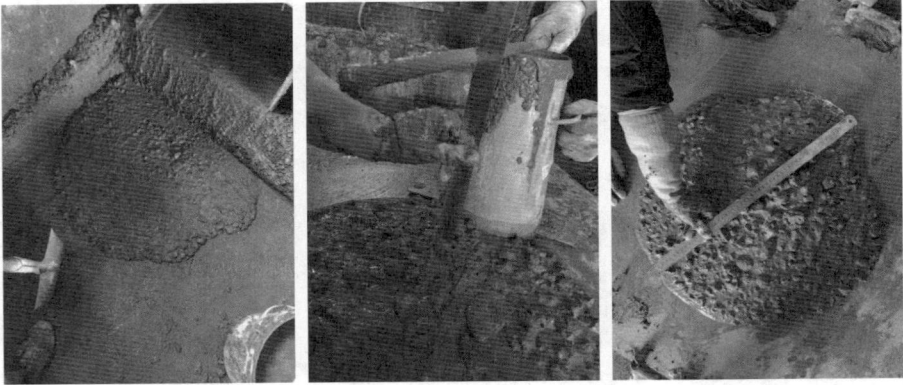

b. PAM1-5：砂中含絮凝剂 0.04％条件下 0.5 h 坍落度、扩展度和出机状态

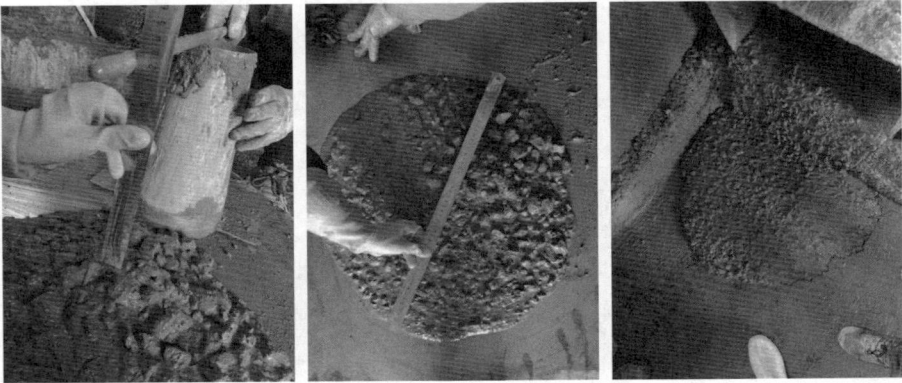

c. PAM1-5：砂中含絮凝剂 0.04％条件下 1 h 坍落度、扩展度和出机状态

图 14.8　PAM1-5（砂中含絮凝剂 0.04％）影像资料

（7）PAM1-6（砂中含絮凝剂 0.05％）影像资料如图 14.9 所示。

a. PAM1-6：砂中含絮凝剂 0.05％条件下初始坍落度、扩展度和出机状态

b. PAM1-6:砂中含絮凝剂 0.05%条件下 0.5 h 坍落度、扩展度和出机状态

c. PAM1-6:砂中含絮凝剂 0.05%条件下 1 h 坍落度、扩展度和出机状态

图 14.9　PAM1-5（砂中含絮凝剂 0.05%）影像资料

（8）PAM1-7（砂中含絮凝剂 0.06%）影像资料如图 14.10 所示。

a. PAM1-7:砂中含絮凝剂 0.06%条件下初始坍落度、扩展度和出机状态

b. PAM1-7:砂中含絮凝剂 0.06%条件下 0.5 h 坍落度、扩展度和出机状态

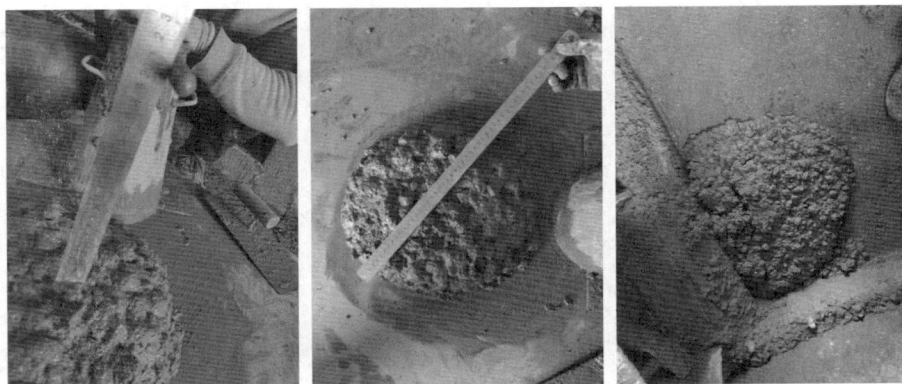

c. PAM1-7:砂中含絮凝剂 0.06%条件下 1 h 坍落度、扩展度和出机状态

图 14.10　PAM1-7（砂中含絮凝剂 0.06%）影像资料

（9）PAM1-8（砂中含絮凝剂 0.07%）影像资料如图 14.11 所示。

a. PAM1-8:砂中含絮凝剂 0.07%条件下初始坍落度、扩展度和出机状态

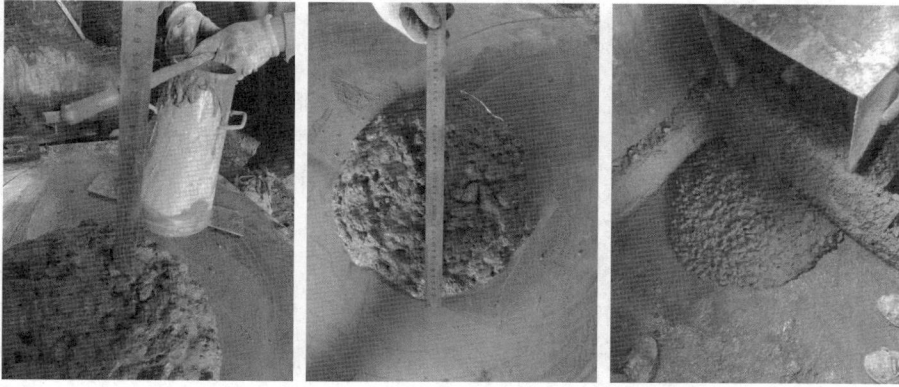

b. PAM1-7:砂中含絮凝剂 0.07%条件下 0.5 h 坍落度、扩展度和出机状态

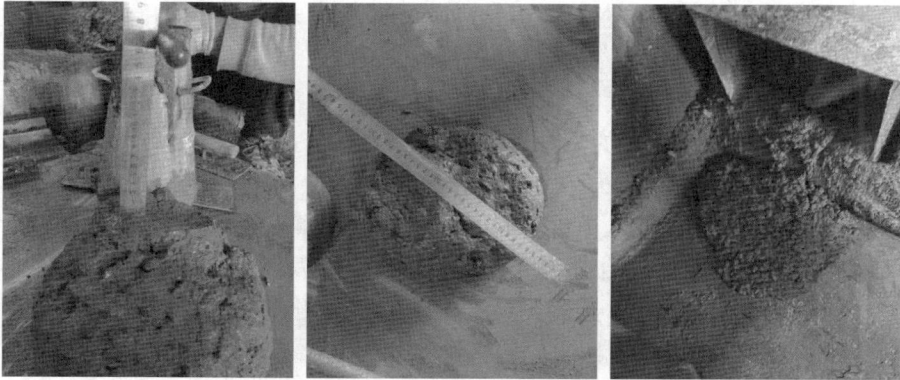

c. PAM1-8:砂中含絮凝剂 0.07%条件下 1 h 坍落度、扩展度和出机状态

图 14.11　PAM1-8（砂中含絮凝剂 0.07%）影像资料

4. 试验结果与分析

不同浓度絮凝剂对混凝土坍落度和流动性的影响:当外加剂掺量不变的情况下,絮凝剂加入后混凝土初始坍落度和流动度均有一定程度的降低,到 PAM1-4 初始坍落度已经在 100 mm 以内,没有流动度。为了保证在同一初始坍落度条件下,需要增加外加剂用量来调整不同浓度絮凝剂的混凝土初始坍落度。为了保证每盘混凝土水灰比不变,需要将多余部分外加剂的含水量减掉,如表 14.11 所示。

混凝土坍落度变化:基准 1 混凝土和 PAM1-1～PAM1-3 试验混凝土坍落度基本没有变化,PAM1-4～PAM1-7 混凝土坍落度损失随絮凝剂浓度的增大而增大。

混凝土扩展度变化和状态变化如下。

基准 1 混凝土扩展度最大,但有泌浆出现。随着絮凝剂浓度的增大,PAM1-1～PAM1-3 混凝土流动度变化不大,但和易性变好;PAM1-4～PAM1-7 混凝土流动度变化非常大,到最后基本没有流动度。

PAM1-1～PAM1-3 混凝土和基准 1 混凝土相比,随着絮凝剂浓度的增大,需要增加外加剂的掺量,混凝土的坍落度和流动度没有太大变化,说明絮凝剂吸附一部分外加剂。

PAM1-4~PAM1-7 混凝土和基准 1 混凝土相比,随着絮凝剂浓度的增大,外加剂的掺量明显增大,流动度明显变小,以至于没有流动度。尤其是 PAM1-6 和 PAM1-7 混凝土仅靠提高外加剂不能满足要求,还需增加水的用量,才能满足初始坍落度要求,造成 PAM1-6 和 PAM1-7 混凝土的水灰比变大。

混凝土强度变化如下。

从表 14.12 可以看出,基准 1 混凝土和 PAM1-1~PAM1-7 混凝土的强度随絮凝剂含量的增加而有所下降,其中 PAM1-1 和 PAM1-3 强度反而比基准 1 还要高,说明一定含量的絮凝剂在混凝土中起到增稠作用,增加了混凝土的和易性,从而提高了混凝土的强度。随着絮凝剂含量的提高,PAM1-4~PAM1-5 混凝土流动性变差,强度明显下降。由于水灰比变大,PAM1-6 和 PAM1-7 混凝土强度明显下降。

经过试验,得到以下结论。

(1)机制砂中絮凝剂含量的测定方法:目前,采用澄清时间方法检验絮凝剂是搅拌站常用的办法,也是最直观的方法。其次,物理分析法是最有效、简易的絮凝剂残留值的测定方法,建议使用此方法。

(2)絮凝剂对于混凝土工作性能的影响:随着絮凝剂掺量的增加,要在用水量不增加的情况下达到相同的初始坍落度,外加剂的掺量需要大幅度增加,特别是在絮凝剂掺量超过 0.070% 时尤为明显,并且絮凝剂在混凝土中的掺量越高,混凝土拌合物越沾,严重影响混凝土的和易性。

(3)絮凝剂对于混凝土强度的影响:试验中发现机制砂中絮凝剂的掺量超过 0.07% 时,对混凝土的和易性、坍落度损失甚至后期强度影响非常大,并且在 28 d 后强度几乎无任何增长,甚至出现强度降低的现象。

(4)建议:规范砂石料生产,控制机制砂中絮凝剂含量(不得超过 0.070%)。对于水洗砂中其他絮凝剂的含量以及如何消除絮凝剂的影响,需要进一步的试验研究。

14.2 C100 高强高性能大体积混凝土制备及工作性能试验研究

高强高性能混凝土在微观结构中孔隙率比较低,水化物中的 C-S-H 和 AFt 含量增加,$Ca(OH)_2$ 减少,要制备高强高性能混凝土需要降低水胶比、优化界面和孔结构来实现,利用减水剂和优质矿物掺合料双掺能够降低水胶比和水化热,也应当合理调整砂率,控制孔隙率。

C100 高强高性能混凝土具有优异的高强、高耐久性能,但是由于在生产制备过程中往往需要较高的胶凝材料用量、较低的水胶比,使得混凝土拌合物非常黏稠,不易泵送施工使用,收缩较大,开裂风险较大,并且大体积超高强混凝土还要控制水化热的问题。因此,研究如何降低 C100 高强混凝土拌合物黏度、控制水化热、改善混凝土拌合物工作性能等成为工程应用中亟须解决的问题。

14.2.1　原材料选用及试验方法

14.2.1.1　原材料

水泥：选用山铝 P•O 52.5 水泥，28 d 强度需大于 62 MPa。

粗骨料：采用玄武岩，连续级配，粒径不大于 20 mm，针片状含量小于 5%，含泥量小于 0.5%，泥块含量小于 0.2%，压碎值小于 3%。

细骨料：采用水洗河沙，模数控制在 2.6~2.8，含泥量小于 2%，泥块含量小于 0.5%。

高性能聚羧酸减水剂减水率大于 40%，含固量为 40%。

硅灰采用山东博肯和挪威埃肯两种品牌进行试验。

矿粉活性等级不低于 S95。

粉煤灰为 I 级灰。

14.2.1.2　配合比设计与选择

本配合比中胶材总量控制在 600 kg 之内，硅灰掺量为总胶材的 8%，矿粉为总胶材的 10%，粉煤灰为总胶材的 20%。利用正交法进行配合比优选（表 14.13 和表 14.14）。水泥用量：370 kg/m³，390 kg/m³，420 kg/m³。水胶比：0.2，0.22，0.24。砂率：35%，37%，39%。外加剂掺量：3.8%，4.0%，4.2%。

表 14.13　正交实验参数列表

编号	因素			
	水泥用量	水胶比	砂率	外加剂掺量
1	1	1	1	1
2	1	2	2	2
3	1	3	3	3
4	2	1	2	3
5	2	2	3	1
6	2	3	1	2
7	3	1	3	2
8	3	2	1	3
9	3	3	2	1

表 14.14　配合比试验数据

编号	因素			
	水泥用量/kg•m⁻³	水胶比	砂率	外加剂掺量
1	370	0.2	35%	3.8%
2	370	0.22	37%	4.0%

编号	因素			
	水泥用量/kg·m⁻³	水胶比	砂率	外加剂掺量
3	370	0.24	39%	4.2%
4	390	0.2	37%	4.2%
5	390	0.22	39%	3.8%
6	390	0.24	35%	4.0%
7	420	0.2	39%	4.0%
8	420	0.22	35%	4.2%
9	420	0.24	37%	3.8%

14.2.1.3 试验方法

混凝土抗压强度试验按《混凝土物理力学性能试验方法标准》GB/T 50081—2019 进行。

混凝土早期抗裂性能试验按水泥混凝土早期开裂敏感性试验方法(平板法)进行。

混凝土抗碳化性能试验按水泥混凝土碳化试验方法进行。

混凝土工作性能试验按扩展度试验、倒置坍落度筒试验进行。

14.2.2 正交试验及讨论

14.2.2.1 正交试验结果

正交试验数据见表 14.15。

表 14.15 正交试验数据

编号	因素			
	28 d 强度/MPa	60 d 强度/MPa	扩展度/mm	倒坍落度筒试验(排空时间)/s
1	101	115	590	14
2	97	111	625	13
3	95	108	660	12
4	105	120	555	17
5	103	118	595	14
6	116	125	745	9
7	107	127	525	18
8	112	128	645	13
9	118	132	695	11

正交试验对 28 d 强度的影响结果见表 14.16 和图 14.12,试验过程和试块破碎状

态分别见图 14.13 和图 14.14。

表 14.16　直观分析表

因素	水泥用量	水灰比	砂率	外加剂掺量	实验结果
实验 1	1	1	1	1	101
实验 2	1	2	2	2	97
实验 3	1	3	3	3	95
实验 4	2	1	2	3	105
实验 5	2	2	3	1	103
实验 6	2	3	1	2	116
实验 7	3	1	3	2	107
实验 8	3	2	1	3	112
实验 9	3	3	2	1	118
均值 1	97.667	104.333	109.667	107.333	
均值 2	108.000	104.000	106.667	106.667	
均值 3	112.333	109.667	101.667	104.000	
极差	14.666	5.667	8.000	3.333	

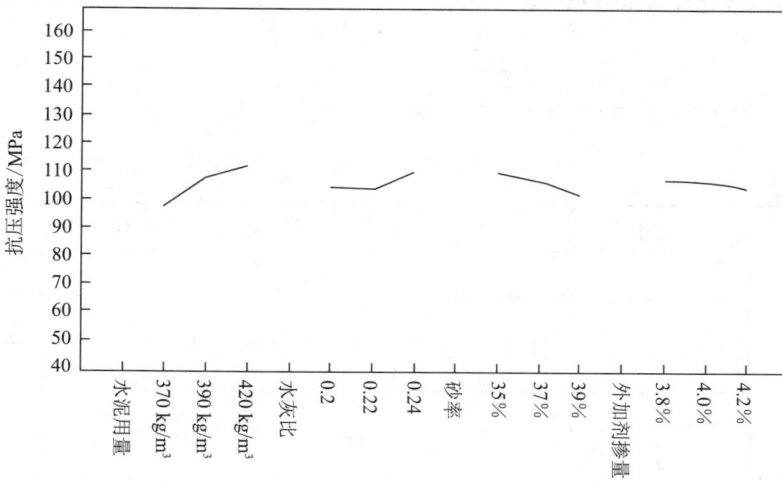

图 14.12　效应曲线图

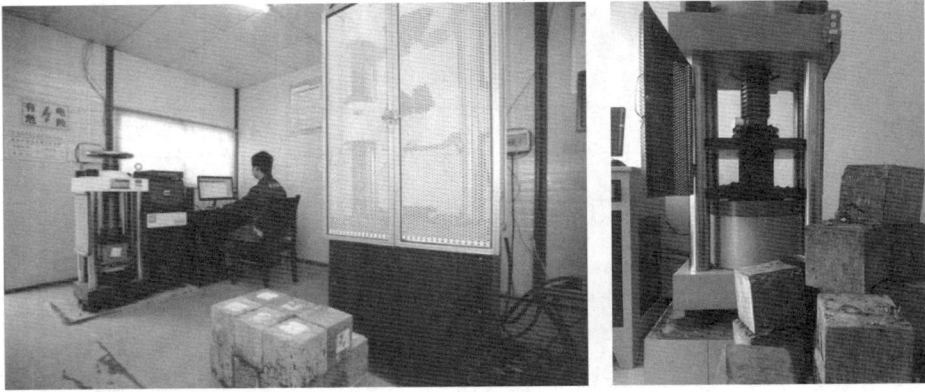

图 14.13　压碎试验过程

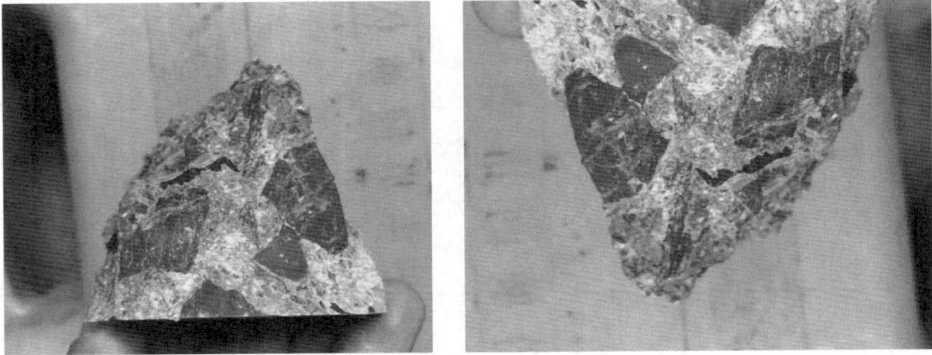

图 14.14　试块破碎状态

正交试验对 60 d 强度的影响结果见表 14.17 和图 14.15。

表 14.17　直观分析表

因素	水泥用量	水灰比	砂率	外加剂掺量	实验结果
实验 1	1	1	1	1	115
实验 2	1	2	2	2	111
实验 3	1	3	3	3	108
实验 4	2	1	2	3	120
实验 5	2	2	3	1	118
实验 6	2	3	1	2	125
实验 7	3	1	3	2	127
实验 8	3	2	1	3	128
实验 9	3	3	2	1	132
均值 1	111.333	120.667	122.667	121.667	

因素	水泥用量	水灰比	砂率	外加剂掺量	实验结果
均值2	121.000	119.000	121.000	121.000	
均值3	129.000	121.667	117.667	118.667	
极差	17.667	2.667	5.000	3.000	

　　结果分析：根据正交结果数据分析，对强度影响的程度分别为水泥用量>砂率>水胶比>外加剂掺量，可见水泥用量和砂率是影响28 d和60 d强度的主要因素，水胶比和外加剂掺量影响较小。这证明水胶比在0.2~0.24区间对强度的影响变化较小。考虑C100混凝土胶材用量较大、水化热较大，水泥用量选用390 kg/m³，同时考虑早强收缩开裂的影响，使用砂率选用35%。

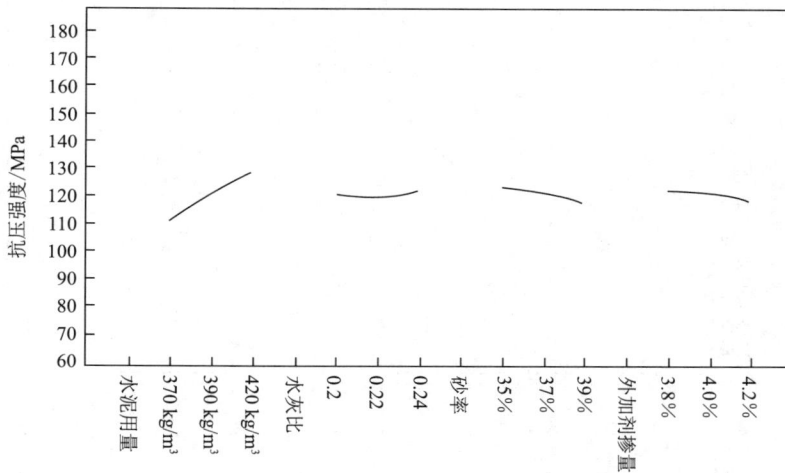

图14.15　效应曲线图

14.2.2.2　正交试验对工作性能的影响结果分析

　　正交试验对扩展度的影响结果见表14.18和图14.16，试验中混凝土出机状态见图14.17。

表14.18　直观分析表

因素	水泥用量	水灰比	砂率	外加剂掺量	实验结果
实验1	1	1	1	1	590
实验2	1	2	2	2	625
实验3	1	3	3	3	660
实验4	2	1	2	3	555
实验5	2	2	3	1	595
实验6	2	3	1	2	745

因素	水泥用量	水灰比	砂率	外加剂掺量	实验结果
实验7	3	1	3	2	525
实验8	3	2	1	3	645
实验9	3	3	2	1	695
均值1	625.000	556.667	660.000	626.667	
均值2	631.667	621.667	625.000	631.667	
均值3	621.667	700.000	593.333	620.000	
极差	10.000	143.333	66.667	11.667	

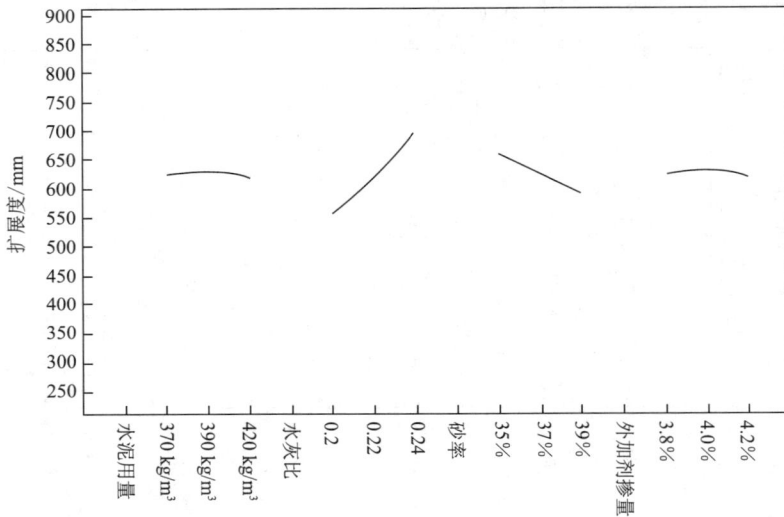

图 14.16 效应曲线图

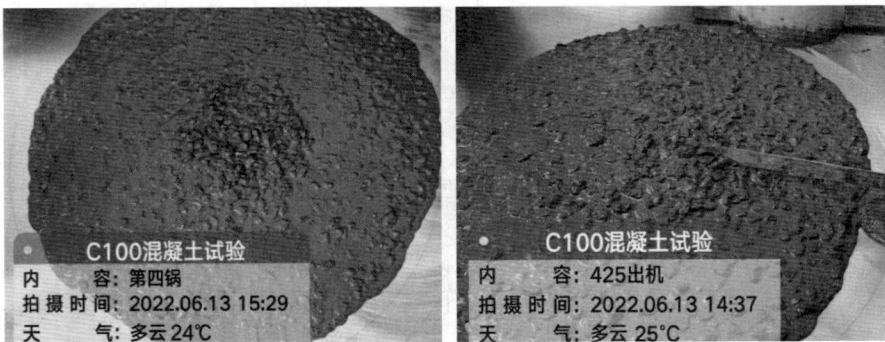

图 14.17 混凝土出机状态

正交试验对倒置坍落度筒试验的影响结果分析见表 14.19 和图 14.18,扩展度试验和倒置坍落度筒试验分别见图 14.19 和图 14.20。

表 14.19　直观分析表

因素	水泥用量	水灰比	砂率	外加剂掺量	实验结果
实验 1	1	1	1	1	14
实验 2	1	2	2	2	13
实验 3	1	3	3	3	12
实验 4	2	1	2	3	17
实验 5	2	2	3	1	14
实验 6	2	3	1	2	9
实验 7	3	1	3	2	18
实验 8	3	2	1	3	13
实验 9	3	3	2	1	11
均值 1	13.000	16.333	12.000	13.000	
均值 2	13.333	13.333	13.667	13.333	
均值 3	14.000	10.667	14.667	14.000	
极差	1.000	5.666	2.667	1.000	

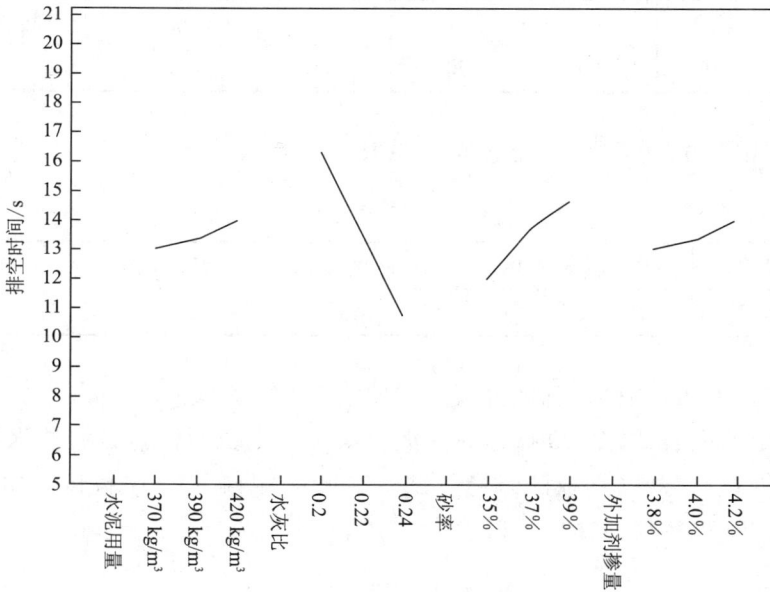

图 14.18　效应曲线图

图 14.19　扩展度试验

图 14.20　倒置坍落度筒试验

结果分析：根据正交结果数据分析，对扩展度试验和倒置坍落度筒试验影响的程度分别为水胶比>砂率>外加剂掺量>水泥用量，可见水胶比和砂率是主要影响因素，外加剂掺量和水泥用量影响较小。因此，在考虑满足强度要求的基础上，为保证混凝土的工作性能和自密实性能，水胶比选用 0.24，外加剂掺量选用 4.0%。

基于以上数据分析，确定 C100 混凝土配合比（表 14.20）。

表 14.20　C100 混凝土配合比

单位：kg·m^{-3}

水泥	粉煤灰	硅灰	矿粉	砂	石子	外加剂	水
390	100	60	50	620	1152	21	121

基于以上配合比进行验证，性能指标见表 14.21。

表 14.21　C100 混凝土性能指标

28 d 强度/MPa	60 d 强度/MPa	扩展度/mm	倒坍落度筒试验（排空时间）/s
119	127	745	9

14.2.2.4　C100 高强高性能混凝土早期抗裂性能试验

基于确定的配合比，C100 高强高性能混凝土早期抗裂性能试验按水泥混凝土早期开裂敏感性试验方法（平板法）进行，试验结果见表 14.22。平板试验如图 14.21 所示，平板尺寸和裂缝情况如图 14.22 所示。

表 14.22　平板试验结果

编号	项目			
	表面现象	平均裂开面积/mm^2	单位面积开裂裂缝数目/根·m^{-2}	单位面积上的总裂开面积/mm^2·m^{-2}
1	仅有非常细的裂纹	5	6	53

编号	项目			
	表面现象	平均裂开面积/mm²	单位面积开裂裂缝数目/根·m⁻²	单位面积上的总裂开面积/mm²·m⁻²
2	仅有非常细的裂纹	4	3	41
3	仅有非常细的裂纹	5	4	48

图 14.21　平板试验

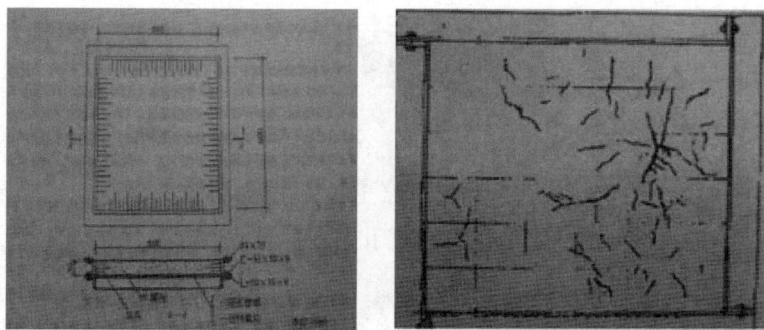

图 14.22　平板尺寸和裂缝情况

根据试件早期抗裂性评价准则,3 次实验均满足早期抗裂性能Ⅰ级要求。

C100 高强高性能混凝土早期抗裂性能主要与原材料及结构状态有关。C100 高强高性能混凝土具有很高的强度和坚韧性,可在受力的情况下表现出很好的抗裂性能,同时,其含有粉煤灰、矿粉和硅灰等细颗粒材料,可在化学反应后生成致密的孔状结构,增强了裂缝自愈能力,可以进一步提升混凝土的抗裂性能。

14.2.2.5　C100 高强高性能混凝土抗碳化性能试验

基于确认的配合比,混凝土抗碳化性能试验按水泥混凝土碳化试验方法进行,试验结果见表 14.23。碳化试验箱及混凝土碳化情况如图 14.23 所示。

表 14.23　C100 混凝土基本性能及其碳化深度

编号	扩展度/mm	28 d 抗压强度/MPa	各龄期碳化深度/mm			
			3 d	7 d	14 d	28 d
1	730	125	0	0	0	<0.1
2	745	121	0	0	<0.1	<0.1
3	735	128	0	0	<0.1	<0.1

图 14.23　碳化试验箱及混凝土碳化情况

结果分析:根据《混凝土耐久性检验评定标准》JGJ/T 193—2009,3 组抗碳化性能试验结果均能达到 T-V 级。

由于混凝土是一种多孔性材料,其内部有着大小不一的气泡、孔隙、气孔等,这些都具有透气性。随着 C100 高强高性能混凝土水灰比的降低,混凝土孔隙率大大减少,使空气中的 CO_2 很难侵入混凝土内部的气孔,因而碳化深度很低,混凝土抗碳化性能得到提高。

同时,混凝土掺入一定比例的粉煤灰、矿渣粉和硅灰后,它们的颗粒粒径与水泥颗粒粒径形成连续级配梯度,产生微集料效应,颗粒之间相互填充,各组成材料紧密堆积,因此颗粒间的孔隙减少,混凝土更加密实。由于矿物掺合料具有火山灰效应,进一步水化反应使得混凝土的内部结构更为致密,降低了混凝土内部的孔隙率,CO_2 难以侵入混凝土内部发生碳化反应,导致碳化深度降低。

14.2.3　结论

通过优选原材料和正交设计方法,选出满足工作性能、强度及自密实性能的 C100 高强高性能混凝土配合比。

C100 高强高性能混凝土早期抗裂性能满足 Ⅰ 级要求。

C100 高强高性能混凝土抗碳化性能达到 T-V 级标准。

混凝土绝热温升值不宜大于 50 ℃。

14.3　青岛市自然养护条件对混凝土强度的影响试验研究

通过 12 个月的自然养护混凝土强度数据试验研究,探讨自然养护与标准养护条件对不同标号混凝土强度的影响,总结影响强度折算系数,为青岛市预拌混凝土生产与施工质量控制提供技术支持。同时,对标养带模试样与拆模试样的强度进行对比试验研究,为实现预拌混凝土企业生产过程中留置试样的自动化提供数据支持。

14.3.1　试验所用原材料及配合比

14.3.1.1　原材料

水泥:选用山铝 P•O 42.5、P•O 52.5 水泥。

粗骨料:采用花岗岩和玄武岩,连续级配,粒径不大于 20 mm,针片状含量小于 5%,含泥量小于 0.5%,泥块含量小于 0.2%,压碎值小于 3%。

细骨料:采用水洗河沙,模数控制在 2.6～2.8,含泥量小于 2%,泥块含量小于 0.5%。

高效聚羧酸减水剂减水率大于 20%,含固量为 12%。

矿粉活性等级不低于 S95。

粉煤灰为 Ⅱ 级灰。

14.3.1.2　配合比

为了系统研究养护条件对不同强度等级混凝土的影响,试验设计混凝土强度为 C15～C60,相关配合比见表 14.24。

表 14.24　不同强度等级的混凝土配比

序号	强度	原材料用量/kg•m^{-3}				矿粉	煤灰	胶材	河砂	10～25 mm 粗骨料	5～10 mm 粗骨料	水	容重/kg•m^{-3}	水胶比
		水泥		外加剂										
1	C15	130	425	4.65	1.5%	90	90	310	870	751	178	185	2 294	0.60
2	C20	160	425	5.61	1.7%	90	80	330	850	772	182	185	2 319	0.56
3	C25	190	425	6.84	1.8%	100	90	380	820	773	183	180	2 336	0.47
4	C30	260	425	8.00	2.0%	70	70	400	808	777	185	175	2 345	0.44
5	C35	280	425	8.61	2.1%	70	60	410	803	772	200	175	2 360	0.43
6	C40	320	425	9.68	2.2%	50	50	440	790	788	188	170	2 376	0.39
7	C45	360	525	10.56	2.2%	70	50	480	768	785	187	170	2 390	0.35
8	C50	380	525	11.27	2.3%	60	50	490	757	790	188	165	2 390	0.34
9	C55	430	525	12.48	2.4%	50	40	520	740	790	200	162	2 412	0.31
10	C60	450	525	13.75	2.5%	60	40	550	745	785	195	160	2 435	0.29

14.3.2 自然养护对混凝土强度影响的试验研究

养护条件(温度、湿度)是通过对水泥水化过程所产生的影响而起作用的。混凝土的硬化原因在于水泥的水化作用。对同一品种水泥而言,养护温度高可以增大初期水化速度,混凝土初期强度也高。在养护温度较低的情况下,由于水化速度缓慢,水化物具有充分的扩散时间,在水泥中均匀分布,有利于水泥后期强度的发展。因此,自然环境与标养环境对混凝土强度的影响显得较为复杂。为了全面研究这种影响差异,将自然环境同条件试样与标养试样(图 14.24)同时制作,制作后分别拆模,拆模后按各自要求分别放置养护。采用 100 mm×100 mm×100 mm 塑料试模,C30～C60 各强度等级对比组数不低于 45 组,每次对比同条件同强度等级的到期试样不低于 2 组,分别按 3 d、7 d、28 d、60 d、90 d 龄期进行对比分析。

14.3.2.1 自然养护的条件设定

试验中自然养护的条件限定为空旷室外,周围 50 m 无任何遮挡物,正常养护、保湿、防冻,从试样成型开始记录每天天气情况、温度情况(表 14.25)。

表 14.25　2022 年各月份温度情况汇总

月份	平均高温/℃	平均低温/℃	平均温度/℃
1	3	−3	0
2	4	0	2
3	10	4	7
4	16	9	12.5
5	22	13	17.5
6	25	19	22
7	28	23	25.5
8	28	23	25.5
9	25	19	22
10	18	13	15.5
11	14	10	12
12	3	0	1.5

图 14.24　自然养护和标准养护

14.3.2.2　试验数据总结及分析

由表 14.26～表 14.33 可以发现,自然养护状态的混凝土受温度影响较为明显,冬、夏两季相差 20%～40%。除去夏季 3 d 或 7 d 自然养护与标准养护状态的混凝土强度接近外,其余自然养护状态下的试件明显低于标准养护。这说明如果不采取积极有效的养护措施,将对混凝土强度增长产生较大影响,影响值在夏季约为 90%,在冬季为 60%～90%。通过图 14.25～图 14.31 可以得出,标准养护状态下的混凝土强度明显高于自然养护,C55、C60 为 1.0 左右,其余数据差距明显。

无论是标准养护还是自然养护,随着水灰比的增大,混凝土的强度在各个龄期都逐渐减小。这主要是因为随着水胶比的增大,水泥硬化后多余的水分残留在混凝土中形成水泡或蒸发后形成气孔,大大地减少了混凝土抗荷载的实际有效断面,而且可能在孔隙周围产生集中应力,使水泥骨料之间的结合减弱,从而减小了混凝土的抗压强度。界面过渡区为混凝土结构内部最薄弱区域,其力学性能可影响混凝土的宏观力学性能,水灰比的减小能使界面过渡区得到改善。在混凝土制备过程中,水灰比越小,单位体积内的水量越少,形成的水膜厚度就越小,界面过渡区的性能越高。

表 14.26　试验数据汇总

标号	C30	C35	C40	C45	C50	C55	C60
组数	152	125	134	125	98	92	90

表 14.27　C30 自然养护强度 / 标准养护强度

龄期	3 d	7 d	28 d	60 d	90 d
冬季(12～4 月)	0.676	0.655	0.686	0.736	0.694
夏季(5～10 月)	0.987	1.024	0.931	0.923	0.898

表 14.28　C35 自然养护强度 / 标准养护强度

龄期	3 d	7 d	28 d	60 d	90 d
冬季(12～4 月)	0.705	0.689	0.712	0.825	0.751
夏季(5～10 月)	0.937	0.958	1.023	0.981	0.985

表 14.29　C40 自然养护强度/标准养护强度

龄期	3 d	7 d	28 d	60 d	90 d
冬季(12～4 月)	0.726	0.706	0.736	0.786	0.809
夏季(5～10 月)	0.968	0.978	1.024	1.012	0.987

表 14.30　C45 自然养护强度 / 标准养护强度

龄期	3 d	7 d	28 d	60 d	90 d
冬季(12～4 月)	0.751	0.731	0.761	0.811	0.834
夏季(5～10 月)	0.978	1.032	0.956	0.967	0.988

表 14.31　C50 自然养护强度 / 标准养护强度

龄期	3 d	7 d	28 d	60 d	90 d
冬季(12～4 月)	0.776	0.756	0.786	0.836	0.859
夏季(5～10 月)	0.965	0.981	1.035	0.947	0.956

表 14.32　C55 自然养护强度 / 标准养护强度

龄期	3 d	7 d	28 d	60 d	90 d
冬季(12～4 月)	0.801	0.781	0.811	0.861	0.884
夏季(5～10 月)	1.013	1.024	0.998	0.987	0.968

表 14.33　C60 自然养护强度 / 标准养护强度

龄期	3 d	7 d	28 d	60 d	90 d
冬季(12～4 月)	0.826	0.806	0.836	0.886	0.909
夏季(5～10 月)	1.015	1.054	1.012	0.989	0.974

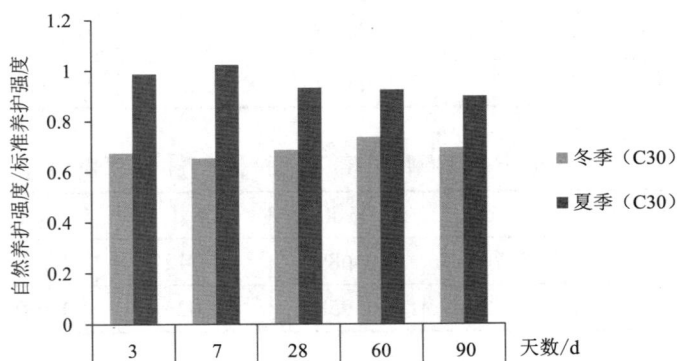

图 14.25　C30 对比数据分析

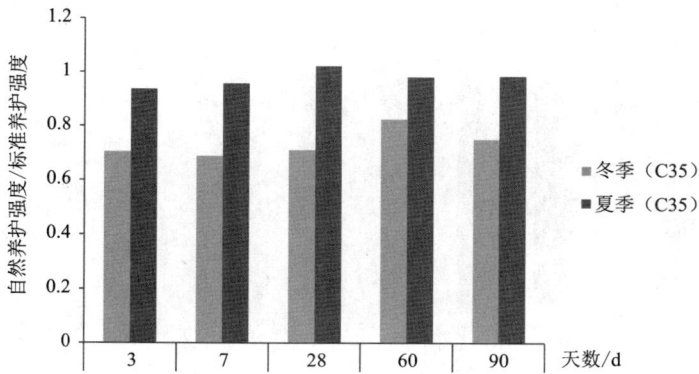

图 14.26　C35 对比数据分析

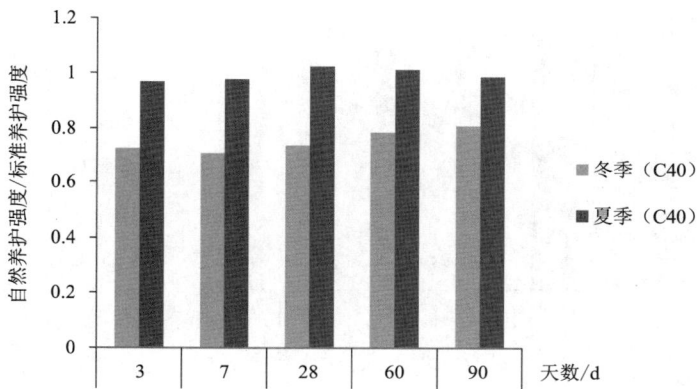

图 14.27　C40 对比数据分析

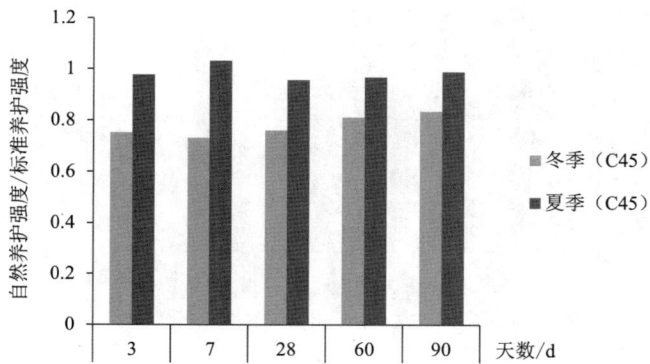

图 14.28　C45 对比数据分析

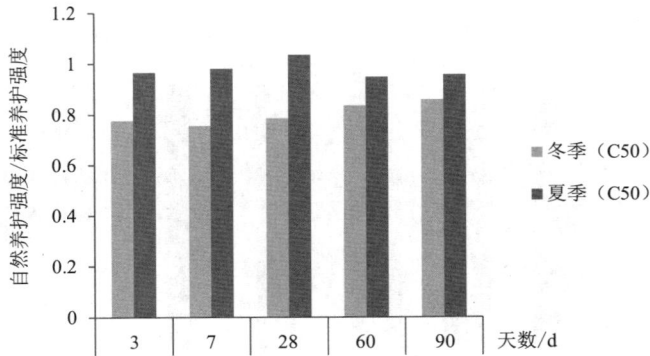

图 14.29 C50 对比数据分析

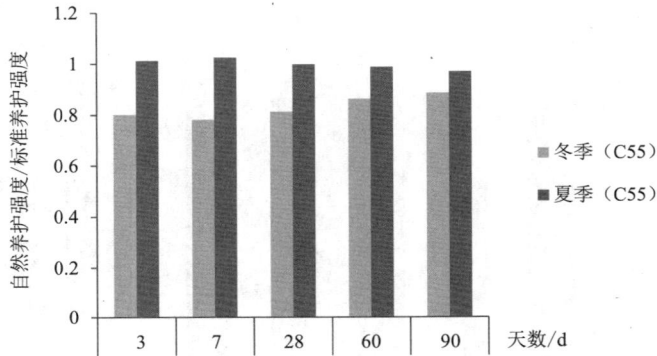

图 14.30 C55 对比数据分析

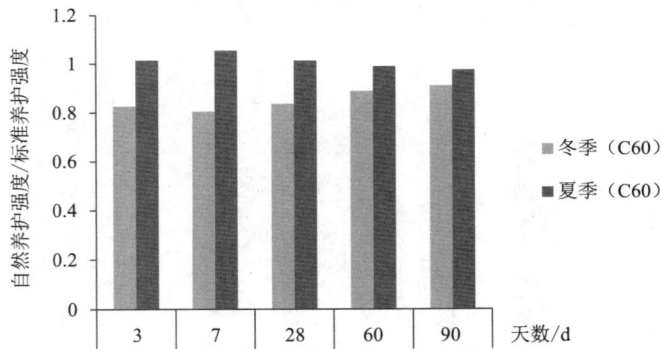

图 14.31 C60 对比数据分析

14.3.3 带模标养试样强度对比试验

环境的湿度对水泥的水化作用能否正常进行具有显著影响,湿度适中,水泥水化能顺利进行,使混凝土强度得到保障。如果湿度不够,混凝土会失水干燥而影响水泥水化作用的正常进行,甚至停止水化,降低混凝土的强度。所以,为了使混凝土正常硬化,必须在成型后的一定时间内维持周围环境的温度和湿度。带模板养护可以保持混凝土养护温度,但是不可避免地受到水分散失、湿度降低的影响。为了更好地模拟实际工程条件,深入研究实际工程中水分散失对混凝土强度的影响,设计不同的带模板养护形式进行研究。

14.3.3.1　试验方案

采用 100 mm×100 mm×100 mm 塑料试模进行各等级(C30～C60)混凝土带模标样强度的对比试验(图 14.32)。留置对比组数不低于 45 组,每次对比同条件同标号到期对比试样不低于 2 组,按 3 d、7 d、28 d、60 d、90 d 强度进行对比分析。

图 14.32　试样制作和标准养护

14.3.3.2　试验数据汇总及分析

试验数据及分析详见表 14.34～表 14.41 和图 14.33～图 14.39。

表 14.34　试验结果汇总

标号	C30	C35	C40	C45	C50	C55	C60
组数	89	85	75	65	55	62	64

表 14.35　C30 带模/不带模强度比值

龄期	3 d	7 d	28 d	60 d	90 d
比值	1.063	1.043	1.001	1.009	0.995

表 14.36　C35 带模/不带模强度比值

龄期	3 d	7 d	28 d	60 d	90 d
比值	0.976	1.021	1.034	1.025	1.012

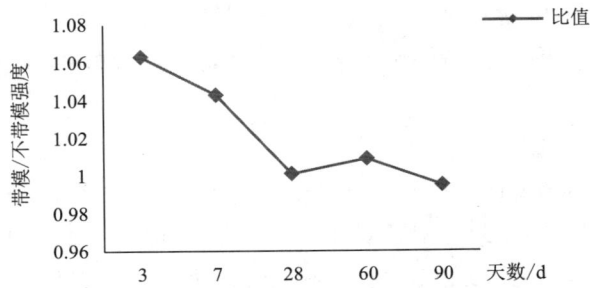

图 14.33　C30 强度比值分析

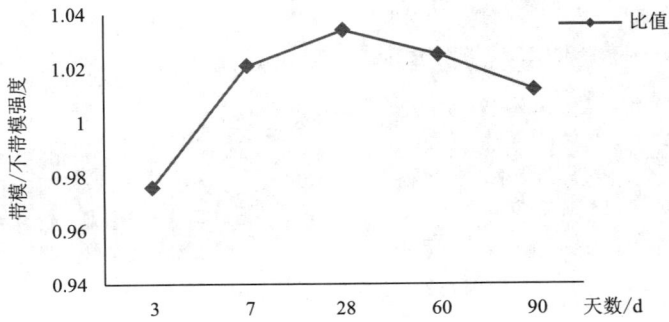

图 14.34　C35 强度比值分析

表 14.37　C40 带模/不带模强度比值

龄期	3 d	7 d	28 d	60 d	90 d
比值	1.048	1.056	1.047	1.035	0.998

表 14.38　C45 带模/不带模强度比值

龄期	3 d	7 d	28 d	60 d	90 d
比值	1.056	1.045	1.034	1.007	1.001

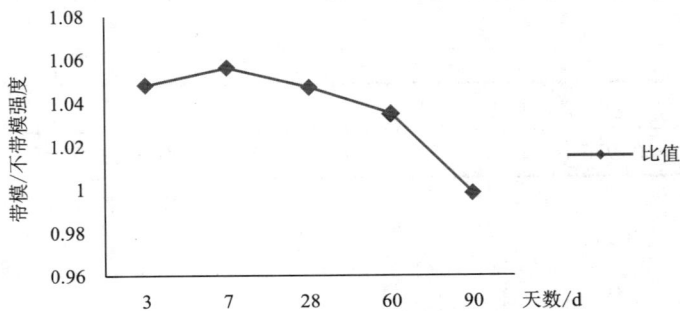

图 14.35　C40 强度比值分析

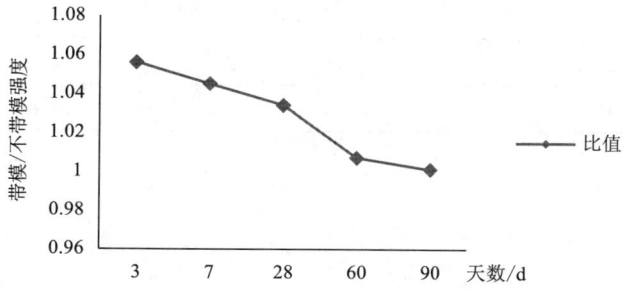

图 14.36　C45 强度比值分析

表 14.39　C50 带模/不带模强度比值

龄期	3 d	7 d	28 d	60 d	90 d
比值	1.131	1.087	1.045	1.032	1.005

表 14.40　C55 带模/不带模强度比值

龄期	3 d	7 d	28 d	60 d	90 d
比值	1.145	1.097	1.065	1.012	1.015

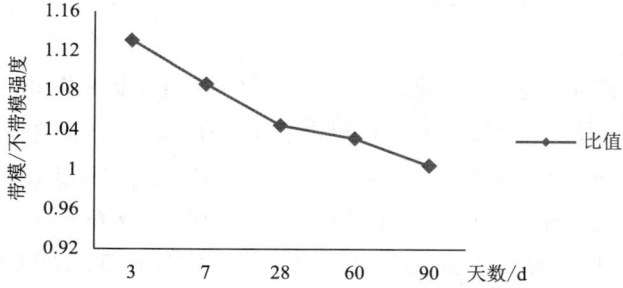

图 14.37　C50 强度比值分析

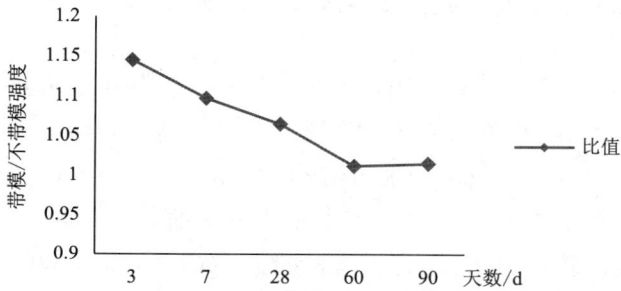

图 14.38　C55 强度比值分析

表 14.41　C60 带模/不带模强度比值

龄期	3 d	7 d	28 d	60 d	90 d
比值	1.152	1.123	1.104	1.045	1.023

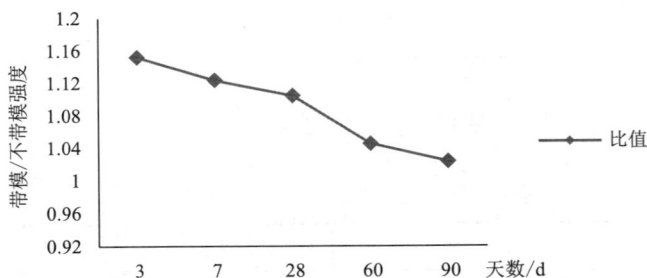

图 14.39　C60 强度比值分析

根据以上数据分析得出：在不同标号的各龄期强度中，带模养护前期（3～7 d）略高于不带模养护前期，原因是模具限制混凝土硬化初期的膨胀，使其形成较弱的内部应力，这种应力随着水泥的水化逐步消除。28 d、60 d、90 d 的强度差值均小于 0.1%，可见带模养护对混凝土此龄期的强度本无影响。由此可知，在标准养护条件下，带模养护和拆模养护对混凝土强度基本上无影响。

14.3.4　总结

在自然养护状态下，混凝土受温度影响较为明显，冬、夏两季相差 20%～40%。

除去夏季 3 d 或 7 d 天自然养护与标准养护状态的混凝土强度接近外，其余自然养护状态下的试件明显低于标准养护，说明如果不采取积极有效的养护措施，将对混凝土强度增长产生较大影响，影响值在夏季约为 90%，在冬季为 60%～90%。

标准养护状态下的混凝土强度明显高于自然养护，C55、C60 约为 1.0，其余数据差距明显。标准养护条件下带模养护和拆模养护对混凝土强度基本上无影响。

14.4　C60 高强度混凝土抗压强度试件尺寸折算系数试验研究

高强混凝土抗压强度试验宜采用标准尺寸试件。在使用非标尺寸试件时，尺寸换算系数宜经试验确定。强度等级 C60 混凝土在结构工程中已经普遍应用，为提高检测效率，方便制作非标尺寸 100 mm×100 mm×100 mm 试件，对青岛市 C60 混凝土尺寸换算系数进行了试验研究，该研究由生产 C60 混凝土的企业共同参加，历时一年，积累了大量数据。经数据统计分析，确定的非标准尺寸（100 mm×100 mm×100 mm）试件换算系数为 0.99，详细研究数据如下。

混凝土生产采用的原材料均为青岛市厂家及常用品种。

水泥：P·O 52.5 水泥。

粗骨料：采用花岗岩和玄武岩，连续级配，粒径不大于 25 mm，针片状含量小于 5%，含泥量小于 0.5%，泥块含量小于 0.2%，压碎值小于 5%。

细骨料：采用水洗河沙，模数控制在 2.6～2.8，含泥量小于 2%，泥块含量小于 0.5%。

高效聚羧酸减水剂减水率大于 20%，含固量不小于 12%。

矿粉活性等级不低于 S95。

粉煤灰为 II 级灰。

混凝土生产企业实际生产配合比中原材料用量如表 14.42 所示。

表 14.42　混凝土配合比中原材料用量

单位：kg·m^{-3}

配合比编号	水泥	矿粉	粉煤灰	河砂	碎石	水	减水剂
1	405	105	40	700	980	160	11.0
2	450	60	40	620	1 030	147	20
3	415	93	38	690	993	160	1091
4	387	170	29	686	909	170	13.5

试验用试模均为新采购的优质玻璃钢试模，各项指标符合标准要求。

混凝土质量控制应符合以下要求。

（1）混凝土出机坍落度宜为 180～200 mm。

（2）搅拌时间不低于 60 s。

（3）计量误差满足《预拌混凝土》GB/T 14902—2012 要求。

混凝土试件成型及养护条件应符合以下要求。

（1）试件成型条件：温度 20 ℃±5 ℃，湿度 ≥50%。

（2）试件养护条件：温度 20 ℃±2 ℃，湿度 ≥95%。

试件试压应符合以下要求。

（1）压力机量程：不小于 2 000 KN。

（2）加荷速率：0.8～1.0 MPa/s。

抗压强度对比组试验数据见表 14.43。

表 14.43　抗压强度对比试验数据表

序号	配合比编号	试件尺寸/mm	28 d 抗压强度/MPa	折算系数
1	1	150×150×150	81.7	0.991 505
		100×100×100	82.4	
2	1	150×150×150	77	0.892 236
		100×100×100	86.3	

序号	配合比编号	试件尺寸/mm	28 d 抗压强度/MPa	折算系数
3	1	150×150×150	72.2	0.866 747
		100×100×100	83.3	
4	1	150×150×150	78.9	1.150 146
		100×100×100	68.6	
5	1	150×150×150	71.1	0.966 033
		100×100×100	73.6	
6	1	150×150×150	80.3	1.129 395
		100×100×100	71.1	
7	1)	150×150×150	69.1	0.905 636
		100×100×100	76.3	
8	1	150×150×150	75.3	1.074 18
		100×100×100	70.1	
9	1	150×150×150	74.5	0.938 287
		100×100×100	79.4	
10	1	150×150×150	71.1	1.036 443
		100×100×100	68.6	
11	1	150×150×150	68.5	0.987 032
		100×100×100	69.4	
12	1	150×150×150	75.5	0.970 437
		100×100×100	77.8	
13	1	150×150×150	67.9	0.991 241
		100×100×100	68.5	
14	1	150×150×150	72.9	1.031 117
		100×100×100	70.7	
15	1	150×150×150	73.4	0.973 475
		100×100×100	75.4	
16	1	150×150×150	69.6	0.940 541
		100×100×100	74	
17	1	150×150×150	67.4	0.976 812
		100×100×100	69	

序号	配合比编号	试件尺寸/mm	28 d 抗压强度/MPa	折算系数
18	1	150×150×150	66	0.951 009
		100×100×1000	69.4	
19	1	150×150×150	73.9	0.993 28
		100×100×100	74.4	
20	1	150×150×150	70.7	0.969 822
		100×100×100	72.9	
21	1	150×150×150	72.2	0.997 238
		100×100×100	72.4	
22	1	150×150×150	75.4	1.027 248
		100×100×100	73.4	
23	1	150×150×150	73.9	0.923 75
		100×100×100	80	
24	1	150×150×150	68.8	0.892 348
		100×100×100	77.1	
25	1	150×150×150	66	0.952 381
		100×100×100	69.3	
26	1	150×150×150	69.1	0.985 735
		100×100×100	70.1	
27	1	150×150×150	68.6	0.932 065
		100×100×100	73.6	
28	1	150×150×150	71.2	0.933 159
		100×100×100	76.3	
29	1	150×150×150	69.2	0.982 955
		100×100×100	70.4	
30	1	150×150×150	68.6	0.964 838
		100×100×100	71.1	
31	1	150×150×150	68.6	0.988 473
		100×100×100	69.4	
32	1	150×150×150	69.7	1.017 518
		100×100×100	68.5	
33	1	150×150×150	74.5	0.986 755
		100×100×100	75.5	

序号	配合比编号	试件尺寸/mm	28 d 抗压强度/MPa	折算系数
34	1	150×150×150	76.8	1.003 922
		100×100×100	76.5	
35	1	150×150×150	72.1	0.976 965
		100×100×100	73.8	
36	1	150×150×150	71.8	0.956 059
		100×100×100	75.1	
37	1	150×150×150	72.2	0.946 265
		100×100×100	76.3	
38	1	150×150×150	72.7	0.932 051
		100×100×100	78	
39	1	150×150×150	77.1	1.064 917
		100×100×100	72.4	
40	1	150×150×150	72.8	0.944 228
		100×100×100	77.1	
41	1	150×150×150	76.1	1.003 958
		100×100×100	75.8	
42	2	150×150×150	82.5	1.242 47
		100×100×100	66.4	
43	2	150×150×150	83.4	0.961 938
		100×100×100	86.7	
44	2	150×150×150	86.5	1.008 159
		100×100×100	85.8	
45	2	150×150×150	87.4	1.034 32
		100×100×100	84.5	
46	2	150×150×150	77.5	0.962 733
		100×100×100	80.5	
47	2	150×150×150	78.9	1.079 343
		100×100×100	73.1	
48	2	150×150×150	75	0.929 368
		100×100×100	80.7	
49	2	150×150×150	81.5	0.914 703
		100×100×100	89.1	

序号	配合比编号	试件尺寸/mm	28 d 抗压强度/MPa	折算系数
50	2	150×150×150	75. 9	1. 124 444
		100×100×100	67. 5	
51	2	150×150×150	76. 9	0. 989 704
		100×100×100	77. 7	
52	2	150×150×150	73. 8	0. 963 446
		100×100×100	76. 6	
53	2	150×150×150	73. 8	0. 963 446
		100×100×100	76. 6	
54	2	150×150×150	79	1. 018 041
		100×100×100	77. 6	
55	2	150×150×150	79	1. 226 708
		100×100×100	64. 4	
56	2	150×150×150	73. 9	1. 001 355
		100×100×100	73. 8	
57	2	150×150×150	71	0. 963 365
		100×100×100	73. 7	
58	2	150×150×150	81. 5	1. 110 354
		100×100×100	73. 4	
59	2	150×150×150	75. 9	0. 92
		100×100×100	82. 5	
60	2	150×150×150	75. 3	0. 997 351
		100×100×100	75. 5	
61	2	150×150×150	78. 9	0. 971 675
		100×100×100	81. 2	
62	2	150×150×150	80	0. 950 119
		100×100×100	84. 2	
63	2	150×150×150	77. 8	0. 906 76
		100×100×100	85. 8	
64	2	150×150×150	68. 8	0. 975 887
		100×100×100	70. 5	
65	2	150×150×150	68. 5	0. 960 729
		100×100×100	71. 3	

序号	配合比编号	试件尺寸/mm	28 d 抗压强度/MPa	折算系数
66	2	150×150×150	69.5	0.977 496
		100×100×100	71.1	
67	2	150×150×150	75.4	0.866 667
		100×100×100	87	
68	2	150×150×150	75.4	0.990 802
		100×100×100	76.1	
69	2	150×150×150	81.2	0.955 294
		100×100×100	85	
70	2	150×150×150	71.1	0.980 69
		100×100×100	72.5	
71	3	150×150×150	70.5	0.969 739
		100×100×100	72.7	
72	3	150×150×150	71.3	0.924 773
		100×100×100	77.1	
73	3	150×150×150	73.5	1.029 412
		100×100×100	71.4	
74	3	150×150×150	77.6	0.963 975
		100×100×100	80.5	
75	3	150×150×150	73.1	1
		100×100×100	73.1	
76	3	150×150×150	75.5	1.034 247
		100×100×100	73	
77	3	150×150×150	72.5	0.991 792
		100×100×100	73.1	
78	3	150×150×150	73.6	1.017 981
		100×100×100	72.3	
79	3	150×150×150	77.3	0.967 459
		100×100×100	79.9	
80	3	150×150×150	73.5	0.960 784
		100×100×100	76.5	
81	3	150×150×150	73.6	0.908 642
		100×100×100	81	

续表

序号	配合比编号	试件尺寸/mm	28 d 抗压强度/MPa	折算系数
82	3	150×150×150	77.2	0.902 924
		100×100×100	85.5	
83	3	150×150×150	79.6	1.002 519
		100×100×100	79.4	
84	3	150×150×150	74.5	0.937 107
		100×100×100	79.5	
85	3	150×150×150	78.2	1.020 888
		100×100×100	76.6	
86	3	150×150×150	78.4	1.053 763
		100×100×100	74.4	
87	3	150×150×150	79.4	1.037 908
		100×100×100	76.5	
88	3	150×150×150	80.5	1.004 994
		100×100×100	80.1	
89	3	150×150×150	79.7	0.942 08
		100×100×100	84.6	
90	3	150×150×150	79.4	0.971 848
		100×100×100	81.7	
91	3	150×150×150	72.9	1.016 736
		100×100×100	71.7	
92	3	150×150×150	71.9	0.905 542
		100×100×100	79.4	
93	3	150×150×150	73.8	0.968 504
		100×100×100	76.2	
94	4	150×150×150	74.2	0.962 387
		100×100×100	77.1	
95	4	150×150×150	78.7	1.030 105
		100×100×100	76.4	
96	4	150×150×150	77.1	0.974 716
		100×100×100	79.1	
97	4	150×150×150	83.7	1.039 752
		100×100×100	80.5	

序号	配合比编号	试件尺寸/mm	28 d 抗压强度/MPa	折算系数
98	4	150×150×150	83.4	0.980 024
		100×100×100	85.1	
99	4	150×150×150	84.5	1.029 233
		100×100×100	82.1	
100	4	150×150×150	81.1	0.960 9
		100×100×100	84.4	
101	4	150×150×150	77.8	0.988 564
		100×100×100	78.7	
102	4	150×150×150	79.6	1.005 051
		100×100×100	79.2	
103	4	150×150×150	70.6	0.980 556
		100×100×100	72	
104	4	150×150×150	71.8	1.012 694
		100×100×100	70.9	
105	4	150×150×150	73.6	0.998 643
		100×100×100	73.7	
106	4	150×150×150	80.2	0.966 265
		100×100×100	83	
107	4	150×150×150	79	0.948 379
		100×100×100	83.3	
108	4	150×150×150	83	1.038 798
		100×100×100	79.9	
109	4	150×150×150	73.8	0.9
		100×100×100	82	
110	4	150×150×150	77.7	0.960 445
		100×100×100	80.9	
111	4	150×150×150	78.4	1.016 861
		100×100×100	77.1	
112	4	150×150×150	83.4	1.065 134
		100×100×100	78.3	
113	4	150×150×150	79.5	1
		100×100×100	79.5	

续表

序号	配合比编号	试件尺寸/mm	28 d 抗压强度/MPa	折算系数
114	4	150×150×150	77.1	0.992 278
		100×100×100	77.7	
115	4	150×150×150	78.6	0.956 204
		100×100×100	82.2	
116	4	150×150×150	79.8	0.974 359
		100×100×100	81.9	
117	4	150×150×150	77.8	0.987 31
		100×100×100	78.8	
118	4	150×150×150	69.3	0.991 416
		100×100×100	69.9	
119	4	150×150×150	68.4	1.119 476
		100×100×100	61.1	
120	4	150×150×150	76.7	0.997 399
		100×100×100	76.9	
121	4	150×150×150	70.1	1.070 229
		100×100×1000	65.5	
122	4	150×150×150	66.4	1.083 197
		100×100×100	61.3	
123	4	150×150×150	65.3	1.001 534
		100×100×100	65.2	
124	4	150×150×150	79.8	1.048 62
		100×100×100	76.1	
125	4	150×150×150	68.3	0.997 08
		100×100×100	68.5	
126	4	150×150×150	74.5	0.950 255
		100×100×100	78.4	
127	4	150×150×150	73.3	0.929 024
		100×100×100	78.9	

　　数据分析和总结:本次试验共收集 127 组有效数据,按《数据的统计处理和解释——正态样本离群值的判断和处理》GB/T 4883—2008 进行分析处理,经计算得出,抗压强度试件尺寸折算系数 $\alpha=0.99$。

14.5 青岛市砂石骨料碱活性普查试验研究

为贯彻国家工程建设强制性标准对混凝土原材料放射性控制的要求,解决混凝土连续生产中质量控制需求,对青岛区域内预拌混凝土生产企使用的骨料碱活性进行普查性试验研究,用于指导预拌混凝土企业采取针对性质量控制措施,合理选用生产原材料及进行适当后处理,实现预防混凝土碱活性反应造成混凝土破坏的目的。

14.5.1 试验研究方案

14.5.1.1 试验依据

试验依据:《建设用砂》GB/T 14684—2022、《建设用卵石、碎石》GB/T 14685—2022。

按《水工混凝土试验规程》SL/T 352—2020 中 3.6 规定的方法鉴定岩石种类及碱活性骨料类别,骨料中含有碱活性成分时,按以下类别进一步检验。

14.5.1.2 试验方法

1. 碱-硅酸反应——快速法

(1)试剂与材料。

浓度为 1 mol/L 的 NaOH 溶液:将(40±1) g 的 NaOH 溶于 1 L 水(蒸馏水或去离子水)中。

水泥:符合《通用硅酸盐水泥》GB 175—2023 规定的 42.5 等级硅酸盐水泥或符合《混凝土外加剂》GB 8076—2008 中附录 A 规定的基准水泥。

烘箱:温度为(105±5)℃。

天平:量程不下于 1 000 g,分度值不大于 0.1 g。

试验筛:4.75 mm、2.36 mm、1.18 mm、0.60 mm、0.30 mm、0.15 mm 的方孔筛。

比长仪:由百分表和支架组成,百分表的量程为 10 mm,分度值不大于 0.01 mm。

水泥砂浆搅拌机:符合《水泥胶砂强度检验方法(ISO 法)》GB/T 17671—2021 的要求。

高温恒温养护箱或水浴:温度为(80±2)℃。

养护筒:耐碱、不漏水、有密封盖,可装入 3 个试件,筒内设有试件架,可使试件直立于筒中,试件之间以及试件与筒壁之间不接触。

试模:规格为 25 mm×25 mm×280 mm,试模两端可埋入膨胀测头的小孔,膨胀测头用不锈钢制成,直径为 5~7 mm,长度为 25 mm。

(2)环境条件。

材料、成型室、养护室的温度应保持在(20±2)℃。

成型室、测长室的相对湿度不应小于 50%。

高温恒温养护箱或水浴应保持在(80±2)℃。

(3)试件制作。

试样:骨料试样从各混凝土生产企业的砂石料场采集,覆盖了青岛市各区域及部分周边。

细骨料:按人工四分法将试样(潮湿状态下拌合均匀)缩分至约 5.0 kg,用水淋洗干净后放入烘箱中于(105±5)℃下烘干至恒重,待冷却至室温后,筛除大于 4.75 mm 及小于 0.15 mm 的颗粒,然后用颗粒级配试验方法将试样筛分成 0.15~0.30 mm、0.30~0.60 mm、0.60~1.18 mm、1.18~2.36 mm 和 2.36~4.75 mm 五个粒级,分别存放在干燥器内备用。

粗骨料:按人工四分法将试样(自然状态下拌合均匀)缩分至约 5.0 kg,将试样破碎后筛分成 0.15~0.30 mm、0.30~0.60 mm、0.60~1.18 mm、1.18~2.36 mm 和 2.36~4.75 mm 五个粒级,每一个粒级在相应筛子上用水淋洗干净后,放在烘箱中于(105±5)℃下烘干至恒重,分别存放在干燥器内备用。

水泥中不应有结块,并在保质期内。

水泥与集料的质量比为 1:2.25,水灰比为 0.47。一组 3 个试件共需水泥 440 g(精确至 0.1 g)、集料 990 g(按表 14.44 称取,精确至 0.1 g)。

表 14.44　集料级配表(岩石试验破碎后筛分)

公称粒级	4.75~2.36 mm	2.36~1.18 mm	1.18 mm ~ 600 μm	600~300 μm	300~150 μm
分级质量/g	99.0	247.5	247.5	247.5	148.5

砂浆搅拌应按《水泥胶砂强度检验方法(ISO 法)》GB/T 17671—2021 规定进行。

搅拌完成后,立即将砂浆分两次装入已有膨胀测头的试模中,每层捣 40 次,注意膨胀测头四周应小心捣实,浇捣完毕后用镘刀刮涂多余砂浆、抹平,编号并标明测长方向。

(4)养护与测长。

试剂成型后,立即带模放入标准养护室或养护箱内(20 ℃±2 ℃>95% RH)带模养护(24±4) h 后脱模,当试件强度较低时,可延长至 48 h 脱模,立即测量初始长度(L_0),待测试件须用湿布覆盖,以防水分蒸发。

测完初始长度后,将试件浸没于养护筒内(一个养护筒内装同组试件)的水中,并保持水温在(80±2)℃范围内(加盖放在高温恒温养护箱或水浴中),养护(24±2) h。

取出试件,用毛巾擦干表面,立即测量试件的基准长度(L_{01}),测长应在(20±2)℃恒温室中进行,整个过程(从取出试件至完成读数)应在(15±5) s 内完成,待测试件须用湿布覆盖,以防水分蒸发;全部试件测完基准长度后,再将试件浸没于养护筒内 1 mol/L 的 NaOH 溶液中,并保持溶液温度在(80±2)℃范围内(加盖放在高温恒温养护箱或水浴中)。

测长龄期自测定基准长度之日起计算,在第 3 d、7 d、14 d 取出测长(L_{t1}),每次测长时间安排在近似同一时刻内,测量方法与测基准长度的方法相同,每次测长完毕后,将试件放入原养护筒中,加盖放回(80±2)℃的高温恒温养护箱或水浴中养护至下一测试龄期。14 d 后如需继续测长,可安排每 7 d 一次测长。

注意观察在碱液浸泡过程中,试件的开裂、弯曲、断裂等变化,及时记录并留存影像资料。

(5)结果计算与判定。

膨胀率计算公式:

$$\sum_{t1}=\frac{L_{t1}-L_{01}}{L_{01}-2\Delta}\times100\%$$

$(14-1)$

式中,$\sum_{t1}$ 为试件在龄期 t 的膨胀率;L_{t1} 为试件在龄期 t 的长度,单位为 mm;L_{01} 为试件基准长度,单位为 mm;Δ 为膨胀测头的长度,单位为 mm。

膨胀率以 3 个试件膨胀值的算术平均值作为试验结果,精确至 0.01%;一组试件中任何一个试件的膨胀率与平均值相差不大于 0.01%,则结果有效;膨胀率平均值大于 0.05% 时,若每个试件的测定值与平均值之差小于平均值的 20%,也认为结果有效。

当 14 d 膨胀率小于 0.10% 时,判定为无潜在碱-硅酸反应危害;当 14 d 膨胀率大于 0.20% 时,判定为有潜在碱-硅酸反应危害;当 14 d 膨胀率在 0.10%~0.20% 之间时,不能判定有无潜在碱-硅酸反应危害,按下文碱-硅酸反应——砂浆长度法再进行试验并判定。

取 14 d 膨胀率作为报告值。

2. 碱-硅酸反应——砂浆长度法

(1)试剂与材料。

采用硅酸盐水泥或基准水泥,使用 NaOH 将碱含量(以 Na_2O 计,即 $m_{K_2O}\times0.658+m_{Na_2O}$)调至不低于 1.2%;其余试剂材料与快速法相同。

水泥与集料的质量比为 1:2.25,一组 3 个试件,共需水泥 440 g(精确至 0.1 g)、集料 990 g(各粒级按表 14.45 称取,精确至 0.1 g)。

表 14.45　集料级配表(岩石试验破碎后筛分)

公称粒级	4.75~2.36 mm	2.36~1.18 mm	1.18 mm~600 μm	600~300 μm	300~150 μm
分级质量/g	99.0	247.5	247.5	247.5	148.5

用水量按《水泥胶砂流动度测定方法》GB/T 2419—2005 确定,流动度以 105~120 mm 为准。

砂浆搅拌应按《水泥胶砂强度检验方法(ISO 法)》GB/T 17671—2021 规定进行。

搅拌完成后,立即将砂浆分两次装入已有膨胀测头的试模中,每层捣 40 次,注意膨胀测头四周应小心捣实,浇捣完毕后用镘刀刮涂多余砂浆、抹平,编号并标明测长方向。

(2)养护与测长。

试剂成型后,立即带模放入标准养护室或养护箱内(20 ℃±2 ℃、>95% RH)带模养护(24±4)h 后脱模,当试件强度较低时,可延长至 48 h 脱模,立即测量的长度,此为试件的基准长度(L_{02})，每个试件至少重复测量 2 次，取算术平均值作为长度测定值，待测试件须用湿布覆盖，以防水分蒸发。

测完基准长度后，将试件垂直立于养护筒的试件架上，架下放水，但试件不能与水接触（一个养护筒内装同组试件），加盖后放入(40 ± 2)℃的恒温养护箱或养护室内。

测长龄期自测定基准长度之日起计算，在第 14 d、1 个月、2 个月、3 个月、6 个月取出测长(L_{t2})，如有必要还可适当延长。在测长前一天，应把养护筒从(40 ± 2)℃的恒温养护箱或养护室内取出，放到(20 ± 2)℃的恒温室内。测量方法与测基准长度的方法相同，每次测长完毕后，将试件放入原养护筒中，加盖后放回(40 ± 2)℃的恒温养护箱或养护室中继续养护至下一测试龄期。

每次测长后应对每个试件进行挠度测量和外观检查。

挠度测量：把试件放在水平面上，测量试件与平面间的最大距离，不应大于 0.3 mm。

外观检查：观察试件有无裂缝、表面沉积物或渗出物，特别注意在空隙中有无胶体存在，并做详细记录，留存影像资料。

（3）结果计算与判定。

膨胀率计算公式：

$$\sum_{t2}=\frac{L_{t2}-L_{02}}{L_{02}-2\Delta}\times100\%$$ （14-2）

式中，$\sum_{t2}$ 为试件在龄期 t 的膨胀率；L_{t2} 为试件在龄期 t 的长度，单位为 mm；L_{02} 为试件基准长度，单位为 mm；Δ 为膨胀测头的长度，单位为 mm。

膨胀率以 3 个试件膨胀值的算术平均值作为试验结果，精确至 0.01%；一组试件中任何一个试件的膨胀率与平均值相差不大于 0.01%，则结果有效；而膨胀率平均值大于 0.05% 时，若每个试件的测定值与平均值之差小于平均值的 20%，也认为结果有效。

当 6 个月龄期的膨胀率小于 0.10% 时，判定为无潜在碱-硅酸反应危害；否则，判定为有潜在碱-硅酸反应危害。

14.5.2　试验研究数据

试验数据详见表 14.46～表 14.49。

表 14.46　碱活性检测结果统计

种类	规格	最大值（%）	最小值（%）	平均值（%）
河砂	Ⅱ区中砂	0.09	0.01	0.02
人工砂		0.08	0.01	0.05
碎石	全规格	0.097	0.01	0.05
碎石	玄武岩	0.02	0.02	0.02
碎石	5～10 mm	0.09	0.02	0.047
碎石	连续级配	0.10	0.01	0.05

表 14.47　碎石碱活性检测数据

序号	原材料产地	样品名称	样品规格型号	抽样编号	碱活性检测结果（%）
1	城阳	碎石	5～25 mm	KTSS-2023-002	0.049
2	城阳	碎石	5～25 mm	KTSS-2023-003	0.053
3	即墨	碎石	5～25 mm	KTSS-2023-005	0.05
4	青岛	碎石	5～25 mm	KTSS-2023-006	0.03
5	城阳	碎石	5～25 mm	KTSS-2023-007	0.052
6	莱阳	碎石	5～25 mm	KTSS-2023-008	0.065
7	李沧区	碎石	5～25 mm	KTSS-2023-009	0.044
8	城阳	碎石	5～25 mm	KTSS-2023-010	0.066
9	城阳	碎石	5～25 mm	KTSS-2023-011	0.04
10	城阳	碎石	5～25 mm	KTSS-2023-012	0.061
11	青岛	碎石	5～25 mm	KTSS-2023-015	0.032
12	即墨大信	碎石	5～31.5 mm	KTSS-2023-016	0.046
13	青岛	碎石	5～25 mm	KTSS-2023-017	0.038
14	青岛	碎石	5～25 mm	KTSS-2023-019	0.041
15	城阳	碎石	5～25 mm	KTSS-2023-020	0.056
16	城阳河套孟家	碎石	5～25 mm	KTSS-2023-021	0.045
17	安丘	碎石	5～31.5 mm	KTSS-2023-022	0.01
19	黄岛	碎石	5～31.5 mm	KTSS-2023-024	0.01
20	黄岛王台	碎石	5～31.5 mm	KTSS-2023-025	0.01
22	黄岛	碎石	5～31.5 mm	KTSS-2023-027	0.02
23	黄岛	碎石	5～31.5 mm	KTSS-2023-028	0.02
24	黄岛	碎石	5～31.5 mm	KTSS-2023-029	0.01
25	黄岛	碎石	5～25 mm	KTSS-2023-030	0.02
26	黄岛	碎石	5～31.5 mm	KTSS-2023-031	0.01
27	即墨	碎石	5～25 mm	KTSS-2023-043	0.08
28	烟台	碎石	5～25 mm	KTSS-2023-044	0.01
29	即墨	碎石	5～31.5 mm	KTSS-2023-045	0.069
30	青岛	碎石	5～25 mm	KTSS-2023-046	0.07
31	城阳	碎石	5～25 mm	KTSS-2023-047	0.013
32	青岛	碎石	5～31.5 mm	KTSS-2023-048	0.078
33	莱阳	碎石	5～31.5 mm	KTSS-2023-049	0.09
34	青岛	碎石	5～31.5 mm	KTSS-2023-050	0.052

序号	原材料产地	样品名称	样品规格型号	抽样编号	碱活性检测结果（%）
35	即墨	碎石	5～25 mm	KTSS-2023-051	0.084
36	即墨	碎石	5～31.5 mm	KTSS-2023-052	0.085
37	即墨	碎石	5～25 mm	KTSS-2023-053	0.06
38	烟台	碎石	5～25 mm	KTSS-2023-054	0.092
39	莱西	碎石	5～31.5 mm	KTSS-2023-055	0.06
40	城阳	碎石	5～25 mm	KTSS-2023-056	0.081
41	胶北	碎石	5～31.5 mm	KTSS-2023-057	0.083
42	胶州	碎石	5～31.5 mm	KTSS-2023-058	0.09
44	胶州	碎石	5～31.5 mm	KTSS-2023-060	0.088
45	胶州	碎石	5～31.5 mm	KTSS-2023-061	0.07
46	胶州	碎石	5～31.5 mm	KTSS-2023-062	0.072
47	胶州陆家村	碎石	5～25 mm	KTSS-2023-063	0.061
48	青岛	碎石	10～25 mm	KTSS-2023-064	0.065
49	青岛	碎石	5～25 mm	KTSS-2023-065	0.07
50	胶州	碎石	5～25 mm	KTSS-2023-066	0.069
51	海阳	碎石	5～25 mm	KTSS-2023-067	0.065
52	胶州洋河	碎石	5～31.5 mm	KTSS-2023-068	0.05
53	诸城	碎石	5～25 mm	KTSS-2023-069	0.069
54	即墨	碎石	5～25 mm	KTSS-2023-070	0.02
55	青岛	碎石	5～25 mm	KTSS-2023-071	0.02
56	城阳	碎石	5～31.5 mm	KTSS-2023-072	0.01
58	莱西	碎石	5～25 mm	KTSS-2023-074	0.02
59	崂山区	碎石	5～31.5 mm	KTSS-2023-077	0.02
60	城阳	碎石	5～31.5 mm	KTSS-2023-081	0.03
61	平度	碎石	5～25 mm	KTSS-2023-082	0.03
62	莱西	碎石	5～25 mm	KTSS-2023-083	0.03
63	莱阳	碎石	5～25 mm	KTSS-2023-084	0.03
64	莱州	碎石	5～25 mm	KTSS-2023-085	0.03
66	平度旧店镇	碎石	5～31.5 mm	KTSS-2023-088	0.04
67	平度	碎石	5～25 mm	KTSS-2023-089	0.03
68	平度	碎石	5～25 mm	KTSS-2023-090	0.02
69	平度	碎石	5～25 mm	KTSS-2023-091	0.03

序号	原材料产地	样品名称	样品规格型号	抽样编号	碱活性检测结果(%)
70	黄岛	碎石	5～31.5 mm	KTSS-2023-092	0.03
71	黄岛	碎石	5～25 mm	KTSS-2023-093	0.037
72	黄岛王台	碎石	5～31.5 mm	KTSS-2023-094	0.062
73	黄岛	碎石	5～31.5 mm	KTSS-2023-095	0.047
74	胶州洋河镇	碎石	5～25 mm	KTSS-2023-096	0.04
75	青岛	碎石	5～31.5 mm	KTSS-2023-097	0.097
76	黄岛	碎石	5～31.5 mm	KTSS-2023-100	0.065
77	黄岛	碎石	5～25 mm	KTSS-2023-101	0.076
78	黄岛峡沟村北	碎石	5～31.5 mm	KTSS-2023-102	0.04
79	黄岛	碎石	5～31.5 mm	KTSS-2023-103	0.04
80	黄岛	碎石	5～31.5 mm	KTSS-2023-104	0.035
81	黄岛	碎石	5～31.5 mm	KTSS-2023-105	0.044
82	黄岛姜家屯	碎石	5～25 mm	KTSS-2023-107	0.046
83	黄岛	碎石	5～25 mm	KTSS-2023-108	0.04
84	五莲	碎石	5～25 mm	KTSS-2023-109	0.054
85	青岛	碎石	5～31.5 mm	KTSS-2023-110	0.054
86	五莲	碎石	5～31.5 mm	KTSS-2023-111	0.052
87	黄岛张家楼	碎石	5～31.5 mm	KTSS-2023-112	0.047
88	青岛	碎石	5～31.5 mm	KTSS-2023-113	0.055
90	黄岛	碎石	5～31.5 mm	KTSS-2023-115	0.054
91	黄岛	碎石	5～25 mm	KTSS-2023-116	0.04
92	黄岛	碎石	5～31.5 mm	KTSS-2023-117	0.04
93	五莲	碎石	5～31.5 mm	KTSS-2023-119	0.043
94	诸城	碎石	5～31.5 mm	KTSS-2023-121	0.04
95	诸城	碎石	5～31.5 mm	KTSS-2023-123	0.05
96	青岛	碎石	5～25 mm	KTSS-2022-004	0.03
98	青岛	碎石	5～25 mm	KTSS-2022-006	0.03
99	崂山区	碎石	5～31.5 mm	KTSS-2022-007	0.03
100	崂山区	碎石	5～25 mm	KTSS-2022-008	0.03
102	青岛	碎石	5～25 mm	KTSS-2022-010	0.03
104	城阳	碎石	5～31.5 mm	KTSS-2022-012	0.04

序号	原材料产地	样品名称	样品规格型号	抽样编号	碱活性检测结果（%）
105	城阳	碎石	5～31.5 mm	KTSS-2022-013	0.03
106	城阳	碎石	5～25 mm	KTSS-2022-014	0.03
107	莱西	碎石	5～25 mm	KTSS-2022-015	0.03
108	青岛	碎石	5～25 mm	KTSS-2022-016	0.03
112	青岛	碎石	5～25 mm	KTSS-2022-025	0.03
113	城阳	碎石	5～25 mm	KTSS-2022-033	0.03
115	城阳	碎石	5～25 mm	KTSS-2022-036	0.03
116	城阳河套孟家	碎石	5～25 mm	KTSS-2022-038	0.03
117	即墨大信	碎石	5～31.5 mm	KTSS-2022-042	0.03
118	即墨	碎石	5～25 mm	KTSS-2022-044	0.03
119	青岛	碎石	10～25 mm	KTSS-2022-046	0.08
120	青岛	碎石	5～25 mm	KTSS-2022-047	0.07
122	胶州	碎石	5～25 mm	KTSS-2022-049	0.07
124	胶州	碎石	5～31.5 mm	KTSS-2022-052	0.06
125	胶州	碎石	5～31.5 mm	KTSS-2022-055	0.06
126	胶州洋河	碎石	5～31.5 mm	KTSS-2022-057	0.06
127	胶北	碎石	5～31.5 mm	KTSS-2022-058	0.08
128	胶州	碎石	5～31.5 mm	KTSS-2022-059	0.07
130	胶州	碎石	5～31.5 mm	KTSS-2022-061	0.06
132	胶州陆家村	碎石	5～25 mm	KTSS-2022-066	0.07
133	城阳	碎石	5～25 mm	KTSS-2022-067	0.06
134	诸城	碎石	5～25 mm	KTSS-2022-068	0.06
135	海阳	碎石	5～25 mm	KTSS-2022-069	0.06
136	青岛	碎石	5～31.5 mm	KTSS-2022-070	0.03
138	青岛	碎石	5～25 mm	KTSS-2022-073	0.08
139	青岛	碎石	5～31.5 mm	KTSS-2022-074	0.03
141	黄岛张家楼	碎石	5～31.5 mm	KTSS-2022-076	0.06
142	黄岛张家楼	碎石	5～31.5 mm	KTSS-2022-077	0.06
144	黄岛	碎石	5～31.5 mm	KTSS-2022-079	0.06
146	黄岛	碎石	5～31.5 mm	KTSS-2022-081	0.05
147	黄岛	碎石	5～31.5 mm	KTSS-2022-083	0.02

序号	原材料产地	样品名称	样品规格型号	抽样编号	碱活性检测结果（%）
151	黄岛峡沟村北	碎石	5～31.5 mm 5～10.0mm	KTSS-2022-088	0.07
152	黄岛	碎石	5～31.5mm	KTSS-2022-089	0.03
154	黄岛王台	碎石	5～31.5 mm	KTSS-2022-091	0.04
155	黄岛	碎石	5～25 mm	KTSS-2022-092	0.03
160	黄岛	碎石	5～31.5 mm	KTSS-2022-098	0.06
161	黄岛	碎石	5～25 mm	KTSS-2022-099	0.03
162	黄岛	碎石	5～31.5 mm	KTSS-2022-101	0.03
163	黄岛王台	碎石	5～31.5 mm	KTSS-2022-102	0.07
164	黄岛王台	碎石	5～25 mm	KTSS-2022-103	0.07
166	黄岛	碎石	5～31.5 mm	KTSS-2022-105	0.03
168	黄岛姜家屯	碎石	5～25 mm	KTSS-2022-107	0.05
170	胶州洋河镇	碎石	5～25 mm	KTSS-2022-109	0.05
171	胶州	碎石	5～31.5 mm	KTSS-2022-111	0.06
173	诸城	碎石	5～31.5 mm	KTSS-2022-113	0.05
174	诸城	碎石	5～31.5 mm	KTSS-2022-114	0.08
175	诸城	碎石	5～20 mm	KTSS-2022-115	0.06
176	诸城	碎石	5～31.5 mm	KTSS-2022-116	0.07
177	五莲	碎石	5～25 mm	KTSS-2022-117	0.04
178	五莲	碎石	5～31.5 mm	KTSS-2022-118	0.02
184	黄岛	碎石	5～31.5 mm	KTSS-2022-125	0.05
185	黄岛	碎石	5～25.0 mm	KTSS-2022-126	0.03
187	黄岛	碎石	5～31.5 mm	KTSS-2022-130	0.03
188	黄岛	碎石	5～20 mm	KTSS-2022-131	0.03
190	黄岛	碎石	5～25 mm	KTSS-2022-135	0.03
192	黄岛	碎石	5～31.5 mm	KTSS-2022-137	0.02
193	黄岛	碎石	5～31.5 mm	KTSS-2022-138	0.02
194	黄岛	碎石	5～31.5 mm	KTSS-2022-139	0.03
195	胶南	碎石	5～25 mm	KTSS-2022-140	0.03
196	胶州	碎石	5～31.5 mm	KTSS-2022-141	0.06
197	诸城	碎石	5～25 mm	KTSS-2022-142	0.06

续表

序号	原材料产地	样品名称	样品规格型号	抽样编号	碱活性检测结果（%）
198	诸城	碎石	5～25 mm	KTSS-2022-143	0.03
199	诸城	碎石	5～25 mm	KTSS-2022-144	0.06
201	日照	碎石	5～31.5 mm	KTSS-2022-146	0.03
203	日照	碎石	5～25 mm	KTSS-2022-148	0.04
205	日照	碎石	5～25 mm	KTSS-2022-150	0.05
207	安丘	碎石	5～31.5 mm	KTSS-2022-152	0.05
209	青岛	碎石	5～31.5 mm	KTSS-2022-154	0.09
211	城阳	碎石	5～25 mm	KTSS-2022-156	0.04
213	青岛	碎石	5～25 mm	KTSS-2022-158	0.09
214	即墨	碎石	5～25 mm	KTSS-2022-159	0.04
215	即墨	碎石	5～31.5 mm	KTSS-2022-160	0.03
216	即墨	碎石	5～31.5 mm	KTSS-2022-164	0.09
217	即墨	碎石	5～25 mm	KTSS-2022-166	0.04
218	烟台	碎石	5～25 mm	KTSS-2022-169	0.08
219	莱阳	碎石	5～31.5 mm	KTSS-2022-171	0.08
220	青岛	碎石	5～31.5 mm	KTSS-2022-172	0.02
222	平度	碎石	5～25 mm	KTSS-2022-174	0.06
223	平度	碎石	5～25 mm	KTSS-2022-175	0.06
224	平度	碎石	5～31.5 mm	KTSS-2022-176	0.08
225	平度旧店镇	碎石	5～31.5 mm	KTSS-2022-180	0.07
226	莱西	碎石	5～25 mm	KTSS-2022-182	0.06
227	莱阳	碎石	5～25 mm	KTSS-2022-183	0.08
228	莱西	碎石	5～31.5 mm	KTSS-2022-185	0.04
229	城阳	碎石	5～25 mm	KTSS-2022-186	0.03
230	城阳	碎石	5～25 mm	KTSS-2022-187	0.03
231	莱阳	碎石	5～25 mm	KTSS-2022-188	0.02
232	青岛	碎石	5～25 mm	KTSS-2022-189	0.03
233	城阳	碎石	5～25 mm	KTSS-2022-190	0.03
234	城阳	碎石	5～25 mm	KTSS-2022-191	0.03
235	城阳	碎石	5～25 mm	KTSS-2022-192	0.02

表 14.48 人工砂碱活性检测数据

序号	原材料产地	样品名称	样品规格型号	抽样编号	碱活性检测结果（%）
1	青岛	人工砂	中砂	KTSR-2023-001	0.048
2	青岛	人工砂	Ⅱ区中砂	KTSR-2023-002	0.043
3	城阳	人工砂	粗砂	KTSR-2023-004	0.04
4	青岛	人工砂	Ⅱ区中砂	KTSR-2023-006	0.047
5	莱阳	人工砂	中砂	KTSR-2023-007	0.042
6	城阳	人工砂	Ⅰ区粗砂	KTSR-2023-008	0.052
7	城阳	人工砂	中砂	KTSR-2023-010	0.042
8	青岛	人工砂	Ⅰ区粗砂	KTSR-2023-012	0.073
9	城阳	人工砂	Ⅰ区粗砂	KTSR-2023-013	0.04
10	青岛	人工砂	中砂	KTSR-2023-014	0.04
11	市北区	人工砂	中砂	KTSR-2023-016	0.05
12	青岛	人工砂	中砂	KTSR-2023-018	0.023
13	即墨大信	人工砂	粗砂	KTSR-2023-019	0.054
14	平度	人工砂	中砂	KTSR-2023-020	0.041
15	青岛	人工砂	中砂	KTSR-2023-022	0.028
16	城阳	人工砂	Ⅰ区粗砂	KTSR-2023-023	0.03
17	城阳	人工砂	Ⅱ区中砂	KTSR-2023-025	0.063
18	黄岛	人工砂	Ⅱ区中砂	KTSR-2023-026	0.051
19	日照	人工砂	中砂	KTSR-2023-027	0.056
20	日照	人工砂	粗砂	KTSR-2023-028	0.057
21	平度	人工砂	Ⅰ区粗砂	KTSR-2023-029	0.065
22	黄岛	人工砂	中砂	KTSR-2023-030	0.054
23	青岛	人工砂	Ⅱ区中砂	KTSR-2023-031	0.061
24	青岛	人工砂	粗砂	KTSR-2023-033	0.073
25	西海岸新区	人工砂	Ⅰ区粗砂	KTSR-2023-034	0.069
26	黄岛	人工砂	中砂	KTSR-2023-038	0.067
27	黄岛	人工砂	中砂	KTSR-2023-041	0.053
28	青岛	人工砂	粗砂	KTSR-2023-042	0.069
29	日照	人工砂	Ⅱ区中砂	KTSR-2023-045	0.056
30	日照	人工砂	中砂	KTSR-2023-046	0.052
31	日照	人工砂	Ⅰ区粗砂	KTSR-2023-047	0.06

序号	原材料产地	样品名称	样品规格型号	抽样编号	碱活性检测结果（％）
32	青岛	人工砂	粗砂	KTSR-2023-048	0.07
33	黄岛	人工砂	粗砂	KTSR-2023-049	0.063
34	五莲	人工砂	中砂	KTSR-2023-050	0.077
35	诸城	人工砂	粗砂	KTSR-2023-053	0.059
36	青岛	人工砂	Ⅱ区中砂	KTSR-2023-056	0.038
37	城阳	人工砂	中砂	KTSR-2023-059	0.012
38	青岛	人工砂	中砂	KTSR-2023-060	0.043
39	青岛	人工砂	中粗砂	KTSR-2023-061	0.03
40	青岛	人工砂	中砂	KTSR-2023-063	0.057
41	即墨	人工砂	粗砂	KTSR-2023-064	0.04
42	即墨	人工砂	Ⅰ区粗砂	KTSR-2023-065	0.034
43	莱阳	人工砂	中砂	KTSR-2023-067	0.051
44	莱西	人工砂	Ⅰ区粗砂	KTSR-2023-068	0.032
45	莱西	人工砂	Ⅱ区中砂	KTSR-2023-070	0.07
46	胶州	人工砂	Ⅱ区中砂	KTSR-2023-071	0.078
47	崂山区牟家	人工砂	中砂	KTSR-2023-073	0.071
48	胶州	人工砂	中粗砂	KTSR-2023-074	0.081
49	胶州	人工砂	Ⅱ区中砂	KTSR-2023-075	0.081
50	胶州	人工砂	Ⅱ区中砂	KTSR-2023-076	0.07
51	胶州	人工砂	粗砂	KTSR-2023-077	0.064
52	青岛	人工砂	Ⅱ级中砂	KTSR-2023-078	0.059
53	青岛	人工砂	中砂	KTSR-2023-079	0.073
54	青岛	人工砂	Ⅰ区粗砂	KTSR-2023-080	0.061
55	青岛	人工砂	Ⅱ区中砂	KTSR-2023-081	0.063
56	崂山区	人工砂	粗砂	KTSR-2023-082	0.074
57	烟台	人工砂	中砂	KTSR-2023-083	0.076
58	市北区	人工砂	粗砂	KTSR-2023-084	0.03
59	青岛	人工砂	粗砂	KTSR-2023-086	0.03
60	城阳	人工砂	中砂	KTSR-2023-089	0.03
61	城阳	人工砂	粗砂	KTSR-2023-090	0.03
62	莱西	人工砂	中砂	KTSR-2023-091	0.03

序号	原材料产地	样品名称	样品规格型号	抽样编号	碱活性检测结果（%）
63	莱阳	人工砂	中粗	KTSR-2023-092	0.04
64	平度旧店镇	人工砂	中砂	KTSR-2023-093	0.04
65	平度	人工砂	中砂	KTSR-2023-094	0.03
66	平度	人工砂	Ⅱ区中砂	KTSR-2023-095	0.02
67	平度	人工砂	Ⅱ区中砂	KTSR-2023-096	0.03
68	平度	人工砂	Ⅱ区中砂	KTSR-2023-097	0.03
69	平度	人工砂	中砂	KTSR-2023-098	0.03
70	平度	人工砂	中砂	KTSR-2023-099	0.03
71	黄岛	人工砂	Ⅰ区粗砂	KTSR-2023-102	0.047
72	平度	人工砂	中砂	KTSR-2023-103	0.047
73	黄岛	人工砂	粗砂	KTSR-2023-105	0.043
74	黄岛	人工砂	粗砂	KTSR-2023-107	0.05
75	黄岛	人工砂	Ⅱ区中砂	KTSR-2023-110	0.08
76	青岛	人工砂	粗砂	KTSR-2023-112	0.07
77	青岛	人工砂	粗砂	KTSR-2023-113	0.06
78	青岛	人工砂	粗砂	KTSR-2023-114	0.08
79	胶州洋河镇	人工砂	粗砂	KTSR-2023-115	0.06
80	黄岛泊里	人工砂	粗砂	KTSR-2023-116	0.06
81	黄岛	人工砂	石粉砂	KTSR-2023-118	0.07
82	西海岸新区	人工砂	Ⅱ区中砂	KTSR-2023-119	0.06
83	五莲	人工砂	中砂	KTSR-2023-124	0.07
84	黄岛胶南	人工砂	中砂	KTSR-2023-126	0.06
85	五莲	人工砂	Ⅰ区粗砂	KTSR-2023-127	0.07
86	五莲	人工砂	Ⅰ区粗砂	KTSR-2023-128	0.07
87	五莲	人工砂	Ⅱ区中砂	KTSR-2023-129	0.06
88	诸城	人工砂	Ⅱ区中砂	KTSR-2023-130	0.06
89	诸城	人工砂	中砂	KTSR-2023-131	0.07
90	市北区	人工砂	粗砂	KTSR-2022-003	0.03
91	青岛	人工砂	粗砂	KTSR-2022-004	0.03
92	青岛	人工砂	粗砂	KTSR-2022-005	0.04
93	青岛	人工砂	中砂	KTSR-2022-006	0.03

序号	原材料产地	样品名称	样品规格型号	抽样编号	碱活性检测结果（%）
94	平度	人工砂	中砂	KTSR-2022-007	0.03
95	城阳	人工砂	中砂	KTSR-2022-008	0.03
96	城阳	人工砂	粗砂	KTSR-2022-009	0.03
97	市北区	人工砂	中砂	KTSR-2022-010	0.06
98	青岛	人工砂	Ⅰ区粗砂	KTSR-2022-011	0.03
99	青岛	人工砂	中砂	KTSR-2022-012	0.06
100	青岛	人工砂	中砂	KTSR-2022-013	0.04
101	青岛	人工砂	中砂	KTSR-2022-014	0.03
102	青岛	人工砂	中砂	KTSR-2022-015	0.04
103	青岛	人工砂	中粗砂	KTSR-2022-017	0.03
104	即墨大信	人工砂	粗砂	KTSR-2022-018	0.03
105	平度	人工砂	中砂	KTSR-2022-019	0.07
106	城阳	人工砂	Ⅰ区粗砂	KTSR-2022-020	0.03
107	城阳	人工砂	Ⅱ区中砂	KTSR-2022-021	0.03
108	城阳	人工砂	粗砂	KTSR-2022-022	0.03
109	城阳	人工砂	Ⅱ区中砂	KTSR-2022-023	0.06
110	城阳	人工砂	Ⅰ区粗砂	KTSR-2022-024	0.03
111	青岛	人工砂	Ⅱ区中砂	KTSR-2022-026	0.05
112	城阳	人工砂	Ⅰ区粗砂	KTSR-2022-027	0.04
113	青岛	人工砂	Ⅱ区中砂	KTSR-2022-029	0.03
114	青岛	人工砂	Ⅱ区中砂	KTSR-2022-032	0.07
115	青岛	人工砂	Ⅰ区粗砂	KTSR-2022-034	0.09
116	胶州	人工砂	Ⅱ区中砂	KTSR-2022-035	0.06
117	胶州	人工砂	Ⅱ区中砂	KTSR-2022-036	0.08
118	莒县	人工砂	Ⅰ区粗砂	KTSR-2022-037	0.07
119	青岛	人工砂	Ⅱ区中砂	KTSR-2022-038	0.07
120	崂山区牟家	人工砂	中砂	KTSR-2022-039	0.06
121	青岛	人工砂	Ⅱ区中砂	KTSR-2022-040	0.06
122	青岛	人工砂	中砂	KTSR-2022-041	0.07
123	胶州	人工砂	Ⅱ区中砂	KTSR-2022-044	0.07
124	胶州	人工砂	粗砂	KTSR-2022-046	0.08

序号	原材料产地	样品名称	样品规格型号	抽样编号	碱活性检测结果（%）
125	胶州	人工砂	中粗砂	KTSR-2022-047	0.07
126	黄岛	人工砂	中砂	KTSR-2022-059	0.04
127	黄岛区王台	人工砂	粗砂	KTSR-2022-060	0.04
128	黄岛	人工砂	粗砂	KTSR-2022-063	0.03
129	黄岛	人工砂	细砂	KTSR-2022-064	0.03
130	黄岛	人工砂	中砂	KTSR-2022-065	0.03
131	黄岛	人工砂	Ⅱ区中砂	KTSR-2022-066	0.03
132	胶州	人工砂	中粗	KTSR-2022-067	0.03
133	平度	人工砂	Ⅰ区粗砂	KTSR-2022-068	0.03
134	平度	人工砂	Ⅱ区中砂	KTSR-2022-069	0.07
135	日照	人工砂	中砂	KTSR-2022-070	0.06
136	日照	人工砂	Ⅰ区粗砂	KTSR-2022-071	0.06
137	五莲	人工砂	中砂	KTSR-2022-072	0.06
138	日照	人工砂	粗砂	KTSR-2022-073	0.05
139	日照	人工砂	中砂	KTSR-2022-074	0.04
140	日照	人工砂	Ⅱ区中砂	KTSR-2022-075	0.07
141	诸城	人工砂	粗砂	KTSR-2022-076	0.06
142	诸城	人工砂	Ⅱ区中砂	KTSR-2022-077	0.07
143	诸城	人工砂	粗砂	KTSR-2022-078	0.08
144	黄岛	人工砂	Ⅱ区中砂	KTSR-2022-079	0.07
145	黄岛	人工砂	Ⅱ区中砂	KTSR-2022-081	0.06
146	青岛	人工砂	Ⅰ区粗砂	KTSR-2022-083	0.06
147	西海岸新区	人工砂	Ⅱ区中砂	KTSR-2022-084	0.07
148	西海岸新区	人工砂	Ⅰ区粗砂	KTSR-2022-085	0.07
149	黄岛	人工砂	中砂	KTSR-2022-086	0.08
150	黄岛	人工砂	Ⅱ区中砂	KTSR-2022-087	0.06
151	青岛	人工砂	Ⅰ区粗砂	KTSR-2022-088	0.07
152	青岛	人工砂	粗砂	KTSR-2022-089	0.08
153	青岛	人工砂	中砂	KTSR-2022-090	0.04
154	青岛	人工砂	粗砂	KTSR-2022-091	0.06
155	青岛	人工砂	粗砂	KTSR-2022-092	0.06

序号	原材料产地	样品名称	样品规格型号	抽样编号	碱活性检测结果（％）
156	青岛	人工砂	粗砂	KTSR-2022-093	0.07
157	青岛	人工砂	粗砂	KTSR-2022-094	0.03
158	青岛	人工砂	粗砂	KTSR-2022-095	0.04
159	五莲	人工砂	粗砂	KTSR-2022-096	0.03
160	青岛	人工砂	粗砂	KTSR-2022-097	0.05
161	黄岛	人工砂	粗砂	KTSR-2022-098	0.06
162	黄岛	人工砂	中砂	KTSR-2022-099	0.04
163	黄岛	人工砂	粗砂	KTSR-2022-100	0.03
164	黄岛	人工砂	粗砂	KTSR-2022-101	0.06
165	黄岛	人工砂	石粉砂	KTSR-2022-102	0.04
166	黄岛峡沟村	人工砂	粗砂	KTSR-2022-103	0.06
167	黄岛	人工砂	Ⅰ区粗砂	KTSR-2022-104	0.03
168	黄岛	人工砂	中砂	KTSR-2022-105	0.07
169	黄岛胶南	人工砂	中砂	KTSR-2022-106	0.03
170	黄岛泊里	人工砂	粗砂	KTSR-2022-107	0.04
171	黄岛	人工砂	Ⅱ区中砂	KTSR-2022-108	0.04
172	黄岛	人工砂	粗砂	KTSR-2022-109	0.04
173	胶州洋河镇	人工砂	粗砂	KTSR-2022-110	0.02
174	胶州	人工砂	中砂	KTSR-2022-111	0.06
175	五莲	人工砂	Ⅰ区粗砂	KTSR-2022-114	0.05
176	五莲	人工砂	Ⅱ区中砂	KTSR-2022-115	0.05
177	五莲	人工砂	Ⅰ区粗砂	KTSR-2022-116	0.03
178	诸城	人工砂	中砂	KTSR-2022-117	0.03
179	诸城	人工砂	Ⅱ区中砂	KTSR-2022-118	0.05
180	诸城	人工砂	Ⅰ区粗砂	KTSR-2022-119	0.05
181	诸城	人工砂	中砂	KTSR-2022-120	0.03
182	青岛	人工砂	中粗砂	KTSR-2022-121	0.02
183	青岛	人工砂	中砂	KTSR-2022-122	0.07
184	莱阳	人工砂	中砂	KTSR-2022-123	0.03
185	青岛	人工砂	中砂	KTSR-2022-124	0.05
186	即墨	人工砂	粗砂	KTSR-2022-125	0.07

序号	原材料产地	样品名称	样品规格型号	抽样编号	碱活性检测结果（%）
187	即墨	人工砂	中砂	KTSR-2022-126	0.04
188	即墨	人工砂	Ⅰ区粗砂	KTSR-2022-127	0.04
189	即墨	人工砂	中砂	KTSR-2022-128	0.07
190	城阳	人工砂	中砂	KTSR-2022-129	0.01
191	烟台	人工砂	粗砂	KTSR-2022-131	0.04
192	平度	人工砂	中砂	KTSR-2022-135	0.04
193	平度	人工砂	Ⅱ区中砂	KTSR-2022-136	0.03
194	平度	人工砂	Ⅱ区中砂	KTSR-2022-137	0.03
195	平度旧店镇	人工砂	中砂	KTSR-2022-141	0.04
196	莱西	人工砂	中砂	KTSR-2022-142	0.01
197	莱阳	人工砂	中粗	KTSR-2022-143	0.03
198	平度	人工砂	Ⅱ区中砂	KTSR-2022-144	0.05
199	莱阳	人工砂	中砂	KTSR-2022-145	0.04
200	莱西	人工砂	Ⅰ区粗砂	KTSR-2022-146	0.06
201	莱西	人工砂	Ⅱ区中砂	KTSR-2022-147	0.02
202	莱西	人工砂	Ⅰ区粗砂	KTSR-2022-148	0.06
203	青岛	人工砂	中砂	KTSR-2022-150	0.06
204	莱阳	人工砂	中砂	KTSR-2022-151	0.08
205	城阳	人工砂	中砂	KTSR-2022-153	0.08

表 14.49　河砂碱活性检测数据

序号	原材料产地	样品名称	样品规格型号	抽样编号	碱活性（快速法）试验结果（%）
1	青岛	河砂	中砂	KTSH-2022-003	0.03
2	青岛	河砂	中砂	KTSH-2022-004	0.04
3	即墨区蓝村	河砂	中砂	KTSH-2022-005	0.04
4	莱阳	河砂	中砂	KTSH-2022-006	0.02
5	青岛	河砂	中砂	KTSH-2022-007	0.05
6	城阳河套	河砂	中砂	KTSH-2022-011	0.05
7	莱西	河砂	Ⅱ区中砂	KTSH-2022-012	0.06
8	胶州	河砂	中砂	KTSH-2022-020	0.07
9	胶州铺集镇	河砂	中砂	KTSH-2022-021	0.07

续表

序号	原材料产地	样品名称	样品规格型号	抽样编号	碱活性(快速法)试验结果(%)
10	胶州	河砂	Ⅱ区中砂	KTSH-2022-022	0.07
11	胶州九龙	河砂	中砂	KTSH-2022-023	0.07
12	胶州	河砂	Ⅱ区中砂	KTSH-2022-024	0.08
13	普集	河砂	中砂	KTSH-2022-025	0.08
14	平度	河砂	中砂	KTSH-2022-026	0.07
15	平度	河砂	Ⅱ区中砂	KTSH-2022-027	0.07
16	青岛	河砂	中砂	KTSH-2022-029	0.05
17	青岛	河砂	中砂	KTSH-2022-030	0.06
18	青岛	河砂	中砂	KTSH-2022-031	0.05
19	黄岛理务关	河砂	中砂	KTSH-2022-033	0.07
20	黄岛理务关	河砂	中砂	KTSH-2022-034	0.06
21	黄岛	河砂	Ⅱ区中砂	KTSH-2022-035	0.03
22	黄岛	河砂	中砂	KTSH-2022-036	0.04
23	黄岛	河砂	中砂	KTSH-2022-038	0.07
24	胶州洋河镇	河砂	中砂	KTSH-2022-039	0.04
25	诸城	河砂	Ⅱ区中砂	KTSH-2022-040	0.04
26	诸城	河砂	中砂	KTSH-2022-041	0.03
27	诸城	河砂	中砂	KTSH-2022-042	0.03
28	诸城	河砂	中砂	KTSH-2022-043	0.03
29	诸城	河砂	中砂	KTSH-2022-044	0.07
30	诸城	河砂	Ⅱ区中砂	KTSH-2022-045	0.04
31	五莲	河砂	Ⅲ区细砂	KTSH-2022-046	0.06
32	日照	河砂	中砂	KTSH-2022-047	0.06
33	五莲	河砂	Ⅱ区中砂	KTSH-2022-048	0.07
34	黄岛	河砂	Ⅱ区中砂	KTSH-2022-049	0.07
35	青岛	河砂	中砂	KTSH-2022-050	0.05
36	黄岛	河砂	中砂	KTSH-2022-053	0.04
37	黄岛	河砂	中砂	KTSH-2022-054	0.06
38	诸城	河砂	中砂	KTSH-2022-056	0.05
39	诸城	河砂	中砂	KTSH-2022-057	0.05
40	临沂沂水	河砂	中砂	KTSH-2022-059	0.03

续表

序号	原材料产地	样品名称	样品规格型号	抽样编号	碱活性（快速法）试验结果（%）
41	青岛	河砂	Ⅱ区中砂	KTSH-2022-060	0.05
42	即墨大沽河	河砂	Ⅱ区中砂	KTSH-2022-062	0.05
43	青岛	河砂	中砂	KTSH-2022-063	0.07
44	莱西	河砂	中砂	KTSH-2022-064	0.04
45	莱阳	河砂	中砂	KTSH-2022-065	0.04
46	莱阳五龙河	河砂	中砂	KTSH-2022-066	0.02
47	胶州	河砂	Ⅱ区中砂	KTSH-2022-068	0.02
48	平度	河砂	河砂	KTSH-2022-070	0.08
49	平度	河砂	中砂	KTSH-2022-071	0.03
50	平度旧店镇	河砂	中砂	KTSH-2022-072	0.08
51	平度	河砂	Ⅱ区中砂	KTSH-2022-075	0.03
52	莱阳	河砂	Ⅱ区中砂	KTSH-2022-077	0.03
53	黄岛	河砂	Ⅱ区中砂	KTSH-2022-078	0.01
54	黄岛	河砂	Ⅱ区中砂	KTSH-2023-007	0.04
55	黄岛	河砂	中砂	KTSH-2023-008	0.041
56	黄岛	河砂	中砂	KTSH-2023-009	0.033
57	黄岛泊里	河砂	中砂	KTSH-2023-010	0.049
58	黄岛	河砂	Ⅱ区中砂	KTSH-2023-011	0.053
59	临沂沂水	河砂	中砂	KTSH-2023-012	0.047
60	青岛	河砂	中砂	KTSH-2023-014	0.043
61	青岛	河砂	Ⅱ区中砂	KTSH-2023-015	0.042
62	诸城	河砂	中砂	KTSH-2023-017	0.056
63	诸城	河砂	中砂	KTSH-2023-018	0.039
64	即墨大沽河	河砂	Ⅱ区中砂	KTSH-2023-019	0.038
65	即墨大沽河	河砂	中砂	KTSH-2023-020	0.045
66	莱西	河砂	中砂	KTSH-2023-022	0.04
67	莱阳五龙河	河砂	中砂	KTSH-2023-023	0.047
68	青岛	河砂	中砂	KTSH-2023-024	0.041
69	烟台	河砂	中砂	KTSH-2023-025	0.027
70	莱阳	河砂	中砂	KTSH-2023-026	0.036
71	黄岛	河砂	Ⅱ区中砂	KTSH-2023-027	0.031

序号	原材料产地	样品名称	样品规格型号	抽样编号	碱活性（快速法）试验结果（%）
72	莱阳	河砂	Ⅱ区中砂	KTSH-2023-028	0.011
73	胶州	河砂	中砂	KTSH-2023-029	0.073
74	胶州	河砂	Ⅱ区中砂	KTSH-2023-030	0.044
75	胶州九龙	河砂	中砂	KTSH-2023-031	0.066
76	胶州铺集镇	河砂	中砂	KTSH-2023-032	0.061
77	平度	河砂	中砂	KTSH-2023-033	0.055
78	平度	河砂	Ⅱ区中砂	KTSH-2023-034	0.067
79	胶州	河砂	中砂	KTSH-2023-035	0.081
80	胶州	河砂	Ⅱ区中砂	KTSH-2023-036	0.061
81	平度	河砂	中砂	KTSH-2023-037	0.084
82	青岛	河砂	中砂	KTSH-2023-038	0.086
83	即墨蓝村	河砂	中砂	KTSH-2023-039	0.03
84	青岛	河砂	中砂	KTSH-2023-040	0.03
85	莱阳	河砂	中砂	KTSH-2023-042	0.04
86	平度	河砂	河砂	KTSH-2023-043	0.03
87	平度	河砂	中砂	KTSH-2023-044	0.03
88	平度	河砂	Ⅱ区中砂	KTSH-2023-045	0.04
89	平度	河砂	Ⅱ区中砂	KTSH-2023-046	0.03
90	平度旧店镇	河砂	中砂	KTSH-2023-047	0.03
91	莱阳	河砂	Ⅱ区中砂	KTSH-2023-048	0.03
92	黄岛	河砂	中砂	KTSH-2023-050	0.040
93	黄岛	河砂	Ⅱ区中砂	KTSH-2023-051	0.053
94	黄岛理务关	河砂	中砂	KTSH-2023-053	0.057
95	胶州洋河镇	河砂	中砂	KTSH-2023-054	0.050
96	青岛	河砂	中砂	KTSH-2023-055	0.040
97	青岛	河砂	中砂	KTSH-2023-056	0.043
98	青岛	河砂	中砂	KTSH-2023-057	0.040
99	青岛	河砂	中砂	KTSH-2023-058	0.030

14.5.3　试验研究结论

经过两年时间，进行了两轮抽样，对全部检测数据进行分析，并对部分检测结果进一步验证,结论为普查范围内的砂石骨料未发现碱-硅酸反应活性骨料。

14.6 青岛市混凝土原材料放射性普查试验研究

为贯彻国家工程建设强制性标准对混凝土原材料放射性控制的要求,解决混凝土生产中质量控制需求,对青岛市预拌混凝土生产企使用的原材料水泥、骨料、掺合料的放射性进行普查试验,用于指导预拌混凝土企业采取针对性质量控制措施,合理选用原材料及进行适当技术处理,实现控制混凝土原材料放射性的目的。

14.6.1 青岛市混凝土原材料使用现状和问题

由于环保要求,近几年砂石矿山开采产量下降。青岛市混凝土用砂石主要来源于由工程施工开挖出的石料加工的砂石,来源地点广泛,难以按矿点检验放射性。

青岛市混凝土用粉煤灰基本来源于各大电厂,因电厂脱硫、脱硝等工艺改变,粉煤灰没有作为产品进行出厂管理,质量不可控因素较多。

水泥厂家来源基本可以追溯,产品标准中也对放射性进行了明确要求。

粗细骨料及掺合料多为经销商提供,无法追溯其明确的来源产地,缺少相关出厂证明材料,无放射性的出厂检验。

14.6.2 混凝土原材料放射性调查与研究方案

对青岛市预拌混凝土企业使用的各产地、各厂家的骨料、水泥、粉煤灰、矿粉等原材料进行放射性试验检测。为达到普查目的,选取的样品要覆盖范围全面且具有代表性,涉及的原材料产地包括青岛市及其周边地区。

抽取的样品统一编号,混合均匀后分成两份,一份进行检测,另一份备份留样(集中管理)。

将检测样品按编号盲样登记发放到参与研究的检测单位进行检测。

14.6.3 青岛市混凝土原材料使用情况调查

本次调查共涉及青岛市混凝土生产企业 120 家,使用的混凝土原材料主要涉及青岛、日照、潍坊、烟台、淄博、临沂、大连、唐山等地区,其中青岛本地原材料使用占比最大,其次是日照、潍坊和烟台。

在参与调研的 120 家混凝土生产企业中,有 16 家企业使用 2 个产地的水泥,1 家使用 3 个产地的水泥,1 家使用 4 个产地的水泥;有 2 家未使用粉煤灰,15 家未使用矿渣粉,1 家使用 2 种料源的矿渣粉;有 7 家仅使用河砂,57 家仅使用机制砂,5 家使用 2 种料源的碎石,1 家使用 3 种料源的碎石。

14.6.4 青岛市混凝土原材料放射性检测方案

14.6.4.1 分析方法和检测设备

根据《建筑材料放射性核素限量》GB 6566—2010、《用于水泥和混凝土中的粉煤灰》GB/T 1596—2017、《用于水泥和混凝土中的粒化高炉矿渣粉》GB/T 18046—2017 中的标准方法进行分析。

采用 PGS-6000 低本底多道 γ 能谱仪。

14.6.4.2　取样和制样

1）取样

粗骨料：根据国家标准《建设用卵石、碎石》GB/T 14685—2022 要求，从料堆上取样前应先将取样部位表层铲除，然后从不同部位取大致等量的石子 15 份，组成一组样品；每份样品不少于 25 kg。

细骨料：根据国家标准《建设用砂》GB/T 14684—2022 要求，从料堆上取样前应先将取样部位表层铲除，然后从不同部位取大致等量的砂 8 份，组成一组样品；每份样品不少于 25 kg。

水泥：散装水泥深度不超 2 m 时，每个编号内采用散装水泥取样器随机取样，每次抽取的单样量尽量一致；每 1/10 编号在 5 min 内取至少 6 kg；袋装水泥取样时每个编号内随机抽取不少于 20 袋水泥，采用袋装水泥取样器取样，每次抽取的单样量尽量一致；每 1/10 编号在一袋中取至少 6 kg。

粉煤灰：取样方法参照水泥取样，取样应有代表性，可连续取样，也可在 10 个以上部位取等量样品；每份样品至少 5 kg。

矿粉：取样方法参照水泥取样，取样应有代表性，可连续取样，也可在 20 个以上部位取等量样品；每份样品至少 20 kg。

2）制样

按人工四分法将试样（潮湿状态下拌合均匀）缩分至两份（约 2 kg），一份封存，另一份作为检验样品。样品宜贮存在密封干燥器内，试验前混合均匀。

水泥检测样品：经缩分后混合均匀，可直接取粒径不大于 0.16 mm 的试样，将其放入与标准样品几何形态一致的样品盒中，称重。每个样品盒内样品净重宜为（340±10）g，精确至 0.1 g。装样后样品盒宜用电工胶布密封，于检测条件一致的环境中静置不少于 12 h 后进行分析。

粉煤灰、矿渣粉检测样品：经缩分后混合均匀，可直接取粒径不大于 0.16 mm 的试样，将粉煤灰、矿渣粉分别和符合《通用硅酸盐水泥》GB175—2023 要求的硅酸盐水泥（粒径不大于 0.16 mm）按质量比 1:1 混合均匀，放入与标准样品几何形态一致的样品盒中，称重。每个样品盒内样品净重宜为（340±10）g，精确至 0.1 g。装样后样品盒宜用电工胶布密封，于检测条件一致的环境中静置不少于 12 h 后进行分析。由于《建筑材料放射性核素限量》GB 6566—2010 与《用于水泥和混凝土中的粉煤灰》GB/T 1596—2017、《用于水泥和混凝土中的粒化高炉矿渣粉》GB/T 18046—2017 中试验方法有所不同，对部分粉煤灰和矿粉的样品按照《建筑材料放射性核素限量》GB 6566—2010 要求进行了原样对比分析。

粗骨料、细骨料检测样品：经缩分后冲洗干净，放在干燥箱中于（105±5）℃ 的温度下烘干至恒重，待冷却至室温后，分为大致相等的两份试样备用。将其中一份检验样品全部破碎，研磨至粒径不大于 0.16 mm。将其放入与标准样品几何形态一致的样品盒中,称重。每个样品盒内样品净重宜为(340±10) g,精确至 0.1 g。装样后样品盒宜用电工胶布密封,于检测条件一致的环境中静置不少于 12 h 后进行分析。

14.6.4.3 检测数据

制备好的样品静置不少于 12 h 后进行分析,分析时间为 7 000 s。

计算内照射指数(I_{Ra})和外照射指数(I_γ)。

$I_{Ra} = \dfrac{C_{Ra}}{200}$,即材料中天然放射性核素镭-226 的放射性比活度与标准中规定的限量值之比值。

$I_\gamma = \dfrac{C_{Ra}}{370} + \dfrac{C_{Th}}{260} + \dfrac{C_K}{4200}$,即材料中天然放射性核素镭-226、钍-232 和钾-40 的放射性比活度分别与其各单位单独存在时标准中规定的限量值之比值的和。

计算结果数字修约后保留一位小数。

混凝土原材料放射性检测数据:

在 2022 年和 2023 年分两次进行抽样,样品自青岛市 138 家混凝土及预拌砂浆生产企业现场抽取,基本上能够代表青岛市混凝土原材料使用来源分布情况(表 14.49)。第一次共抽取 541 个样品,其中,水泥样品 84 个、粉煤灰样品 52 个、矿渣粉样品 54 个、河砂样品 61 个、人工砂样品 126 个、碎石样品 164 个。第二次共抽取 435 个样品,其中,水泥样品 95 个、粉煤灰样品 48 个、矿渣粉样品 46 个、河砂样品 55 个、人工砂样品 84 个、碎石样品 107 个(表 14.50)。

表 14.49　抽样区域分布情况

	崂山区	市内其余三区	西海岸新区	城阳区	高新区	即墨区	胶州市	平度市	莱西市
抽样企业数量	3	7	59	26	1	14	21	10	5
2022 年抽样数	10	34	233	93	2	58	57	38	16
2023 年抽样数	13	15	171	75	3	48	61	39	10

表 14.50　混凝土原材料放射性抽样情况(样品个数)

	水泥	粉煤灰	矿渣粉	河砂	人工砂	碎石
2022 年	84	52	54	61	126	164
2023 年	95	48	46	55	84	107

水泥放射性检测结果见表 14.51。

表 14.51　水泥放射性检测结果

序号	原材料产地	样品名称	样品规格型号	抽样编号	放射性试验结果	
					内照射	外照射
1	日照	水泥	P·O 42.5	KTSN-2022-001	0.1	0.3
2	即墨	水泥	P·O 42.5	KTSN-2022-002	0.2	0.2
3	城阳	水泥	P·O 42.5	KTSN-2022-003	0.2	0.3
4	城阳	水泥	P·O 42.5	KTSN-2022-004	0.2	0.4
5	大连长兴岛	水泥	P·O 42.5	KTSN-2022-006	0.2	0.3
6	日照	水泥	P·O 42.5	KTSN-2022-008	0.2	0.3
7	日照莒县	水泥	P·O 42.5	KTSN-2022-010	0.2	0.2
8	青岛市北区	水泥	P·O 42.5	KTSN-2022-011	0.3	0.4
9	黄岛王台镇	水泥	P·O 42.5	KTSN-2022-013	0.3	0.4
10	城阳	水泥	P·O 42.5	KTSN-2022-014	0.2	0.3
11	城阳	水泥	P·O 52.5	KTSN-2022-015	0.2	0.3
12	城阳	水泥	P·O 42.5	KTSN-2022-016	0.3	0.3
13	潍坊高密	水泥	P·O 42.5	KTSN-2022-018	0.3	0.4
14	高密	水泥	P·O 42.5	KTSN-2022-019	0.2	0.3
15	烟台	水泥	P·O 42.5	KTSN-2022-020	0.1	0.2
16	烟台福山区	水泥	P·O 52.5	KTSN-2022-021	0.2	0.2
17	日照	水泥	P·O 42.5	KTSN-2022-024	0.3	0.4
18	黄岛王台镇	水泥	P·O 42.5	KTSN-2022-025	0.3	0.4
19	城阳	水泥	P·O 42.5	KTSN-2022-027	0.3	0.4
20	莱西	水泥	P·O 42.5	KTSN-2022-028	0.2	0.3
21	诸城	水泥	P·O 42.5	KTSN-2022-029	0.2	0.3
22	诸城	水泥	P·O 42.5	KTSN-2022-031	0.2	0.2
23	高密	水泥	P.O 42.5	KTSN-2022-032	0.3	0.5
24	淄博	水泥	P·O 42.5	KTSN-2022-034	0.3	0.4
25	沂南	水泥	P·O 42.5	KTSN-2022-035	0.2	0.4
26	日照	水泥	P·O 42.5	KTSN-2022-036	0.2	0.3
27	日照莒县	水泥	P·O 52.5	KTSN-2022-037	0.1	0.2
28	日照莒县	水泥	P·O 42.5	KTSN-2022-038	0.2	0.3
29	日照莒县	水泥	P·O 42.5	KTSN-2022-039	0.2	0.3
30	日照莒县	水泥	P·O 42.5	KTSN-2022-040	0.2	0.2

序号	原材料产地	样品名称	样品规格型号	抽样编号	放射性试验结果	
					内照射	外照射
31	日照	水泥	P·O 52.5	KTSN-2022-041	0.1	0.2
32	日照	水泥	P·O 52.5	KTSN-2022-042	0.1	0.2
33	日照	水泥	P·O 42.5	KTSN-2022-043	0.2	0.3
34	黄岛	水泥	P.O 42.5	KTSN-2022-044	0.2	0.3
35	黄岛	水泥	P.I 52.5	KTSN-2022-045	0.2	0.3
36	黄岛	水泥	P.O 42.5	KTSN-2022-046	0.3	0.4
37	黄岛	水泥	P·O 42.5	KTSN-2022-047	0.2	0.3
38	黄岛	水泥	P·O 42.5	KTSN-2022-048	0.3	0.3
39	胶州	水泥	P·O 42.5	KTSN-2022-049	0.2	0.3
40	高密	水泥	P·O 42.5	KTSN-2022-050	0.2	0.3
41	日照	水泥	P·O 42.5	KTSN-2022-051	0.2	0.3
42	日照	水泥	P·O 42.5	KTSN-2022-052	0.2	0.3
43	日照	水泥	P·O 42.5	KTSN-2022-053	0.3	0.4
44	日照莒县	水泥	P·O 42.5	KTSN-2022-054	0.2	0.3
45	日照	水泥	P·O 42.5	KTSN-2022-055	0.3	0.3
46	日照	水泥	P·O 42.5	KTSN-2022-056	0.2	0.3
47	黄岛王台镇	水泥	P·O 42.5	KTSN-2022-057	0.3	0.4
48	黄岛	水泥	P·O 42.5	KTSN-2022-058	0.2	0.3
49	黄岛	水泥	P·O 42.5	KTSN-2022-059	0.2	0.3
50	黄岛	水泥	P·O 42.5	KTSN-2022-060	0.2	0.3
51	黄岛	水泥	P·O 42.5	KTSN-2022-061	0.2	0.3
52	胶州	水泥	P·O 42.5	KTSN-2022-062	0.2	0.3
53	胶州	水泥	P·O 52.5	KTSN-2022-063	0.2	0.3
54	胶州	水泥	P·O 42.5	KTSN-2022-064	0.2	0.3
55	诸城	水泥	P·O 42.5	KTSN-2022-065	0.2	0.3
56	日照莒县	水泥	P·O 42.5	KTSN-2022-067	0.1	0.2
57	即墨	水泥	P·O 42.5	KTSN-2022-068	0.3	0.4
58	即墨	水泥	P·O 42.5	KTSN-2022-069	0.2	0.4
59	即墨	水泥	P·O 52.5	KTSN-2022-070	0.1	0.3
60	烟台	水泥	P·O 42.5	KTSN-2022-071	0.2	0.3

序号	原材料产地	样品名称	样品规格型号	抽样编号	放射性试验结果	
					内照射	外照射
61	唐山	水泥	P·O 42.5	KTSN-2022-072	0.2	0.3
62	烟台福山区	水泥	P·O 42.5	KTSN-2022-073	0.2	0.3
63	莱西	水泥	P·O 42.5	KTSN-2022-075	0.1	0.2
64	烟台	水泥	P·O 42.5	KTSN-2022-076	0.1	0.3
65	莱阳	水泥	P·I 52.5	KTSN-2022-077	0.2	0.3
66	招远	水泥	P·O 42.5	KTSN-2022-078	0.2	0.3
67	平度	水泥	P·O 42.5	KTSN-2022-079	0.2	0.3
68	平度	水泥	P·O 42.5	KTSN-2022-080	0.2	0.3
69	高密	水泥	P·O 42.5	KTSN-2022-083	0.2	0.3
70	烟台栖霞	水泥	P·O 42.5R	KTSN-2022-085	0.2	0.3
71	淄博	水泥	P·O 42.5	KTSN-2022-086	0.2	0.3
72	大连长兴岛	水泥	P·O 42.5	KTSN-2022-087	0.2	0.3
73	大连	水泥	P·O 42.5	KTSN-2022-088	0.2	0.3
74	即墨	水泥	P·O 42.5	KTSN-2022-089	0.2	0.4
75	日照	水泥	P·O 42.5	KTSN-2022-090	0.1	0.2
76	市北区	水泥	P·O 42.5	KTSN-2022-091	0.2	0.3
77	青岛	水泥	P·O 42.5	KTSN-2022-092	0.3	0.4
78	日照	水泥	P·O 42.5	KTSN-2022-093	0.3	0.4
79	城阳区双元路	水泥	P·O 42.5	KTSN-2022-094	0.2	0.3
80	烟台	水泥	P·O 42.5	KTSN-2022-095	0.2	0.3
81	即墨	水泥	P·O 42.5	KTSN-2022-096	0.2	0.3
82	烟台	水泥	P·O 42.5	KTSN-2022-097	0.2	0.2
83	烟台	水泥	P·O 42.5	KTSN-2022-098	0.2	0.3
84	烟台	水泥	P·O 42.5	KTSN-2022-099	0.1	0.2
85	黄岛王台镇	水泥	P·O 42.5	KTSN-2023-001	0.2	0.4
86	日照	水泥	P·O 42.5	KTSN-2023-002	0.2	0.4
87	烟台	水泥	P·O 42.5	KTSN-2023-003	0.1	0.3
88	城阳区双元路	水泥	P·O 42.5	KTSN-2023-004	0.2	0.3
89	青岛	水泥	P·O 42.5	KTSN-2023-006	0.2	0.3
90	烟台	水泥	P·O 42.5	KTSN-2023-007	0.2	0.3

序号	原材料产地	样品名称	样品规格型号	抽样编号	放射性试验结果	
					内照射	外照射
91	高密	水泥	P·O 42.5	KTSN-2023-009	0.2	0.3
92	日照	水泥	P·O 42.5	KTSN-2023-011	0.1	0.3
93	烟台	水泥	P·O 42.5	KTSN-2023-013	0.2	0.3
94	烟台	水泥	P·O 42.5	KTSN-2023-014	0.4	0.9
95	日照莒县	水泥	P·O 42.5	KTSN-2023-016	0.2	0.3
96	日照	水泥	P·O 42.5	KTSN-2023-017	0.3	0.5
97	高密	水泥	P·O 42.5	KTSN-2023-018	0.2	0.3
98	城阳	水泥	P·O 42.5	KTSN-2023-020	0.2	0.3
99	大连长兴岛	水泥	P·O 42.5	KTSN-2023-078	0.2	0.3
100	平度	水泥	P·O 42.5	KTSN-2023-079	0.2	0.3
101	淄博	水泥	P·O 42.5	KTSN-2023-080	0.2	0.3
102	大连	水泥	P·O 42.5	KTSN-2023-081	0.2	0.3
103	平度	水泥	P·O 42.5	KTSN-2023-083	0.2	0.3
104	烟台栖霞	水泥	P·O 42.5R	KTSN-2023-084	0.2	0.3
105	高密	水泥	P·O 42.5	KTSN-2023-085	0.2	0.3
106	平度	水泥	P·O 42.5	KTSN-2023-086	0.2	0.3
107	黄岛王台镇	水泥	P·O 42.5	KTSN-2023-025	0.3	0.4
108	黄岛	水泥	P·O 42.5	KTSN-2023-026	0.3	0.3
109	黄岛	水泥	P·O 42.5	KTSN-2023-027	0.3	0.3
110	诸城	水泥	P·O 42.5	KTSN-2023-028	0.3	0.3
111	黄岛王台镇	水泥	P·O 42.5	KTSN-2023-029	0.3	0.4
112	日照	水泥	P·O 42.5	KTSN-2023-032	0.3	0.3
113	黄岛	水泥	P·O 42.5	KTSN-2023-033	0.2	0.3
114	胶州	水泥	P·O 42.5	KTSN-2023-034	0.2	0.3
115	日照莒县	水泥	P·O 42.5	KTSN-2023-035	0.2	0.3
116	城阳	水泥	P·O 42.5	KTSN-2023-037	0.2	0.3
117	胶州	水泥	P·O 42.5	KTSN-2023-038	0.2	0.3
118	日照	水泥	P·O 42.5	KTSN-2023-039	0.3	0.4
119	日照	水泥	P·O 42.5	KTSN-2023-040	0.4	0.4
120	日照	水泥	P·O 42.5	KTSN-2023-041	0.3	0.3

序号	原材料产地	样品名称	样品规格型号	抽样编号	放射性试验结果	
					内照射	外照射
121	黄岛	水泥	P·O 42.5	KTSN-2023-043	0.3	0.3
122	黄岛	水泥	P·O 42.5	KTSN-2023-044	0.3	0.4
123	高密	水泥	P·O 42.5	KTSN-2023-045	0.3	0.4
124	日照莒县	水泥	P·O 42.5	KTSN-2023-087	0.2	0.3
125	日照莒县	水泥	P·O 42.5	KTSN-2023-089	0.2	0.3
126	黄岛	水泥	P·O 42.5	KTSN-2023-090	0.2	0.3
127	黄岛	水泥	P·O 42.5	KTSN-2023-091	0.4	0.5
128	日照	水泥	P·O 52.5	KTSN-2023-092	0.2	0.2
129	胶州	水泥	P·O 42.5	KTSN-2023-093	0.2	0.3
130	日照莒县	水泥	P·I 52.5	KTSN-2023-094	0.2	0.2
131	日照	水泥	P·O 42.5	KTSN-2023-095	0.2	0.3
132	胶州	水泥	P·O 42.5	KTSN-2023-096	0.2	0.3
133	日照	水泥	P·O 42.5	KTSN-2023-097	0.2	0.2
134	日照莒县	水泥	P·O 42.5	KTSN-2023-098	0.2	0.3
135	黄岛	水泥	P·O 42.5	KTSN-2023-099	0.2	0.3
136	日照莒县	水泥	P·O 42.5	KTSN-2023-100	0.3	0.3
137	胶州	水泥	P·O 42.5	KTSN-2023-101	0.2	0.2
138	胶州	水泥	P·O 42.5	KTSN-2023-102	0.2	0.3
139	日照	水泥	P·O 42.5	KTSN-2023-103	0.2	0.3
140	胶州	水泥	P·O 42.5	KTSN-2023-104	0.3	0.3
141	黄岛	水泥	P·O 42.5	KTSN-2023-106	0.3	0.3
142	黄岛	水泥	P·I 52.5	KTSN-2023-107	0.2	0.2
143	高密	水泥	P·O 42.5	KTSN-2023-108	0.3	0.3
144	日照莒县	水泥	P·O 42.5	KTSN-2023-109	0.2	0.3
145	黄岛	水泥	P·O 42.5	KTSN-2023-110	0.2	0.3
146	城阳	水泥	P·O 42.5	KTSN-2023-005	0.2	0.3
147	烟台	水泥	P·O 42.5	KTSN-2023-008	0.2	0.3
148	城阳	水泥	P·O 52.5	KTSN-2023-021	0.2	0.3
149	烟台	水泥	P·O 42.5	KTSN-2023-046	0.2	0.3
150	城阳	水泥	P·O 42.5	KTSN-2023-047	0.3	0.3

序号	原材料产地	样品名称	样品规格型号	抽样编号	放射性试验结果	
					内照射	外照射
151	即墨	水泥	P·O 42.5	KTSN-2023-048	0.2	0.4
152	即墨	水泥	P·O 52.5	KTSN-2023-049	0.2	0.3
153	日照莒县	水泥	P·O 42.5	KTSN-2023-050	0.2	0.3
154	日照	水泥	P·O 42.5	KTSN-2023-051	0.3	0.5
155	烟台福山区	水泥	P·O 42.5	KTSN-2023-052	0.3	0.3
156	即墨	水泥	P·O 42.5	KTSN-2023-053	0.3	0.3
157	唐山	水泥	P·O 42.5	KTSN-2023-054	0.2	0.3
158	招远	水泥	P·O 42.5	KTSN-2023-055	0.3	0.4
159	莱西	水泥	P·O 42.5	KTSN-2023-056	0.2	0.2
160	烟台	水泥	P·O 42.5	KTSN-2023-057	0.2	0.3
161	诸城	水泥	P·O 42.5	KTSN-2023-058	0.2	0.4
162	高密	水泥	P·O 42.5	KTSN-2023-059	0.2	0.3
163	日照	水泥	P·O 42.5	KTSN-2023-060	0.2	0.3
164	城阳	水泥	P·O 42.5	KTSN-2023-061	0.3	0.4
165	黄岛王台镇	水泥	P·O 42.5	KTSN-2023-062	0.3	0.3
166	淄博	水泥	P·O 42.5	KTSN-2023-063	0.2	0.3
167	胶州	水泥	P·O 42.5	KTSN-2023-065	0.3	0.4
168	黄岛	水泥	P·O 42.5	KTSN-2023-066	0.2	0.3
169	城阳	水泥	P·O 42.5	KTSN-2023-067	0.2	0.3
170	胶州	水泥	P·O 42.5	KTSN-2023-068	0.2	0.4
171	城阳	水泥	P·O 42.5	KTSN-2023-069	0.2	0.3
172	诸城	水泥	P·O 42.5	KTSN-2023-070	0.2	0.2
173	市北区	水泥	P·O 42.5	KTSN-2023-071	0.2	0.3
174	烟台	水泥	P·O 42.5	KTSN-2023-072	0.2	0.3
175	日照	水泥	P·O 42.5	KTSN-2023-073	0.2	0.3
176	即墨	水泥	P·O 42.5	KTSN-2023-074	0.2	0.3
177	大连长兴岛	水泥	P·O 42.5	KTSN-2023-076	0.2	0.3
178	城阳	水泥	P·O 42.5	KTSN-2023-077	0.3	0.3
179	平度	水泥	P·O 42.5	KTSN-2023-082	0.3	0.5

粉煤灰放射性检测结果见表 14.52。

表 14.52　粉煤灰放射性检测结果

序号	原材料产地	样品名称	样品规格型号	样品编号	放射性试验结果	
					内照射	外照射
1	烟台	粉煤灰	二级	KTFS-2022-001	0.6	1.0
2	潍坊	粉煤灰	Ⅱ级	KTFS-2022-008	0.3	0.6
3	青岛市北区	粉煤灰	二级	KTFS-2022-010	0.4	0.6
4	青岛市北区	粉煤灰	F 类Ⅱ级	KTFS-2022-011	0.6	1.0
5	青岛	粉煤灰	F 类二级	KTFS-2022-012	0.6	1.0
6	青岛	粉煤灰	Ⅱ级	KTFS-2022-013	0.4	0.7
7	李沧区	粉煤灰	二级	KTFS-2022-014	0.5	0.7
8	莱州	粉煤灰	Ⅱ级	KTFS-2022-015	0.4	0.7
9	莱州	粉煤灰	Ⅱ级	KTFS-2022-016	0.4	0.6
10	莱州	粉煤灰	F 类Ⅱ级	KTFS-2022-017	0.6	1.0
11	莱州	粉煤灰	Ⅱ级 F 类	KTFS-2022-018	0.4	0.8
12	龙口	粉煤灰	Ⅱ级	KTFS-2022-019	0.4	0.6
13	潍坊	粉煤灰	Ⅱ级	KTFS-2022-020	0.4	0.7
14	莱州	粉煤灰	Ⅱ级	KTFS-2022-021	0.5	0.7
15	黄岛	粉煤灰	F 类Ⅱ级	KTFS-2022-023	0.5	0.7
16	莱州	粉煤灰	F Ⅱ	KTFS-2022-024	0.6	0.9
17	莱州	粉煤灰	Ⅱ级	KTFS-2022-025	0.5	0.7
18	龙口	粉煤灰	Ⅱ级	KTFS-2022-026	0.4	0.6
19	潍坊	粉煤灰	F 类Ⅱ级	KTFS-2022-027	0.7	1.0
20	潍坊	粉煤灰	F 类Ⅱ级	KTFS-2022-028	0.5	0.7
21	黄岛	粉煤灰	F 类Ⅱ级	KTFS-2022-029	0.7	1.0
22	黄岛	粉煤灰	F 类Ⅱ级	KTFS-2022-030	0.6	0.9
23	黄岛	粉煤灰	F 类Ⅱ级	KTFS-2022-031	0.6	1.0
24	黄岛	粉煤灰	Ⅱ级 F 类	KTFS-2022-032	0.5	0.7
25	黄岛	粉煤灰	Ⅱ级	KTFS-2022-033	0.8	1.0
26	黄岛	粉煤灰	Ⅱ级	KTFS-2022-034	0.6	0.9
27	黄岛	粉煤灰	F 类Ⅱ级	KTFS-2022-035	0.5	0.9
28	日照	粉煤灰	F 类Ⅱ级	KTFS-2022-036	0.4	0.7
29	日照	粉煤灰	F 类Ⅱ级	KTFS-2022-037	0.4	0.7
30	日照	粉煤灰	F 类Ⅱ级	KTFS-2022-038	0.5	0.9

序号	原材料产地	样品名称	样品规格型号	样品编号	放射性试验结果	
					内照射	外照射
31	黄岛	粉煤灰	F类Ⅱ级	KTFS-2022-039	0.4	0.6
32	黄岛	粉煤灰	二级	KTFS-2022-040	0.4	0.7
33	黄岛	粉煤灰	F类Ⅱ级	KTFS-2022-041	0.5	0.9
34	黄岛	粉煤灰	F类Ⅱ级	KTFS-2022-042	0.4	0.7
35	黄岛	粉煤灰	Ⅱ级	KTFS-2022-043	0.5	0.8
36	潍坊	粉煤灰	F类Ⅱ级	KTFS-2022-044	0.5	0.8
37	市北区	粉煤灰	F类Ⅱ级	KTFS-2022-046	0.4	0.6
38	青岛	粉煤灰	F类Ⅱ级	KTFS-2022-047	0.3	0.7
39	莱州	粉煤灰	Ⅱ级	KTFS-2022-048	0.4	0.7
40	龙口	粉煤灰	F类Ⅱ级	KTFS-2022-049	0.4	0.5
41	龙口	粉煤灰	Ⅱ级	KTFS-2022-050	0.3	0.6
42	潍坊	粉煤灰	F类Ⅱ级	KTFS-2022-051	0.4	0.8
43	潍坊	粉煤灰	Ⅱ级	KTFS-2022-053	0.4	0.7
44	莱州	粉煤灰	F类Ⅱ级	KTFS-2022-054	0.5	0.8
45	莱州	粉煤灰	F类Ⅱ级	KTFS-2022-056	0.5	1.0
46	莱州	粉煤灰	F类Ⅱ级	KTFS-2022-057	0.3	0.5
47	烟台	粉煤灰	Ⅱ级灰	KTFS-2022-058	0.5	0.6
48	烟台	粉煤灰	Ⅱ级	KTFS-2022-059	0.4	0.6
49	寿光	粉煤灰	F类2级	KTFS-2022-060	0.4	0.9
50	莱州	粉煤灰	F类Ⅱ级	KTFS-2022-062	0.5	0.9
51	莱州	粉煤灰	F类Ⅱ级	KTFS-2022-063	0.5	0.8
52	莱西	粉煤灰	Ⅱ级	KTFS-2022-064	0.4	0.8
53	黄岛	粉煤灰	F类Ⅱ级	KTFS-2023-017	0.6	0.9
54	黄岛	粉煤灰	Ⅱ级	KTFS-2023-018	0.4	0.8
55	黄岛	粉煤灰	F类Ⅱ级	KTFS-2023-019	0.6	1.0
56	黄岛	粉煤灰	F类Ⅱ级	KTFS-2023-020	0.5	0.9
57	黄岛	粉煤灰	Ⅱ级	KTFS-2023-021	0.7	1.0
58	潍坊	粉煤灰	F类Ⅱ级	KTFS-2023-022	0.5	0.8
59	黄岛	粉煤灰	F类Ⅱ级	KTFS-2023-023	0.6	0.9
60	黄岛	粉煤灰	Ⅱ级	KTFS-2023-024	0.5	0.8

序号	原材料产地	样品名称	样品规格型号	样品编号	放射性试验结果	
					内照射	外照射
61	黄岛	粉煤灰	F 类 Ⅱ 级	KTFS-2023-025	0.6	0.9
62	黄岛	粉煤灰	F 类 Ⅱ 级	KTFS-2023-026	0.7	1.0
63	黄岛	粉煤灰	F 类 Ⅱ 级	KTFS-2023-028	0.7	1.0
64	黄岛	粉煤灰	F 类 Ⅱ 级	KTFS-2023-029	0.6	1.0
65	黄岛	粉煤灰	F 类 Ⅱ 级	KTFS-2023-037	0.7	1.0
66	莱州	粉煤灰	F 类 Ⅱ 级	KTFS-2023-038	0.5	0.9
67	莱州	粉煤灰	Ⅱ 级	KTFS-2023-039	0.7	1.0
68	龙口	粉煤灰	F 类 Ⅱ 级	KTFS-2023-040	0.5	0.9
69	潍坊	粉煤灰	F 类 Ⅱ 级	KTFS-2023-041	0.6	1.0
70	潍坊	粉煤灰	F 类 Ⅱ 级	KTFS-2023-042	0.6	0.9
71	莱州	粉煤灰	F 类 Ⅱ 级	KTFS-2023-043	0.7	1.0
72	莱州	粉煤灰	F 类 Ⅱ 级	KTFS-2023-044	0.5	0.9
73	青岛	粉煤灰	F 类 Ⅱ 级	KTFS-2023-045	0.4	0.7
74	烟台	粉煤灰	Ⅱ 级	KTFS-2023-046	0.6	1.0
75	潍坊	粉煤灰	Ⅱ 级	KTFS-2023-001	0.6	1
76	市北区	粉煤灰	Ⅱ 级	KTFS-2023-002	0.6	1
77	市北区	粉煤灰	F 类 Ⅱ 级	KTFS-2023-003	0.7	1.2
78	青岛	粉煤灰	F 类 Ⅱ 级	KTFS-2023-004	0.9	1.6
79	青岛	粉煤灰	Ⅱ 级	KTFS-2023-005	0.6	1.1
80	李沧区	粉煤灰	Ⅱ 级	KTFS-2023-006	0.7	1.2
81	莱州	粉煤灰	Ⅱ 级	KTFS-2023-008	0.6	1.2
82	莱州	粉煤灰	F 类 Ⅱ 级	KTFS-2023-009	0.7	1.2
83	龙口	粉煤灰	F 类 Ⅱ 级	KTFS-2023-011	0.3	0.5
84	潍坊	粉煤灰	Ⅱ 级	KTFS-2023-012	0.7	1.3
85	莱州	粉煤灰	Ⅱ 级	KTFS-2023-013	0.4	0.6
86	龙口	粉煤灰	F 类 Ⅱ 级	KTFS-2023-015	0.5	0.9
87	青岛	粉煤灰	F 类 Ⅱ 级	KTFS-2023-031	0.4	0.6
88	莱州	粉煤灰	Ⅱ 级	KTFS-2023-032	0.8	1.6
89	龙口	粉煤灰	F 类 Ⅱ 级	KTFS-2023-033	0.9	1.4
90	龙口	粉煤灰	Ⅱ 级	KTFS-2023-034	0.9	1.4

序号	原材料产地	样品名称	样品规格型号	样品编号	放射性试验结果	
					内照射	外照射
91	潍坊	粉煤灰	F类Ⅱ级	KTFS-2023-035	0.8	1.4
92	潍坊	粉煤灰	Ⅱ级	KTFS-2023-036	0.9	1.5
93	烟台	粉煤灰	Ⅱ级	KTFS-2023-046	0.6	1.1
94	莱州	粉煤灰	F类Ⅱ级	KTFS-2023-048	0.7	1.3
95	莱州	粉煤灰	F类Ⅱ级	KTFS-2023-051	0.19	0.45
96	莱州	粉煤灰	F类Ⅱ级	KTFS-2023-052	0.18	0.38
97	莱州	粉煤灰	F类Ⅱ级	KTFS-2023-053	0.21	0.40
98	烟台	粉煤灰	Ⅱ级	KTFS-2023-054	0.18	0.37
99	寿光	粉煤灰	F类Ⅱ级	KTFS-2023-056	0.19	0.39
100	莱州	粉煤灰	F类Ⅱ级	KTFS-2023-057	0.18	0.38
101	黄岛	粉煤灰	F类Ⅱ级	KTFS-2023-017	0.4	0.7
102	黄岛	粉煤灰	Ⅱ级	KTFS-2023-018	0.3	0.6
103	黄岛	粉煤灰	F类Ⅱ级	KTFS-2023-019	0.4	0.6
104	黄岛	粉煤灰	F类Ⅱ级	KTFS-2023-020	0.4	0.6
105	黄岛	粉煤灰	Ⅱ级	KTFS-2023-021	0.4	0.7
106	潍坊	粉煤灰	F类Ⅱ级	KTFS-2023-022	0.4	0.7
107	黄岛	粉煤灰	F类Ⅱ级	KTFS-2023-023	0.5	0.8
108	黄岛	粉煤灰	Ⅱ级	KTFS-2023-024	0.3	0.5
109	黄岛	粉煤灰	F类Ⅱ级	KTFS-2023-025	0.4	0.7
110	黄岛	粉煤灰	F类Ⅱ级	KTFS-2023-026	0.4	0.6
111	黄岛	粉煤灰	F类Ⅱ级	KTFS-2023-028	0.4	0.6
112	黄岛	粉煤灰	F类Ⅱ级	KTFS-2023-029	0.4	0.7
113	黄岛	粉煤灰	F类Ⅱ级	KTFS-2023-037	0.4	0.7
114	莱州	粉煤灰	F类Ⅱ级	KTFS-2023-038	0.3	0.6
115	莱州	粉煤灰	Ⅱ级	KTFS-2023-039	0.4	0.6
116	龙口	粉煤灰	F类Ⅱ级	KTFS-2023-040	0.4	0.6
117	潍坊	粉煤灰	F类Ⅱ级	KTFS-2023-041	0.4	0.6
118	潍坊	粉煤灰	F类Ⅱ级	KTFS-2023-042	0.3	0.6
119	莱州	粉煤灰	F类Ⅱ级	KTFS-2023-043	0.4	0.7
120	莱州	粉煤灰	F类Ⅱ级	KTFS-2023-044	0.3	0.6

序号	原材料产地	样品名称	样品规格型号	样品编号	放射性试验结果	
					内照射	外照射
121	青岛	粉煤灰	F 类 Ⅱ 级	KTFS-2023-045	0.3	0.6
122	烟台	粉煤灰	Ⅱ 级	KTFS-2023-046	0.4	0.6
123	潍坊	粉煤灰	Ⅱ 级	KTFS-2023-001	0.4	0.7
124	市北区	粉煤灰	Ⅱ 级	KTFS-2023-002	0.5	0.7
125	市北区	粉煤灰	F 类 Ⅱ 级	KTFS-2023-003	0.4	0.7
126	青岛	粉煤灰	F 类 Ⅱ 级	KTFS-2023-004	0.5	0.9
127	青岛	粉煤灰	Ⅱ 级	KTFS-2023-005	0.4	0.7
128	李沧区	粉煤灰	Ⅱ 级	KTFS-2023-006	0.4	0.7
129	莱州	粉煤灰	Ⅱ 级	KTFS-2023-008	0.4	0.7
130	莱州	粉煤灰	F 类 Ⅱ 级	KTFS-2023-009	0.4	0.8
131	龙口	粉煤灰	F 类 Ⅱ 级	KTFS-2023-011	0.3	0.4
132	潍坊	粉煤灰	Ⅱ 级	KTFS-2023-012	0.4	0.7
133	莱州	粉煤灰	Ⅱ 级	KTFS-2023-013	0.4	0.6
134	龙口	粉煤灰	F 类 Ⅱ 级	KTFS-2023-015	0.4	0.6
135	青岛	粉煤灰	F 类 Ⅱ 级	KTFS-2023-031	0.5	0.8
136	莱州	粉煤灰	Ⅱ 级	KTFS-2023-032	0.5	0.9
137	龙口	粉煤灰	F 类 Ⅱ 级	KTFS-2023-033	0.5	0.8
138	龙口	粉煤灰	Ⅱ 级	KTFS-2023-034	0.5	0.9
139	潍坊	粉煤灰	F 类 Ⅱ 级	KTFS-2023-035	0.5	0.8
140	潍坊	粉煤灰	Ⅱ 级	KTFS-2023-036	0.6	0.9
141	烟台	粉煤灰	Ⅱ 级	KTFS-2023-046	0.4	0.7
142	莱州	粉煤灰	F 类 Ⅱ 级	KTFS-2023-048	0.5	0.7
143	莱州	粉煤灰	F 类 Ⅱ 级	KTFS-2023-051	0.09	0.24
144	莱州	粉煤灰	F 类 Ⅱ 级	KTFS-2023-052	0.11	0.21
145	莱州	粉煤灰	F 类 Ⅱ 级	KTFS-2023-053	0.12	0.21
146	烟台	粉煤灰	Ⅱ 级灰	KTFS-2023-054	0.11	0.21
147	寿光	粉煤灰	F 类 Ⅱ 级	KTFS-2023-056	0.10	0.19
148	莱州	粉煤灰	F 类 Ⅱ 级	KTFS-2023-057	0.10	0.21

矿渣粉放射性检测结果见表 14.53。

表 14.53　矿渣粉放射性检测结果

序号	原材料产地	样品名称	样品规格型号	抽样编号	放射性试验结果	
					内照射	外照射
1	鞍山	矿渣粉	S95	KTKS-2022-001	0.6	0.7
2	黄岛泊里	矿渣粉	S95	KTKS-2022-002	0.3	0.4
3	黄岛泊里	矿渣粉	S95	KTKS-2022-003	0.7	0.7
4	黄岛泊里	矿渣粉	S95	KTKS-2022-004	0.6	0.6
5	城阳	矿渣粉	S95	KTKS-2022-005	0.6	0.6
6	唐山	矿渣粉	S95	KTKS-2022-006	0.6	0.6
7	唐山曹妃甸	矿渣粉	S95	KTKS-2022-007	0.6	0.6
8	日照	矿渣粉	S95	KTKS-2022-008	0.4	0.5
9	黄岛泊里	矿渣粉	S95	KTKS-2022-009	0.6	0.6
10	黄岛	矿渣粉	S95	KTKS-2022-010	0.6	0.6
11	黄岛	矿渣粉	S95	KTKS-2022-011	0.5	0.5
12	黄岛	矿渣粉	S95	KTKS-2022-012	0.6	0.7
13	城阳	矿渣粉	S95	KTKS-2022-013	0.6	0.7
14	城阳	矿渣粉	S95	KTKS-2022-014	0.4	0.5
15	日照	矿渣粉	S95	KTKS-2022-016	0.4	0.4
16	济南	矿渣粉	S95	KTKS-2022-017	0.4	0.5
17	唐山	矿渣粉	S95	KTKS-2022-018	0.6	0.6
18	烟台	矿渣粉	S95	KTKS-2022-019	0.6	0.6
19	青岛	矿渣粉	S95	KTKS-2022-021	0.5	0.6
20	日照	矿渣粉	S95	KTKS-2022-023	0.6	0.7
21	日照	矿渣粉	S95	KTKS-2022-024	0.4	0.6
22	潍坊	矿渣粉	S95	KTKS-2022-025	0.6	0.6
23	唐山	矿渣粉	S95	KTKS-2022-026	0.6	0.7
24	宁夏	矿渣粉	S95	KTKS-2022-027	0.6	0.7
25	黄岛泊里	矿渣粉	S95	KTKS-2022-028	0.6	0.6
26	黄岛泊里	矿渣粉	S95	KTKS-2022-029	0.6	0.6
27	黄岛泊里	矿渣粉	S95	KTKS-2022-030	0.6	0.6
28	黄岛泊里	矿渣粉	S95	KTKS-2022-031	0.6	0.7
29	黄岛泊里	矿渣粉	S95	KTKS-2022-032	0.6	0.7
30	黄岛泊里	矿渣粉	S95	KTKS-2022-033	0.6	0.6

续表

序号	原材料产地	样品名称	样品规格型号	抽样编号	放射性试验结果	
					内照射	外照射
31	黄岛泊里	矿渣粉	S95	KTKS-2022-034	0.6	0.6
32	黄岛泊里	矿渣粉	S95	KTKS-2022-035	0.6	0.6
33	黄岛	矿渣粉	S95	KTKS-2022-036	0.7	0.7
34	日照	矿渣粉	S95	KTKS-2022-037	0.5	0.6
35	日照	矿渣粉	S95	KTKS-2022-038	0.6	0.7
36	日照	矿渣粉	S95	KTKS-2022-039	0.7	0.7
37	日照	矿渣粉	S95	KTKS-2022-040	0.6	0.7
38	黄岛泊里	矿渣粉	S95	KTKS-2022-041	0.5	0.6
39	黄岛泊里	矿渣粉	S95	KTKS-2022-042	0.6	0.6
40	黄岛泊里	矿渣粉	S95	KTKS-2022-043	0.5	0.6
41	黄岛泊里	矿渣粉	S95	KTKS-2022-044	0.5	0.6
42	黄岛泊里	矿渣粉	S95	KTKS-2022-045	0.6	0.6
43	青岛	矿渣粉	S95	KTKS-2022-046	0.6	0.7
44	黄岛	矿渣粉	S95	KTKS-2022-047	0.6	0.7
45	日照	矿渣粉	S95	KTKS-2022-048	0.6	0.7
46	黄岛	矿渣粉	S95	KTKS-2022-050	0.4	0.5
47	青岛	矿渣粉	S95	KTKS-2022-051	0.3	0.4
48	唐山曹妃甸	矿渣粉	S95	KTKS-2022-052	0.2	1.2
49	唐山	矿渣粉	S95	KTKS-2022-053	0.4	0.5
50	烟台	矿渣粉	S95	KTKS-2022-054	0.4	0.4
51	潍坊	矿渣粉	S95	KTKS-2022-058	0.4	0.4
52	莱州	矿渣粉	S95	KTKS-2022-060	0.6	0.6
53	莱西	矿渣粉	S95	KTKS-2022-062	0.6	0.6
54	莱西	矿渣粉	S95	KTKS-2022-063	0.3	0.4
55	青岛	矿渣粉	S95	KTKS-2023-022	0.5	0.7
56	黄岛泊里	矿渣粉	S95	KTKS-2023-048	0.6	0.7
57	黄岛泊里	矿渣粉	S95	KTKS-2023-049	0.6	0.7
58	日照	矿渣粉	S95	KTKS-2023-050	0.6	0.6
59	日照	矿渣粉	S95	KTKS-2023-051	0.6	0.7
60	黄岛泊	矿渣粉	S95	KTKS-2023-052	0.6	0.6

序号	原材料产地	样品名称	样品规格型号	抽样编号	放射性试验结果	
					内照射	外照射
61	日照	矿渣粉	S95	KTKS-2023-053	0.6	0.7
62	黄岛泊里	矿渣粉	S95	KTKS-2023-054	0.6	0.7
63	黄岛	矿渣粉	S95	KTKS-2023-055	0.6	0.6
64	日照	矿渣粉	S95	KTKS-2023-056	0.5	0.6
65	黄岛泊里	矿渣粉	S95	KTKS-2023-057	0.6	0.6
66	黄岛泊里	矿渣粉	S95	KTKS-2023-058	0.6	0.7
67	黄岛泊里	矿渣粉	S95	KTKS-2023-059	0.6	0.7
68	黄岛泊里	矿渣粉	S95	KTKS-2023-060	0.5	0.6
69	日照	矿渣粉	S95	KTKS-2023-062	0.6	0.6
70	黄岛泊里	矿渣粉	S95	KTKS-2023-063	0.6	0.7
71	黄岛泊里	矿渣粉	S95	KTKS-2023-064	0.6	0.7
72	唐山曹妃甸	矿渣粉	S95	KTKS-2023-023	0.5	0.6
73	唐山	矿渣粉	S95	KTKS-2023-024	0.6	0.8
74	烟台	矿渣粉	S95	KTKS-2023-025	0.5	0.6
75	黄岛	矿渣粉	S95	KTKS-2023-026	0.6	0.7
76	黄岛泊里	矿渣粉	S95	KTKS-2023-028	0.5	0.7
77	潍坊	矿渣粉	S95	KTKS-2023-029	0.6	0.6
78	黄岛泊里	矿渣粉	S95	KTKS-2023-030	0.4	0.4
79	青岛	矿渣粉	S95	KTKS-2023-031	0.6	0.7
80	日照	矿渣粉	S95	KTKS-2023-032	0.4	0.4
81	唐山	矿渣粉	S95	KTKS-2023-033	0.6	0.6
82	日照	矿渣粉	S95	KTKS-2023-034	0.5	0.7
83	宁夏	矿渣粉	S95	KTKS-2023-035	0.6	0.7
84	鞍山	矿渣粉	S95	KTKS-2023-036	0.5	0.7
85	唐山曹妃甸	矿渣粉	S95	KTKS-2023-040	0.6	0.7
86	黄岛泊里	矿渣粉	S95	KTKS-2023-042	0.4	0.5
87	城阳	矿渣粉	S95	KTKS-2023-044	0.5	0.6
88	潍坊	矿渣粉	S95	KTKS-2023-045	0.6	0.7
89	莱州	矿渣粉	S95	KTKS-2023-046	0.5	0.6
90	日照	矿渣粉	S95	KTKS-2023-001	0.20	0.24

序号	原材料产地	样品名称	样品规格型号	抽样编号	放射性试验结果	
					内照射	外照射
91	城阳	矿渣粉	S95	KTKS-2023-002	0.20	0.24
92	黄岛	矿渣粉	S95	KTKS-2023-003	0.21	0.26
93	烟台	矿渣粉	S95	KTKS-2023-005	0.22	0.26
94	城阳	矿渣粉	S95	KTKS-2023-006	0.23	0.27
95	黄岛	矿渣粉	S95	KTKS-2023-007	0.22	0.24
96	唐山	矿渣粉	S95	KTKS-2023-008	0.20	0.25
97	日照	矿渣粉	S95	KTKS-2023-009	0.21	0.24
98	黄岛泊里	矿渣粉	S95	KTKS-2023-010	0.23	0.25
99	济南	矿渣粉	S95	KTKS-2023-012	0.19	0.23
100	青岛	矿渣粉	S95	KTKS-2023-019	0.15	0.21
101	青岛	矿渣粉	S95	KTKS-2023-022	0.3	0.3
102	黄岛泊里	矿渣粉	S95	KTKS-2023-048	0.3	0.4
103	黄岛泊里	矿渣粉	S95	KTKS-2023-049	0.4	0.4
104	日照	矿渣粉	S95	KTKS-2023-050	0.3	0.4
105	日照	矿渣粉	S95	KTKS-2023-051	0.3	0.4
106	黄岛泊里	矿渣粉	S95	KTKS-2023-052	0.3	0.4
107	日照	矿渣粉	S95	KTKS-2023-053	0.3	0.4
108	黄岛泊里	矿渣粉	S95	KTKS-2023-054	0.3	0.4
109	黄岛	矿渣粉	S95	KTKS-2023-055	0.4	0.5
110	日照	矿渣粉	S95	KTKS-2023-056	0.3	0.3
111	黄岛泊里	矿渣粉	S95	KTKS-2023-057	0.3	0.4
112	黄岛泊里	矿渣粉	S95	KTKS-2023-058	0.3	0.4
113	黄岛泊里	矿渣粉	S95	KTKS-2023-059	0.3	0.4
114	黄岛泊里	矿渣粉	S95	KTKS-2023-060	0.3	0.4
115	日照	矿渣粉	S95	KTKS-2023-062	0.3	0.4
116	黄岛泊里	矿渣粉	S95	KTKS-2023-063	0.4	0.5
117	黄岛泊里	矿渣粉	S95	KTKS-2023-064	0.3	0.4
118	唐山曹妃甸	矿渣粉	S95	KTKS-2023-023	0.4	0.4
119	唐山	矿渣粉	S95	KTKS-2023-024	0.4	0.5
120	烟台	矿渣粉	S95	KTKS-2023-025	0.3	0.4

序号	原材料产地	样品名称	样品规格型号	抽样编号	放射性试验结果	
					内照射	外照射
121	黄岛	矿渣粉	S95	KTKS-2023-026	0.4	0.5
122	黄岛泊里	矿渣粉	S95	KTKS-2023-028	0.4	0.5
123	潍坊	矿渣粉	S95	KTKS-2023-029	0.3	0.4
124	黄岛泊里	矿渣粉	S95	KTKS-2023-030	0.3	0.4
125	青岛	矿渣粉	S95	KTKS-2023-031	0.4	0.5
126	日照	矿渣粉	S95	KTKS-2023-032	0.4	0.4
127	唐山	矿渣粉	S95	KTKS-2023-033	0.3	0.4
128	日照	矿渣粉	S95	KTKS-2023-034	0.4	0.4
129	宁夏	矿渣粉	S95	KTKS-2023-035	0.4	0.5
130	鞍山	矿渣粉	S95	KTKS-2023-036	0.4	0.5
131	唐山曹妃甸	矿渣粉	S95	KTKS-2023-040	0.4	0.5
132	黄岛泊里	矿渣粉	S95	KTKS-2023-042	0.4	0.5
133	城阳	矿渣粉	S95	KTKS-2023-044	0.4	0.5
134	潍坊	矿渣粉	S95	KTKS-2023-045	0.4	0.5
135	莱州市	矿渣粉	S95	KTKS-2023-046	0.3	0.4
136	日照	矿渣粉	S95	KTKS-2023-001	0.10	0.17
137	城阳	矿渣粉	S95	KTKS-2023-002	0.11	0.18
138	黄岛	矿渣粉	S95	KTKS-2023-003	0.09	0.16
139	烟台	矿渣粉	S95	KTKS-2023-005	0.11	0.18
140	城阳	矿渣粉	S95	KTKS-2023-006	0.12	0.19
141	黄岛	矿渣粉	S95	KTKS-2023-007	0.10	0.18
142	唐山	矿渣粉	S95	KTKS-2023-008	0.18	0.23
143	日照	矿渣粉	S95	KTKS-2023-009	0.11	0.16
144	黄岛泊里	矿渣粉	S95	KTKS-2023-010	0.10	0.17
145	济南	矿渣粉	S95	KTKS-2023-012	0.13	0.17

河砂放射性检测结果见表 14.54。

表 14.54 河砂放射性检测结果

序号	原材料产地	样品名称	样品规格型号	抽样编号	放射性试验结果	
					内照射	外照射
1	青岛	河砂	中砂	KTSH-2022-001	0.1	0.5
2	平度	河砂	中砂	KTSH-2022-002	0.0	0.2
3	青岛	河砂	中砂	KTSH-2022-003	0.1	0.3
4	青岛	河砂	中砂	KTSH-2022-004	0.1	0.3
5	即墨蓝村	河砂	中砂	KTSH-2022-005	0.1	0.4
6	莱阳	河砂	中砂	KTSH-2022-006	0.1	0.3
7	青岛	河砂	Ⅱ区中砂	KTSH-2022-008	0.0	0.2
8	胶州洋河	河砂	中砂	KTSH-2022-010	0.1	0.6
9	城阳河套孟家	河砂	中砂	KTSH-2022-011	0.0	0.3
10	莱西	河砂	Ⅱ区中砂	KTSH-2022-012	0.0	0.3
11	／	河砂	Ⅱ区中砂	KTSH-2022-014	0.1	0.5
12	胶州	河砂	中砂	KTSH-2022-020	0.1	0.6
13	胶州铺集镇	河砂	河砂	KTSH-2022-021	0.0	0.2
14	胶州	河砂	Ⅱ区中砂	KTSH-2022-022	0.0	0.3
15	胶州九龙	河砂	中砂	KTSH-2022-023	0.0	0.2
16	胶州	河砂	Ⅱ区中砂	KTSH-2022-024	0.1	0.5
17	普集	河砂	中砂	KTSH-2022-025	0.0	0.3
18	平度	河砂	中砂	KTSH-2022-026	0.0	0.3
19	平度	河砂	Ⅱ区中砂	KTSH-2022-027	0.1	0.3
20	青岛	河砂	中砂	KTSH-2022-029	0.1	0.4
21	青岛	河砂	中砂	KTSH-2022-030	0.1	0.5
22	青岛	河砂	中砂	KTSH-2022-031	0.0	0.3
23	青岛	河砂	中砂	KTSH-2022-032	0.1	0.5
24	黄岛理务关	河砂	中砂	KTSH-2022-033	0.0	0.2
25	黄岛理务关	河砂	中砂	KTSH-2022-034	0.1	0.5
26	黄岛	河砂	Ⅱ区中砂	KTSH-2022-035	0.1	0.3
27	黄岛	河砂	中砂	KTSH-2022-036	0.1	0.6
28	黄岛	河砂	中砂	KTSH-2022-038	0.0	0.4
29	胶州洋河镇	河砂	中砂	KTSH-2022-039	0.1	0.2
30	诸城	河砂	Ⅱ区中砂	KTSH-2022-040	0.1	0.3

序号	原材料产地	样品名称	样品规格型号	抽样编号	放射性试验结果	
					内照射	外照射
31	诸城	河砂	Ⅱ区中砂	KTSH-2022-041	0.1	0.5
32	诸城	河砂	中砂	KTSH-2022-042	0.1	0.6
33	诸城	河砂	中砂	KTSH-2022-043	0.0	0.3
34	诸城	河砂	中砂	KTSH-2022-044	0.1	0.4
35	诸城	河砂	Ⅱ区中砂	KTSH-2022-045	0.1	0.5
36	日照	河砂	中砂	KTSH-2022-047	0.1	0.3
37	黄岛	河砂	Ⅱ区中砂	KTSH-2022-049	0.1	0.4
38	青岛	河砂	中砂	KTSH-2022-050	0.1	0.5
39	黄岛	河砂	Ⅱ区中砂	KTSH-2022-051	0.0	0.4
40	黄岛泊里	河砂	中砂	KTSH-2022-052	0.1	0.4
41	黄岛	河砂	中砂	KTSH-2022-053	0.0	0.2
42	黄岛	河砂	中砂	KTSH-2022-054	0.1	0.3
43	诸城	河砂	中砂	KTSH-2022-056	0.0	0.5
44	临沂沂水	河砂	中砂	KTSH-2022-058	0.1	0.3
45	临沂沂水	河砂	中砂	KTSH-2022-059	0.0	0.4
46	青岛	河砂	Ⅱ区中砂	KTSH-2022-060	0.1	0.4
47	即墨大沽河	河砂	中砂	KTSH-2022-061	0.0	0.3
48	大沽河	河砂	Ⅱ区中砂	KTSH-2022-062	0.0	0.4
49	青岛	河砂	中砂	KTSH-2022-063	0.0	0.3
50	莱西	河砂	中砂	KTSH-2022-064	0.0	0.3
51	莱阳	河砂	中砂	KTSH-2022-065	0.1	0.5
52	莱阳五龙河	河砂	中砂	KTSH-2022-066	0.1	0.3
53	烟台	河砂	中砂	KTSH-2022-067	0.1	0.4
54	胶州	河砂	Ⅱ区中砂	KTSH-2022-068	0.1	0.5
55	平度	河砂	中砂	KTSH-2022-070		0.2
56	平度	河砂	中砂	KTSH-2022-071	0.0	0.3
57	莱阳	河砂	Ⅱ区中砂	KTSH-2022-074	0.0	0.2
58	平度	河砂	Ⅱ区中砂	KTSH-2022-075	0.0	0.3
59	平度	河砂	Ⅱ区中砂	KTSH-2022-076	0.0	0.3
60	莱阳	河砂	Ⅱ区中砂	KTSH-2022-077	0.1	0.5

序号	原材料产地	样品名称	样品规格型号	抽样编号	放射性试验结果	
					内照射	外照射
61	/	河砂	Ⅱ区中砂	KTSH-2022-078	0.1	0.4
62	青岛	河砂	中砂	KTSH-2023-040	0.1	0.5
63	青岛	河砂	中砂	KTSH-2023-041	0.1	0.5
64	莱阳	河砂	中砂	KTSH-2023-042	0.1	0.5
65	黄岛	河砂	中砂	KTSH-2023-050	0.0	0.2
66	黄岛	河砂	Ⅱ区中砂	KTSH-2023-051	0.1	0.4
67	黄岛理务关	河砂	中砂	KTSH-2023-053	0.1	0.3
68	胶州洋河镇	河砂	中砂	KTSH-2023-054	0.1	0.3
69	青岛	河砂	中砂	KTSH-2023-055	0.1	0.4
70	青岛	河砂	中砂	KTSH-2023-056	0.1	0.4
71	青岛	河砂	中砂	KTSH-2023-057	0.1	0.5
72	青岛	河砂	中砂	KTSH-2023-058	0.1	0.3
73	日照	河砂	中砂	KTSH-2023-059	0.0	0.4
74	五莲	河砂	Ⅲ区细砂	KTSH-2023-060	0.0	0.4
75	五莲	河砂	Ⅱ区中砂	KTSH-2023-061	0.1	0.4
76	诸城	河砂	Ⅱ区中砂	KTSH-2023-062	0.1	0.3
77	诸城	河砂	中砂	KTSH-2023-063	0.0	0.4
78	诸城	河砂	中砂	KTSH-2023-064	0.0	0.3
79	诸城	河砂	Ⅱ区中砂	KTSH-2023-065	0.1	0.3
80	诸城	河砂	Ⅱ区中砂	KTSH-2023-066	0.1	0.4
81	诸城	河砂	中砂	KTSH-2023-067	0.1	0.4
82	即墨大沽河	河砂	Ⅱ区中砂	KTSH-2023-019	0.1	0.6
83	即墨大沽河	河砂	中砂	KTSH-2023-020	0	0.2
84	胶州	河砂	Ⅱ区中砂	KTSH-2023-021	0	0.1
85	莱西	河砂	中砂	KTSH-2023-022	0	0.3
86	莱阳五龙河	河砂	中砂	KTSH-2023-023	0	0.2
87	青岛	河砂	中砂	KTSH-2023-024	0	0.3
88	烟台	河砂	中砂	KTSH-2023-025	0	0.2
89	莱阳	河砂	中砂	KTSH-2023-026	0	0.2
90	/	河砂	Ⅱ区中砂	KTSH-2023-027	0	0.2

序号	原材料产地	样品名称	样品规格型号	抽样编号	放射性试验结果	
					内照射	外照射
91	莱阳	河砂	Ⅱ区中砂	KTSH-2023-028	0	0.3
92	胶州	河砂	中砂	KTSH-2023-029	0	0.3
93	胶州	河砂	Ⅱ区中砂	KTSH-2023-030	0	0.2
94	胶州九龙	河砂	中砂	KTSH-2023-031	0.1	0.4
95	胶州铺集镇	河砂	中砂	KTSH-2023-032	0	0.3
96	平度	河砂	中砂	KTSH-2023-033	0.1	0.5
97	平度	河砂	Ⅱ区中砂	KTSH-2023-034	0.1	0.3
98	胶州铺集镇	河砂	中砂	KTSH-2023-035	0.1	0.2
99	胶州	河砂	Ⅱ区中砂	KTSH-2023-036	0	0.2
100	平度	河砂	中砂	KTSH-2023-037	0.1	0.3
101	青岛	河砂	中砂	KTSH-2023-038	0	0.2
102	平度	河砂	中砂	KTSH-2023-043	0	0.3
103	平度	河砂	中砂	KTSH-2023-044	0	0.3
104	平度	河砂	Ⅱ区中砂	KTSH-2023-045	0	0.3
105	平度	河砂	Ⅱ区中砂	KTSH-2023-046	0	0.3
106	平度旧店镇	河砂	中砂	KTSH-2023-047	0.1	0.3
107	莱阳	河砂	Ⅱ区中砂	KTSH-2023-048	0	0.3
108	青岛	河砂	中砂	KTSH-2023-001	0.03	0.73
109	城阳河套孟家	河砂	中砂	KTSH-2023-003	0.01	0.49
110	莱西	河砂	Ⅱ区中砂	KTSH-2023-005	0.03	0.72
111	黄岛	河砂	中砂	KTSH-2023-008	0.01	0.41
112	黄岛泊里	河砂	中砂	KTSH-2023-010	0.02	0.66
113	黄岛	河砂	Ⅱ区中砂	KTSH-2023-011	0.03	0.61
114	临沂沂水	河砂	中砂	KTSH-2023-012	0.02	0.66
115	青岛	河砂	Ⅱ区中砂	KTSH-2023-015	0.01	0.63
116	诸城	河砂	中砂	KTSH-2023-017	0.03	0.57

人工矿放射性检测结果见表 14.55。

表 14.55　人工砂放射性检测结果

序号	原材料产地	样品名称	样品规格型号	抽样编号	放射性试验结果	
					内照射	外照射
1	崂山区	人工砂	粗砂	KTSR-2022-001	0.1	0.5
2	烟台	人工砂	中砂	KTSR-2022-002	0.1	0.5
3	市北区	人工砂	粗砂	KTSR-2022-003	0.1	0.6
4	青岛	人工砂	粗砂	KTSR-2022-004	0.1	0.6
5	青岛	人工砂	粗砂	KTSR-2022-005	0.1	0.5
6	青岛	人工砂	中砂	KTSR-2022-006	0.1	0.6
7	平度	人工砂	中砂	KTSR-2022-007	0.0	0.4
8	城阳	人工砂	中砂	KTSR-2022-008	0.1	0.5
9	市北区	人工砂	中砂	KTSR-2022-010	0.0	0.4
10	青岛	人工砂	Ⅰ区粗砂	KTSR-2022-011	0.1	0.6
11	青岛	人工砂	中砂	KTSR-2022-012	0.1	0.4
12	青岛	人工砂	中砂	KTSR-2022-013	0.1	0.5
13	青岛	人工砂	中砂	KTSR-2022-015	0.1	0.4
14	青岛	人工砂	中粗砂	KTSR-2022-017	0.1	0.5
15	即墨大信	人工砂	粗砂	KTSR-2022-018	0.1	0.6
16	平度	人工砂	中砂	KTSR-2022-019	0.1	0.4
17	城阳	人工砂	Ⅱ区中砂	KTSR-2022-021	0.1	0.5
18	城阳	人工砂	粗砂	KTSR-2022-022	0.1	0.5
19	城阳	人工砂	Ⅱ区中砂	KTSR-2022-023	0.1	0.7
20	城阳	人工砂	Ⅰ区粗砂	KTSR-2022-024	0.1	0.4
21	青岛	人工砂	Ⅱ区中砂	KTSR-2022-026	0.1	0.5
22	青岛	人工砂	Ⅱ区中砂	KTSR-2022-029	0.0	0.3
23	青岛	人工砂	Ⅱ区中砂	KTSR-2022-030	0.1	0.4
24	青岛	人工砂	Ⅰ区粗砂	KTSR-2022-031	0.1	0.5
25	青岛	人工砂	Ⅱ区中砂	KTSR-2022-032	0.1	0.6
26	青岛	人工砂	Ⅰ区粗砂	KTSR-2022-034	0.1	0.5
27	胶州	人工砂	Ⅱ区中砂	KTSR-2022-035	0.0	0.3
28	胶州	人工砂	Ⅱ区中砂	KTSR-2022-036	0.1	0.5
29	莒县	人工砂	Ⅰ区粗砂	KTSR-2022-037	0.1	0.2
30	青岛	人工砂	Ⅱ区中砂	KTSR-2022-038	0.1	0.5

序号	原材料产地	样品名称	样品规格型号	抽样编号	放射性试验结果	
					内照射	外照射
31	崂山牟家	人工砂	中砂	KTSR-2022-039	0.1	0.5
32	青岛	人工砂	Ⅱ级中砂	KTSR-2022-040	0.1	0.5
33	青岛	人工砂	中砂	KTSR-2022-041	0.1	0.5
34	胶州	人工砂	Ⅱ区中砂	KTSR-2022-044	0.0	0.3
35	胶州	人工砂	粗砂	KTSR-2022-046	0.1	0.5
36	胶州	人工砂	中粗砂	KTSR-2022-047	0.1	0.5
37	青岛	人工砂	粗砂	KTSR-2022-054	0.1	0.7
38	青岛	人工砂	粗砂	KTSR-2022-055	0.1	0.5
39	黄岛	人工砂	中粗砂	KTSR-2022-056	0.1	0.5
40	青岛	人工砂	粗砂	KTSR-2022-057	0.1	0.5
41	青岛	人工砂	粗砂	KTSR-2022-058	0.2	0.9
42	黄岛	人工砂	中砂	KTSR-2022-059	0.0	0.5
43	黄岛王台	人工砂	粗砂	KTSR-2022-060	0.0	0.5
44	黄岛	人工砂	中砂	KTSR-2022-061	0.1	0.4
45	黄岛	人工砂	中砂	KTSR-2022-062	0.2	0.5
46	黄岛	人工砂	粗砂	KTSR-2022-063	0.2	0.6
47	黄岛	人工砂	细砂	KTSR-2022-064	0.1	0.4
48	黄岛	人工砂	中砂	KTSR-2022-065	0.0	0.5
49	黄岛	人工砂	Ⅱ区中砂	KTSR-2022-066	0.1	0.6
50	胶州	人工砂	中粗	KTSR-2022-067	0.1	0.5
51	平度	人工砂	Ⅰ区粗砂	KTSR-2022-068	0.1	0.6
52	日照	人工砂	石粉砂、中砂	KTSR-2022-070	0.1	0.5
53	日照	人工砂	石粉砂、Ⅰ区粗砂	KTSR-2022-071	0.1	0.6
54	日照	人工砂	粗砂	KTSR-2022-073	0.1	0.3
55	日照	人工砂	中砂	KTSR-2022-074	0.1	0.5
56	日照	人工砂	Ⅱ区中砂	KTSR-2022-075	0.1	0.3
57	诸城	人工砂	粗砂	KTSR-2022-076	0.1	0.4
58	诸城	人工砂	Ⅱ区中砂	KTSR-2022-077	0.1	0.5
59	诸城	人工砂	粗砂	KTSR-2022-078	0.1	0.5
60	黄岛	人工砂	Ⅱ区中砂	KTSR-2022-079	0.0	0.4

序号	原材料产地	样品名称	样品规格型号	抽样编号	放射性试验结果	
					内照射	外照射
61	黄岛	人工砂	人工砂	KTSR-2022-081	0.1	0.5
62	青岛	人工砂	Ⅱ区中砂	KTSR-2022-082	0.1	0.7
63	青岛	人工砂	Ⅰ区粗砂	KTSR-2022-083	0.1	0.5
64	西海岸新区	人工砂	Ⅱ区中砂	KTSR-2022-084	0.1	0.6
65	西海岸新区	人工砂	Ⅰ区粗砂	KTSR-2022-085	0.1	0.4
66	黄岛	人工砂	中砂	KTSR-2022-086	0.1	0.5
67	黄岛	人工砂	Ⅱ区中砂	KTSR-2022-087	0.2	0.6
68	青岛	人工砂	Ⅰ区粗砂	KTSR-2022-088	0.1	0.5
69	青岛	人工砂	中砂	KTSR-2022-090	0.1	0.6
70	青岛	人工砂	粗砂	KTSR-2022-091	0.0	0.4
71	青岛	人工砂	粗砂	KTSR-2022-092	0.1	0.7
72	青岛	人工砂	粗砂	KTSR-2022-093	0.1	0.4
73	青岛	人工砂	粗砂	KTSR-2022-094	0.1	0.5
74	青岛	人工砂	粗砂	KTSR-2022-095	0.0	0.4
75	五莲	人工砂	粗砂	KTSR-2022-096	0.1	0.5
76	青岛	人工砂	粗砂	KTSR-2022-097	0.1	0.6
77	黄岛	人工砂	中砂	KTSR-2022-099	0.1	0.5
78	黄岛	人工砂	粗砂	KTSR-2022-100	0.1	0.3
79	黄岛	人工砂	粗砂	KTSR-2022-101	0.1	0.4
80	黄岛	人工砂	石粉砂	KTSR-2022-102	0.1	0.4
81	黄岛峡沟村	人工砂	粗砂	KTSR-2022-103	0.1	0.6
82	黄岛	人工砂	中砂	KTSR-2022-105	0.2	0.7
83	黄岛胶南	人工砂	人工砂	KTSR-2022-106	0.0	0.3
84	黄岛泊里	人工砂	粗砂	KTSR-2022-107	0.1	0.6
85	黄岛	人工砂	Ⅱ区中砂	KTSR-2022-108	0.1	0.3
86	黄岛	人工砂	粗砂	KTSR-2022-109	0.1	0.4
87	胶州洋河镇	人工砂	粗砂	KTSR-2022-110	0.1	0.6
88	胶州	人工砂	中砂	KTSR-2022-111	0.1	0.7
89	平度	人工砂	中砂	KTSR-2022-112	0.1	0.5
90	五莲	人工砂	中砂	KTSR-2022-113	0.1	0.5

序号	原材料产地	样品名称	样品规格型号	抽样编号	放射性试验结果	
					内照射	外照射
91	五莲	人工砂	Ⅰ区粗砂	KTSR-2022-114	0.1	0.5
92	五莲	人工砂	Ⅱ区中砂	KTSR-2022-115	0.1	0.6
93	五莲	人工砂	Ⅰ区粗砂	KTSR-2022-116	0.1	0.5
94	诸城	人工砂	Ⅱ区中砂	KTSR-2022-118	0.0	0.4
95	诸城	人工砂	Ⅰ区粗砂	KTSR-2022-119	0.1	0.4
96	诸城	人工砂	中砂	KTSR-2022-120	0.1	0.5
97	青岛	人工砂	中粗砂	KTSR-2022-121	0.1	0.5
98	青岛	人工砂	中砂	KTSR-2022-122	0.1	0.4
99	莱阳	人工砂	中砂	KTSR-2022-123	0.1	0.3
100	青岛	人工砂	中砂	KTSR-2022-124	0.1	0.5
101	即墨	人工砂	粗砂	KTSR-2022-125	0.1	0.5
102	即墨	人工砂	中砂	KTSR-2022-126	0.1	0.4
103	即墨	人工砂	Ⅰ区粗砂	KTSR-2022-127	0.1	0.5
104	即墨	人工砂	中砂	KTSR-2022-128	0.0	0.3
105	城阳	人工砂	中砂	KTSR-2022-129	0.0	0.3
106	烟台	人工砂	粗砂	KTSR-2022-130	0.1	0.4
107	烟台	人工砂	粗砂	KTSR-2022-131	0.1	0.4
108	青岛	人工砂	Ⅱ区中砂	KTSR-2022-134	0.1	0.5
109	平度	人工砂	中砂	KTSR-2022-135	0.2	0.4
110	平度	人工砂	Ⅱ区中砂	KTSR-2022-136	0.1	0.4
111	平度	人工砂	中砂	KTSR-2022-138	0.2	0.7
112	平度	人工砂	中砂	KTSR-2022-139	0.2	0.6
113	平度旧店镇	人工砂	中砂	KTSR-2022-141	0.0	0.3
114	莱西	人工砂	中砂	KTSR-2022-142	0.1	0.4
115	莱阳	人工砂	中粗	KTSR-2022-143	0.1	0.5
116	平度	人工砂	Ⅱ区中砂	KTSR-2022-144	0.1	0.5
117	莱阳	人工砂	中砂	KTSR-2022-145	0.1	0.2
118	莱西	人工砂	Ⅰ区粗砂	KTSR-2022-146	0.1	0.5
119	莱西	人工砂	Ⅱ区中砂	KTSR-2022-147	0.1	0.2
120	莱西	人工砂	Ⅰ区粗砂	KTSR-2022-148	0.1	0.2

序号	原材料产地	样品名称	样品规格型号	抽样编号	放射性试验结果	
					内照射	外照射
121	城阳	人工砂	中砂	KTSR-2022-149	0.1	0.3
122	城阳	人工砂	中砂	KTSR-2022-150	0.1	0.5
123	莱阳	人工砂	中砂	KTSR-2022-151	0.1	0.4
124	青岛	人工砂	中砂	KTSR-2022-152	0.1	0.6
125	城阳	人工砂	中砂	KTSR-2022-153	0.2	0.5
126	城阳	人工砂	中砂	KTSR-2022-154	0.1	0.5
127	青岛	人工砂	Ⅰ区粗砂	KTSR-2023-012	0.1	0.5
128	城阳	人工砂	Ⅰ区粗砂	KTSR-2023-013	0.1	0.4
129	青岛	人工砂	中砂	KTSR-2023-014	0.1	0.4
130	青岛	人工砂	中砂	KTSR-2023-018	0.1	0.6
131	即墨大信	人工砂	粗砂	KTSR-2023-019	0.1	0.5
132	平度	人工砂	中砂	KTSR-2023-020	0.1	0.4
133	黄岛	人工砂	Ⅱ区中砂	KTSR-2023-026	0.1	0.4
134	日照	人工砂	粗砂	KTSR-2023-028	0.1	0.5
135	平度	人工砂	Ⅰ区粗砂	KTSR-2023-029	0.1	0.4
136	黄岛	人工砂	中砂	KTSR-2023-030	0.1	0.4
137	青岛	人工砂	粗砂	KTSR-2023-033	0.1	0.5
138	西海岸新区	人工砂	Ⅰ区粗砂	KTSR-2023-034	0.1	0.5
139	黄岛	人工砂	中砂	KTSR-2023-038	0.1	0.5
140	黄岛	人工砂	中砂	KTSR-2023-041	0.1	0.4
141	青岛	人工砂	粗砂	KTSR-2023-042	0.1	0.6
142	日照	人工砂	Ⅱ区中砂	KTSR-2023-045	0.1	0.4
143	日照	人工砂	中砂	KTSR-2023-046	0.2	0.6
144	青岛	人工砂	粗砂	KTSR-2023-048	0.1	0.7
145	黄岛	人工砂	粗砂	KTSR-2023-049	0.0	0.4
146	五莲	人工砂	中砂	KTSR-2023-050	0.1	0.7
147	诸城	人工砂	粗砂	KTSR-2023-053	0.1	0.4
148	黄岛	人工砂	Ⅱ区中砂	KTSR-2023-110	0.1	0.6
149	青岛	人工砂	粗砂	KTSR-2023-112	0.1	0.5
150	青岛	人工砂	粗砂	KTSR-2023-113	0.2	0.7

序号	原材料产地	样品名称	样品规格型号	抽样编号	放射性试验结果	
					内照射	外照射
151	青岛	人工砂	粗砂	KTSR-2023-114	0.1	0.6
152	胶州洋河镇	人工砂	粗砂	KTSR-2023-115	0.2	0.6
153	青岛泊里	人工砂	粗砂	KTSR-2023-116	0.4	1.0
154	黄岛	人工砂	石粉砂	KTSR-2023-118	0.2	0.7
155	西海岸新区	人工砂	Ⅱ区中砂	KTSR-2023-119	0.1	0.5
156	五莲	人工砂	中砂	KTSR-2023-124	0.2	0.5
157	黄岛胶南	人工砂	中砂	KTSR-2023-126	0.3	1.2
158	五莲	人工砂	Ⅰ区粗砂	KTSR-2023-127	0.2	0.5
159	五莲	人工砂	Ⅰ区粗砂	KTSR-2023-128	0.2	0.8
160	五莲	人工砂	Ⅱ区中砂	KTSR-2023-129	0.2	0.7
161	诸城	人工砂	Ⅱ区中砂	KTSR-2023-130	0.1	0.5
162	诸城	人工砂	中砂	KTSR-2023-131	0.1	0.5
163	市北区	人工砂	中砂	KTSR-2023-016	0	0.5
164	青岛	人工砂	Ⅱ区中砂	KTSR-2023-056	0	0.2
165	烟台	人工砂	粗砂	KTSR-2023-057	0.1	0.4
166	即墨	人工砂	中砂	KTSR-2023-058	0	0.2
167	城阳	人工砂	中砂	KTSR-2023-059	0	0.3
168	青岛	人工砂	中砂	KTSR-2023-060	0.1	1.5
169	青岛	人工砂	中粗砂	KTSR-2023-061	0.1	0.5
170	青岛	人工砂	中砂	KTSR-2023-063	0.1	0.5
171	即墨	人工砂	粗砂	KTSR-2023-064	0.1	0.6
172	莱阳	人工砂	中砂	KTSR-2023-067	0.2	0.4
173	莱西	人工砂	Ⅰ区粗砂	KTSR-2023-068	0.1	0.1
174	莱西	人工砂	Ⅱ区中砂	KTSR-2023-070	0.1	0.3
175	胶州	人工砂	Ⅱ区中砂	KTSR-2023-071	0	0
176	崂山区牟家	人工砂	中砂	KTSR-2023-073	0.1	0.5
177	胶州	人工砂	中粗砂	KTSR-2023-074	0.1	0.5
178	胶州	人工砂	Ⅱ区中砂	KTSR-2023-075	0.1	0.6
179	胶州	人工砂	Ⅱ区中砂	KTSR-2023-076	0.1	0.3
180	胶州	人工砂	粗砂	KTSR-2023-077	0	0.2

序号	原材料产地	样品名称	样品规格型号	抽样编号	放射性试验结果	
					内照射	外照射
181	青岛	人工砂	Ⅱ级中砂	KTSR-2023-078	0.1	0.6
182	青岛	人工砂	中砂	KTSR-2023-079	0	0.3
183	青岛	人工砂	Ⅰ区粗砂	KTSR-2023-080	0.1	0.4
184	青岛	人工砂	Ⅱ区中砂	KTSR-2023-081	0.1	0.1
185	崂山区	人工砂	粗砂	KTSR-2023-082	0.2	1.1
186	烟台	人工砂	中砂	KTSR-2023-083	0	0.5
187	市北区	人工砂	粗砂	KTSR-2023-084	0	0.3
188	青岛	人工砂	粗砂	KTSR-2023-086	0.1	0.4
189	平度旧店镇	人工砂	中砂	KTSR-2023-093	0	0.2
190	平度	人工砂	中砂	KTSR-2023-094	0.3	0.7
191	平度	人工砂	Ⅱ区中砂	KTSR-2023-095	0.1	0.5
192	平度	人工砂	Ⅱ区中砂	KTSR-2023-096	0.3	0.4
193	平度	人工砂	中砂	KTSR-2023-098	0	0.3
194	平度	人工砂	中砂	KTSR-2023-099	0.2	0.5
195	青岛	人工砂	中砂	KTSR-2023-001	0.01	0.75
196	青岛	人工砂	Ⅱ区中砂	KTSR-2023-002	0.04	0.71
197	城阳	人工砂	中砂	KTSR-2023-003	0.02	0.70
198	城阳	人工砂	粗砂	KTSR-2023-004	0.05	0.71
199	青岛	人工砂	中砂	KTSR-2023-005	0.12	0.69
200	青岛	人工砂	Ⅱ区中砂	KTSR-2023-006	0.01	0.53
201	莱阳	人工砂	中砂	KTSR-2023-007	0.02	0.71
202	城阳	人工砂	Ⅰ区粗砂	KTSR-2023-008	0.04	0.76
203	城阳	人工砂	中砂	KTSR-2023-010	0.02	0.72
204	黄岛	人工砂	Ⅰ区粗砂	KTSR-2023-102	0.03	0.67
205	平度	人工砂	中砂	KTSR-2023-103	0.04	0.65
206	青岛	人工砂	粗砂	KTSR-2023-104	0.01	0.59
207	黄岛峡沟村	人工砂	粗砂	KTSR-2023-108	0.01	0.61
208	黄岛	人工砂	Ⅱ区中砂	KTSR-2023-110	0.05	0.67
209	胶州洋河镇	人工砂	粗砂	KTSR-2023-115	0.04	0.71
210	五莲	人工砂	Ⅱ区中砂	KTSR-2023-129	0.04	0.76

碎石放射性检测结果见表 14.56。

表 14.56　碎石放射性检测结果

序号	原材料产地	样品名称	抽样规格型号	抽样编号	放射性试验结果	
					内照射	外照射
1	青岛	碎石	5～25 mm	KTSS-2022-002	0.2	0.3
2	即墨	碎石	5～25 mm	KTSS-2022-003	0.1	0.3
3	青岛	碎石	5～25 mm	KTSS-2022-004	0.2	0.5
4	青岛	碎石	5～10 mm	KTSS-2022-005	0.1	0.5
5	青岛	碎石	5～25 mm	KTSS-2022-006	0.1	0.5
6	青岛	碎石	5～31.5 mm	KTSS-2022-007	0.2	0.5
7	崂山区	碎石	5～25 mm	KTSS-2022-008	0.1	0.6
8	崂山区	碎石	5～10 mm	KTSS-2022-009	0.2	0.5
9	青岛	碎石	5～25 mm	KTSS-2022-010	0.2	0.5
10	青岛	碎石	5～10 mm	KTSS-2022-011	0.1	0.5
11	城阳	碎石	5～31.5 mm	KTSS-2022-012	0.2	0.5
12	城阳	碎石	5～31.5 mm	KTSS-2022-013	0.2	0.4
13	城阳惜福镇	碎石	5～25 mm	KTSS-2022-014	0.2	0.5
14	莱西	碎石	5～25 mm	KTSS-2022-015	0.1	0.4
15	青岛	碎石	5～25 mm	KTSS-2022-016	0.2	0.5
16	莱阳	碎石	5～25 mm	KTSS-2022-017	0.2	0.6
17	莱阳	碎石	5～10 mm	KTSS-2022-018	0.2	0.7
18	青岛	碎石	5～25 mm	KTSS-2022-020	0.1	0.6
19	青岛	碎石	5～10 mm	KTSS-2022-021	0.1	0.6
20	青岛	碎石	5～25 mm	KTSS-2022-022	0.2	0.5
21	李沧区	碎石	5～25 mm	KTSS-2022-023	0.2	0.7
22	青岛	碎石	中粗砂	KTSS-2022-024	0.1	0.5
23	青岛	碎石	5～25 mm	KTSS-2022-026	0.2	0.6
24	青岛	碎石	5～31.5mm	KTSS-2022-029	0.1	0.5
25	城阳	碎石	5～25 mm	KTSS-2022-033	0.1	0.6
26	城阳	碎石	5～10 mm	KTSS-2022-034	0.1	0.5
27	城阳	碎石	5～25 mm	KTSS-2022-035	0.0	0.0
28	城阳	碎石	5～25 mm	KTSS-2022-036	0.1	0.6
29	城阳	碎石	5～10 mm	KTSS-2022-037	0.1	0.5

续表

序号	原材料产地	样品名称	抽样规格型号	抽样编号	放射性试验结果	
					内照射	外照射
30	城阳河套	碎石	5～10 mm	KTSS-2022-039	0.1	0.5
31	城阳	碎石	5～25 mm	KTSS-2022-040	0.2	0.5
32	即墨大信	碎石	5～31.5 mm	KTSS-2022-042	0.2	0.7
33	青岛	碎石	10～25 mm	KTSS-2022-046	0.2	0.3
34	青岛	碎石	5～25 mm	KTSS-2022-047	0.0	0.3
35	青岛	碎石	5～10 mm	KTSS-2022-048	0.1	0.6
36	胶州	碎石	5～25 mm	KTSS-2022-049	0.0	0.2
37	胶州	碎石	5～10 mm	KTSS-2022-050	0.1	0.4
38	胶州	碎石	5～31.5 mm	KTSS-2022-052	0.1	0.6
39	胶州	碎石	5～31.5 mm	KTSS-2022-055	0.1	0.3
40	胶州洋河	碎石	5～31.5 mm	KTSS-2022-057	0.1	0.3
41	胶北	碎石	5～31.5 mm	KTSS-2022-058	0.1	0.3
42	胶州	碎石	5～31.5 mm	KTSS-2022-059	0.1	0.5
43	胶州	碎石	5～10 mm	KTSS-2022-060	0.1	0.5
44	胶州	碎石	5～31.5 mm	KTSS-2022-061	0.0	0.2
45	胶州	碎石	5～10 mm	KTSS-2022-062	0.1	0.2
46	胶州陆家	碎石	5～25 mm	KTSS-2022-066	0.1	0.3
47	城阳	碎石	5～25 mm	KTSS-2022-067	0.1	0.5
48	诸城	碎石	5～25 mm	KTSS-2022-068	0.2	0.7
49	海阳	碎石	5～25 mm	KTSS-2022-069	0.1	0.4
50	青岛	碎石	5～31.5 mm	KTSS-2022-070	0.2	0.5
51	青岛	碎石	5～10 mm	KTSS-2022-071	0.1	0.5
52	青岛	碎石	5～31.5 mm	KTSS-2022-072	0.1	0.3
53	青岛	碎石	5～25 mm	KTSS-2022-073	0.2	0.5
54	五莲	碎石	5～31.5 mm	KTSS-2022-075	0.2	0.5
55	黄岛张家楼	碎石	5～31.5 mm	KTSS-2022-076	0.1	0.4
56	黄岛张家楼	碎石	5～31.5 mm	KTSS-2022-077	0.1	0.5
57	黄岛张家楼	碎石	5～10 mm	KTSS-2022-078	0.1	0.5
58	黄岛	碎石	5～31.5 mm	KTSS-2022-079	0.2	0.6
59	黄岛	碎石	5～10 mm	KTSS-2022-080	0.1	0.6

序号	原材料产地	样品名称	抽样规格型号	抽样编号	放射性试验结果	
					内照射	外照射
60	黄岛	碎石	5～31.5 mm	KTSS-2022-081	0.2	0.5
61	黄岛	碎石	5～31.5 mm	KTSS-2022-082	0.4	1.0
62	黄岛	碎石	5～31.5 mm	KTSS-2022-083	0.2	0.4
63	黄岛	碎石	5～10 mm	KTSS-2022-084	0.1	0.4
64	黄岛	碎石	5～31.5 mm	KTSS-2022-085	0.1	0.6
65	黄岛	碎石	5～25 mm	KTSS-2022-086	0.1	0.4
66	黄岛	碎石	5～10 mm	KTSS-2022-087	0.2	0.5
67	黄岛峡沟村	碎石	5～31.5 mm/5～10 mm	KTSS-2022-088	0.1	0.5
68	黄岛	碎石	5～31.5 mm	KTSS-2022-089	0.1	0.3
69	黄岛	碎石	5～10 mm	KTSS-2022-090	0.1	0.4
70	黄岛王台	碎石	5～31.5 mm	KTSS-2022-091	0.1	0.6
71	黄岛	碎石	5～25 mm	KTSS-2022-092	0.1	0.3
72	黄岛	碎石	5～10 mm	KTSS-2022-093	0.1	0.5
73	黄岛	碎石	5～25 mm	KTSS-2022-094	0.1	0.3
74	黄岛	碎石	5～10 mm	KTSS-2022-095	0.1	0.4
75	黄岛	碎石	5～31.5 mm	KTSS-2022-096	0.2	0.5
76	黄岛	碎石	5～10 mm	KTSS-2022-097	0.2	0.5
77	黄岛	碎石	5～31.5 mm	KTSS-2022-098	0.2	0.5
78	黄岛	碎石	5～25 mm	KTSS-2022-099	0.1	0.3
79	黄岛	碎石	5～10 mm	KTSS-2022-100	0.1	0.3
80	黄岛	碎石	5～31.5 mm	KTSS-2022-101	0.2	0.5
81	黄岛王台	碎石	5～31.5 mm	KTSS-2022-102	0.1	0.6
82	黄岛王台	碎石	5～25 mm	KTSS-2022-103	0.1	0.5
83	黄岛王台	碎石	5～10 mm	KTSS-2022-104	0.1	0.5
84	黄岛	碎石	5～31.5 mm	KTSS-2022-105	0.2	0.9
85	黄岛	碎石	5～10 mm	KTSS-2022-106	0.1	0.5
86	黄岛姜家屯	碎石	5～25 mm	KTSS-2022-107	0.1	0.6
87	黄岛姜家屯	碎石	5～10 mm	KTSS-2022-108	0.1	0.6
88	胶州洋河镇	碎石	5～25 mm	KTSS-2022-109	0.1	0.6

序号	原材料产地	样品名称	抽样规格型号	抽样编号	放射性试验结果	
					内照射	外照射
89	胶州	碎石	5～31.5 mm	KTSS-2022-111	0.2	0.5
90	胶州	碎石	5～10 mm	KTSS-2022-112	0.2	0.5
91	诸城	碎石	5～31.5 mm	KTSS-2022-114	0.1	0.4
92	诸城	碎石	5～20 mm	KTSS-2022-115	0.1	0.5
93	诸城	碎石	5～31.5 mm	KTSS-2022-116	0.1	0.7
94	五莲	碎石	5～25 mm	KTSS-2022-117	0.1	0.6
95	五莲	碎石	5～31.5 mm	KTSS-2022-118	0.1	0.4
96	五莲	碎石	5～10 mm	KTSS-2022-119	0.1	0.4
97	黄岛	碎石	5～10 mm	KTSS-2022-122	0.2	0.7
98	黄岛	碎石	5～10 mm	KTSS-2022-123	0.1	0.6
99	黄岛王台	碎石	5～31.5 mm	KTSS-2022-124	0.2	0.6
100	黄岛	碎石	5～31.5 mm	KTSS-2022-125	0.1	0.4
101	黄岛	碎石	5～25 mm	KTSS-2022-126	0.1	0.5
102	黄岛	碎石	5～10 mm	KTSS-2022-127	0.2	0.6
103	黄岛	碎石	5～16 mm	KTSS-2022-128	0.1	0.5
104	黄岛	碎石	5～25 mm	KTSS-2022-129	0.1	0.5
105	黄岛	碎石	5～31.5 mm	KTSS-2022-130	0.1	0.5
106	黄岛	碎石	5～20 mm	KTSS-2022-131	0.1	0.5
107	黄岛	碎石	5～10 mm	KTSS-2022-132	0.1	0.6
108	黄岛	碎石	5～31.5 mm	KTSS-2022-133	0.1	0.6
109	黄岛	碎石	5～10 mm	KTSS-2022-134	0.1	0.5
110	黄岛	碎石	5～25 mm	KTSS-2022-135	0.1	0.6
111	黄岛	碎石	5～10 mm	KTSS-2022-136	0.1	0.4
112	黄岛	碎石	5～31.5 mm	KTSS-2022-137	0.1	0.5
113	黄岛	碎石	5～31.5 mm	KTSS-2022-138	0.1	0.6
114	黄岛	碎石	5～31.5 mm	KTSS-2022-139	0.1	0.6
115	胶南	碎石	5～25 mm	KTSS-2022-140	0.1	0.4
116	胶州	碎石	5～31.5 mm	KTSS-2022-141	0.1	0.6
117	诸城	碎石	5～25 mm	KTSS-2022-142	0.1	0.5
118	诸城	碎石	5～25 mm	KTSS-2022-143	0.1	0.5

序号	原材料产地	样品名称	抽样规格型号	抽样编号	放射性试验结果	
					内照射	外照射
119	诸城	碎石	5～25 mm	KTSS-2022-144	0.1	0.6
120	诸城	碎石	5～10 mm	KTSS-2022-145	0.2	0.5
121	日照	碎石	5～31.5 mm	KTSS-2022-146	0.1	0.6
122	日照	碎石	5～10 mm	KTSS-2022-147	0.1	0.6
123	日照	碎石	5～25 mm	KTSS-2022-148	0.2	0.9
124	日照	碎石	5～10 mm	KTSS-2022-149	0.1	0.6
125	日照	碎石	5～25 mm	KTSS-2022-150	0.1	0.6
126	日照	碎石	5～25 mm	KTSS-2022-151	0.2	0.5
127	安丘	碎石	5～31.5 mm	KTSS-2022-152	0.1	0.3
128	安丘	碎石	5～10 mm	KTSS-2022-153	0.2	0.5
129	青岛	碎石	5～31.5 mm	KTSS-2022-154	0.2	0.6
130	青岛	碎石	5～10 mm	KTSS-2022-155	0.1	0.3
131	城阳	碎石	5～25 mm	KTSS-2022-156	0.1	0.6
132	城阳	碎石	5～10 mm	KTSS-2022-157	0.1	0.5
133	青岛	碎石	5～25 mm	KTSS-2022-158	0.1	0.4
134	即墨	碎石	5～25 mm	KTSS-2022-159	0.1	0.4
135	即墨	碎石	5～31.5 mm	KTSS-2022-160	0.1	0.3
136	即墨	碎石	5～10 mm	KTSS-2022-161	0.0	0.3
137	即墨	碎石	5～25 mm	KTSS-2022-162	0.0	0.3
138	即墨	碎石	5～10 mm	KTSS-2022-163	0.1	0.4
139	即墨	碎石	5～31.5 mm	KTSS-2022-164	0.1	0.3
140	即墨	碎石	5～16 mm	KTSS-2022-165	0.1	0.4
141	即墨	碎石	5～25 mm	KTSS-2022-166	0.1	0.4
142	烟台	碎石	5～10 mm	KTSS-2022-167	0.1	0.3
143	烟台	碎石	5～25 mm	KTSS-2022-168	0.1	0.5
144	烟台	碎石	5～25 mm	KTSS-2022-169	0.1	0.3
145	烟台	碎石	5～10 mm	KTSS-2022-170	0.1	0.2
146	莱阳	碎石	5～31.5 mm	KTSS-2022-171	0.2	0.6
147	青岛	碎石	5～31.5 mm	KTSS-2022-172	0.1	0.4
148	平度周戈庄	碎石	5～31.5 mm	KTSS-2022-173	0.4	0.5

续表

序号	原材料产地	样品名称	抽样规格型号	抽样编号	放射性试验结果	
					内照射	外照射
149	平度	碎石	5～25 mm	KTSS-2022-174	0.1	0.3
150	平度	碎石	5～25 mm	KTSS-2022-175	0.3	0.4
151	平度	碎石	5～31.5 mm	KTSS-2022-176	0.2	0.4
152	平度	碎石	5～25 mm	KTSS-2022-177	0.1	0.3
153	平度	碎石	5～25 mm	KTSS-2022-178	0.1	0.3
154	平度旧店镇	碎石	5～31.5 mm	KTSS-2022-180	0.1	0.1
155	莱西	碎石	5～25 mm	KTSS-2022-182	0.3	0.4
156	莱阳	碎石	5～25 mm	KTSS-2022-183	0.2	0.3
157	莱州	碎石	5～25 mm	KTSS-2022-184	0.1	0.3
158	莱西	碎石	5～31.5 mm	KTSS-2022-185	0.2	0.5
159	城阳	碎石	5～25 mm	KTSS-2022-186	0.2	0.5
160	城阳	碎石	5～25 mm	KTSS-2022-187	0.1	0.6
161	莱阳	碎石	5～25 mm	KTSS-2022-188	0.1	0.6
162	青岛	碎石	5～25 mm	KTSS-2022-189	0.1	0.5
163	城阳	碎石	5～25 mm	KTSS-2022-190	0.1	0.6
164	城阳	碎石	5～25 mm	KTSS-2022-192	0.2	0.6
165	城阳	碎石	5～31.5 mm	KTSS-2023-072	0.0	0.1
166	莱阳	碎石	5～25 mm	KTSS-2023-073	0.1	0.5
167	崂山区	碎石	5～31.5 mm	KTSS-2023-077	0.1	0.3
168	青岛	碎石	5～25 mm	KTSS-2023-078	0.1	0.3
169	黄岛	碎石	5～31.5 mm	KTSS-2023-092	0.1	0.5
170	黄岛	碎石	5～25 mm	KTSS-2023-093	0.1	0.5
171	黄岛王台	碎石	5～31.5 mm	KTSS-2023-094	0.1	0.5
172	黄岛	碎石	5～31.5 mm	KTSS-2023-095	0.1	0.5
173	胶州洋河镇	碎石	5～25 mm	KTSS-2023-096	0.2	0.6
174	青岛	碎石	5～31.5 mm	KTSS-2023-097	0.3	0.9
175	黄岛	碎石	5～31.5 mm	KTSS-2023-100	0.1	0.5
176	黄岛	碎石	5～25 mm	KTSS-2023-101	0.1	0.5
177	黄岛峡沟村	碎石	5～31.5 mm	KTSS-2023-102	0.1	0.4
178	黄岛	碎石	5～31.5 mm	KTSS-2023-104	0.1	0.6

序号	原材料产地	样品名称	抽样规格型号	抽样编号	放射性试验结果	
					内照射	外照射
179	黄岛	碎石	5～31.5 mm	KTSS-2023-105	0.1	0.3
180	黄岛姜家屯	碎石	5～25 mm	KTSS-2023-107	0.2	0.5
181	黄岛区	碎石	5～25 mm	KTSS-2023-108	0.2	0.5
182	五莲	碎石	5～25 mm	KTSS-2023-109	0.3	0.9
183	青岛	碎石	5～31.5 mm	KTSS-2023-110	0.1	0.5
184	五莲	碎石	5～31.5 mm	KTSS-2023-111	0.2	0.7
185	黄岛张家楼	碎石	5～31.5 mm	KTSS-2023-112	0.1	0.3
186	青岛	碎石	5～31.5 mm	KTSS-2023-113	0.1	0.7
187	黄岛	碎石	5～31.5 mm	KTSS-2023-114	0.2	0.6
188	黄岛	碎石	5～31.5 mm	KTSS-2023-115	0.1	0.4
189	黄岛	碎石	5～25 mm	KTSS-2023-116	0.2	0.5
190	黄岛	碎石	5～31.5 mm	KTSS-2023-117	0.1	0.4
191	五莲	碎石	5～31.5 mm	KTSS-2023-119	0.1	0.4
192	黄岛王台	碎石	5～31.5 mm	KTSS-2023-120	0.1	0.3
193	诸城	碎石	5～31.5 mm	KTSS-2023-121	0.2	0.5
194	诸城	碎石	5～31.5 mm	KTSS-2023-122	0.2	0.6
195	城阳	碎石	5～25 mm	KTSS-2023-010	0.1	0.6
196	青岛	碎石	5～25 mm	KTSS-2023-019	0.1	0.7
197	城阳	碎石	5～25 mm	KTSS-2023-020	0.2	0.7
198	即墨	碎石	5～25 mm	KTSS-2023-043	0.1	0.5
199	烟台	碎石	5～25 mm	KTSS-2023-044	0.1	0.4
200	即墨	碎石	5～31.5 mm	KTSS-2023-045	0.1	0.4
201	青岛	碎石	5～25 mm	KTSS-2023-046	0.2	0.7
202	城阳	碎石	5～25 mm	KTSS-2023-047	0.1	0.4
203	青岛	碎石	5～31.5 mm	KTSS-2023-048	0	0.5
204	莱阳	碎石	5～31.5 mm	KTSS-2023-049	0.1	0.3
205	青岛	碎石	5～31.5 mm	KTSS-2023-050	0.1	0.5
206	即墨	碎石	5～25 mm	KTSS-2023-051	0.1	0.4
207	即墨	碎石	5～31.5 mm	KTSS-2023-052	0.1	0.4
208	即墨	碎石	5～25 mm	KTSS-2023-053	0.1	0.3

序号	原材料产地	样品名称	抽样规格型号	抽样编号	放射性试验结果	
					内照射	外照射
209	烟台	碎石	5～25 mm	KTSS-2023-054	0.1	0.5
210	莱西	碎石	5～31.5 mm	KTSS-2023-055	0.1	0.5
211	城阳	碎石	5～25 mm	KTSS-2023-056	0.1	0.4
212	胶北	碎石	5～31.5 mm	KTSS-2023-057	0	0.1
213	胶州	碎石	5～31.5 mm	KTSS-2023-058	0.1	0.5
214	胶州	碎石	5～10 mm	KTSS-2023-059		0.6
215	胶州	碎石	5～31.5 mm	KTSS-2023-060	0.1	0.5
216	胶州	碎石	5～31.5 mm	KTSS-2023-061	0.1	0.7
217	胶州	碎石	5～31.5 mm	KTSS-2023-062	0.1	0.5
218	胶州陆家村	碎石	5～25 mm	KTSS-2023-063	0.3	0.5
219	青岛	碎石	10～25 mm	KTSS-2023-064	0.1	0.5
220	青岛	碎石	5～25 mm	KTSS-2023-065	0	0.1
221	胶州	碎石	5～25 mm	KTSS-2023-066	0	0.4
222	海阳	碎石	5～25 mm	KTSS-2023-067	0.1	0.8
223	胶州洋河	碎石	5～31.5 mm	KTSS-2023-068	0.1	0.5
224	诸城	碎石	5～25 mm	KTSS-2023-069	0.1	0.8
225	即墨	碎石	5～25 mm	KTSS-2023-070	0.1	0.4
226	青岛	碎石	5～25 mm	KTSS-2023-071	0.1	0.6
227	城阳	碎石	5～31.5 mm	KTSS-2023-081	0.1	0.7
228	平度	碎石	5～25 mm	KTSS-2023-082	0.1	0.4
229	莱西	碎石	5～25 mm	KTSS-2023-083	0.1	0.1
230	莱阳	碎石	5～25 mm	KTSS-2023-084	0.3	0.5
231	莱州	碎石	5～25 mm	KTSS-2023-085	0.2	0.4
232	平度周戈庄	碎石	5～31.5 mm	KTSS-2023-086	0.3	0.5
233	平度	碎石	5～31.5 mm	KTSS-2023-087	0.1	0.3
234	平度旧店镇	碎石	5～31.5 mm	KTSS-2023-088	0.1	0.5
235	平度	碎石	5～25 mm	KTSS-2023-089	0.2	0.4
236	平度	碎石	5～25 mm	KTSS-2023-090	0.3	0.5
237	平度	碎石	5～25 mm	KTSS-2023-091	0.2	0.4
238	平度	碎石	5～25 mm	KTSS-2023-002	0.03	0.40

续表

序号	原材料产地	样品名称	抽样规格型号	抽样编号	放射性试验结果	
					内照射	外照射
239	城阳	碎石	5～25 mm	KTSS-2023-003	0.04	0.75
240	即墨	碎石	5～25 mm	KTSS-2023-005	0.05	0.50
241	青岛	碎石	5～25 mm	KTSS-2023-006	0.05	0.68
242	城阳	碎石	5～25 mm	KTSS-2023-007	0.01	0.67
243	莱阳	碎石	5～25 mm	KTSS-2023-008	0.03	0.43
244	李沧	碎石	5～25 mm	KTSS-2023-009	0.02	0.40
245	城阳	碎石	5～25 mm	KTSS-2023-010	0.02	0.66
246	城阳	碎石	5～25 mm	KTSS-2023-011	0.02	0.68
247	城阳	碎石	5～25 mm	KTSS-2023-012	0.03	0.74
248	青岛	碎石	5～25 mm	KTSS-2023-015	0.01	0.51
249	即墨大信	碎石	5～31.5 mm	KTSS-2023-016	0.02	0.57
250	青岛	碎石	5～25 mm	KTSS-2023-017	0.04	0.50
251	青岛	碎石	5～25 mm	KTSS-2023-018	0.02	0.69
252	青岛	碎石	5～25 mm	KTSS-2023-019	0.04	0.69
253	城阳	碎石	5～25 mm	KTSS-2023-020	0.07	0.74
254	城阳河套	碎石	5～25 mm	KTSS-2023-021	0.03	0.81
255	安丘	碎石	5～31.5 mm	KTSS-2023-022	0.02	0.08
256	黄岛	碎石	5～31.5 mm	KTSS-2023-024	0.09	0.86
257	黄岛	碎石	5～10 mm	KTSS-2023-026	0.02	0.82
258	黄岛	碎石	5～31.5 mm	KTSS-2023-027	0.05	0.69
259	黄岛	碎石	5～31.5 mm	KTSS-2023-028	0.06	0.48
260	黄岛	碎石	5～31.5 mm	KTSS-2023-029	0.03	0.52
261	黄岛	碎石	5～25 mm	KTSS-2023-030	0.06	0.65
262	黄岛	碎石	5～31.5 mm	KTSS-2023-031	0.03	0.57
263	胶南	碎石	5～25 mm	KTSS-2023-033	0.03	0.56
264	日照	碎石	5～25 mm	KTSS-2023-034	0.01	0.52
265	日照	碎石	5～31.5 mm	KTSS-2023-035	0.08	0.81
266	日照	碎石	5～25 mm	KTSS-2023-036	0.03	0.48
267	黄岛	碎石	5～31.5 mm	KTSS-2023-037	0.03	0.41
268	黄岛	碎石	5～25 mm	KTSS-2023-038	0.04	0.04

序号	原材料产地	样品名称	抽样规格型号	抽样编号	放射性试验结果	
					内照射	外照射
269	胶州	碎石	5～31.5 mm	KTSS-2023-039	0.02	0.54
270	诸城	碎石	5～25 mm	KTSS-2023-040	0.04	0.74
271	诸城	碎石	5～25 mm	KTSS-2023-041	0.04	0.63

14.6.4.4　检测结果统计分析

样品放射性检测结果统计和分析见表 14.57～表 14.59。

表 14.57　混凝土原材料放射性检测结果统计

样品		比活度/Bq·kg^{-1}			内照射指数	外照射指数
		^{226}Ra	^{232}Th	^{40}K	I_{Ra}	I_{γ}
水泥	最大值	84.8	147.6	611	0.4	0.9
	最小值	28.7	28.5	0	0.1	0.2
	平均值	45.9	43.6	129.2	0.23	0.32
粉煤灰	最大值	110.89	166.03	390.37	0.6	0.9
	最小值	17.5	24.66	25.57	0.09	0.19
	平均值	73.95	98	200.62	0.37	0.62
矿渣粉	最大值	88.6	69.22	215.05	0.7	0.7
	最小值	17.24	17.26	7.02	0.09	0.16
	平均值	60.23	48.01	126.23	0.43	0.49
河砂	最大值	25.82	71.85	2 540.11	0.1	0.7
	最小值	1.49	3.66	100.62	0	0.1
	平均值	8.87	21.1	1 092.21	0.05	0.37
人工砂	最大值	75.54	301.17	2 693.44	0.4	1.5
	最小值	0	2.36	0	0	0
	平均值	19.16	53.96	1 166.5	0.1	0.54
碎石	最大值	64.48	144.2	2 930.63	0.3	0.9
	最小值	1.49	2.95	43.71	0	0
	平均值	19.3	41.66	1 258.96	0.1	0.51

表 14.58　矿粉、粉煤灰原样检测结果统计

样品		比活度/Bq·kg⁻¹			内照射指数	外照射指数
		^{226}Ra	^{232}Th	^{40}K	I_{Ra}	I_γ
矿渣粉	最大值	128.9	103.96	131.63	0.6	1.2
	最小值	29.89	24.44	0	0.15	0.21
	平均值	94.08	71.64	58.52	0.4	0.55
粉煤灰	最大值	186.45	291.85	621.75	0.9	1.6
	最小值	35.86	52.33	0	0.18	0.37
	平均值	113.53	159.48	150.5	0.57	0.95

表 14.59　混凝土原材料放射性检测结果分析

样品类型			水泥	粉煤灰	矿渣粉	河砂	人工砂	碎石	粉煤灰原样	矿渣粉原样
样品数量（个）			179	100	100	116	210	271	48	47
检测结果（个）	I_{Ra}	合格	179	100	100	116	210	271	48	47
		不合格	0	0	0	0	0	0	0	0
	I_γ	合格	179	100	100	116	207	271	34	46
		不合格	0	0	0	0	3	0	14	1

所检测的 976 个样品中,样品的内照射指数 I_{Ra} 均合格,最大值为 0.8。其中,3 个人工砂样品的外照射指数 I_γ 超标;14 个粉煤灰及 1 个矿渣粉样品进行原样试验的外照射指数 I_γ 超标;21 个样品的外照射指数 I_γ 为 1.0,处于放射性核素限量临界值之上。

为了保障试验结果的准确性,另委托第三方检测机构对部分不合格样品进行了复核检测,检测结果如表 14.60 所示。

表 14.60　部分不合格样品复核检测结果

序号	样品类型	规格型号	内照射指数	外照射指数
1	粉煤灰	F 类 Ⅱ 级	0.9	1.4
2	粉煤灰	F 类 Ⅱ 级	0.2	0.8
3	人工砂	机制砂粗砂	1.0	1.5
4	粉煤灰	F 类 Ⅱ 级	0.8	1.0
5	粉煤灰	F 类 Ⅱ 级	1.1	1.7
6	粉煤灰	F 类 Ⅱ 级	0.6	0.9
7	粉煤灰	F 类 Ⅱ 级	0.5	0.7
8	粉煤灰	F 类 Ⅱ 级	0.6	0.9

序号	样品类型	规格型号	内照射指数	外照射指数
9	粉煤灰	F 类 Ⅱ 级	0.8	1.4
10	粉煤灰	F 类 Ⅱ 级	1.1	1.7
11	粉煤灰	F 类 Ⅱ 级	0.8	1.1
12	人工砂	机制砂粗砂	0.1	0.5

结论与建议：

（1）本次普查的样品中，青岛本地原材料占 68％，周边地区（山东省内）约占 29.7％，省外原材料约占 2.3％。从混凝土各类原材料的料源来看，青岛及其周边地区所产的各类原材料的放射性水平相差不大，无明显差异。

（2）粉煤灰和矿渣粉的放射性水平相对较高，不符合标准规定的样品占比较高，其外照射指数超过放射性核素限量值；水泥的放射性水平相对较低且最稳定；砂、石的内照射指数相对较小，其中河砂的内照射指数最小。

（3）建筑主体材料的放射性超标现象日益引起全社会的广泛关注，混凝土及原材料的放射性控制要求已经纳入国家强制性工程建设规范。建设主管部门应加强对预拌混凝土的放射性质量监管，预拌混凝土的生产和施工单位应通过加强建筑原材料及混凝土的放射性核素限量检测，以预防工程建设使用放射性超标的混凝土。

14.7 泵送对混凝土性能的影响试验研究

混凝土工程施工主要采用混凝土输送泵输送，在混凝土泵送过程中往往会出现坍落度损失和强度损失的现象，有时甚至表现为混凝土入泵时坍落度很大、流动性很好，但出泵后出现干硬性的状态。因此，本书研究泵送前后混凝土流动性和强度的变化情况，为混凝土的配制和施工提供参考数据。

14.7.1 试验所用原材料及配合比

14.7.1.1 原材料

水泥：选用山铝 P•O 42.5 和 P•O 52.5 水泥，28 d 强度可分别超过 52 MPa 和 62 MPa。

粗骨料：采用花岗岩和玄武岩，连续级配，粒径不大于 20 mm，针片状含量小于 5％，含泥量小于 0.5％，泥块含量小于 0.2％，压碎值低于 3％。

细骨料：采用水洗河沙，模数为 2.6～2.8，含泥量小于 2％，泥块含量小于 0.5％。

高性能聚羧酸减水剂减水率大于 20％，含固量为 12％。

矿粉活性等级不低于 S95。

粉煤灰为 Ⅱ 级灰。

14.7.1.2 配合比

试验所用的原材料配合比见表 14.61。

表 14.61　试验所用原材料配合比

序号	强度	原材料用量/kg·m⁻³											容重/kg·m⁻³	水胶比
		水泥		外加剂		矿粉	煤灰	胶材	河砂	大石	小石	水		
1	C15	130	425	4.65	1.5%	90	90	310	870	751	178	185	2 294	0.60
2	C20	160	425	5.61	1.7%	90	80	330	850	772	182	185	2 319	0.56
3	C25	190	425	6.84	1.8%	100	90	380	820	773	183	180	2 336	0.47
4	C30	260	425	8.00	2.0%	70	70	400	808	777	185	175	2 345	0.44
5	C35	280	425	8.61	2.1%	70	60	410	803	772	200	175	2 360	0.43
6	C40	320	425	9.68	2.2%	70	50	440	790	788	188	170	2 376	0.39
7	C45	360	525	10.56	2.2%	70	50	480	768	785	187	170	2 390	0.35
8	C50	380	525	11.27	2.3%	60	50	490	757	790	188	165	2 390	0.34
9	C55	430	525	12.48	2.4%	50	40	520	740	790	200	162	2 412	0.31
10	C60	450	525	13.75	2.5%	60	40	550	745	785	195	160	2 435	0.29

14.7.2　泵送对混凝土强度影响的试验及分析

14.7.2.1　试验研究内容

泵送方式为汽车泵，泵送高度为 45 m～65 m。

泵前泵后各留置试块，采用 100 mm×100 mm×100 mm 塑料试模，按标养条件养护。

留置对比组数不低于 45 组，每次对比的同条件、同标号到期对比试块不低于 2 组，按 3 d、7 d、28 d、60 d、90 d 强度进行对比分析。

14.7.2.2　混凝土强度试验数据

混凝土等级试验对比组数见表 14.62，泵送后/泵送前强度比值见表 14.63。

表 14.62　混凝土等级及试验对比组数

等级	C30	C35	C40	C45	C50	C55	C60
组数	77	68	78	65	58	64	55

表 14.63　泵送后/泵送前强度

强度等级	3 d	7 d	28 d	60 d	90 d
C30	1.107	1.009	1.018	1.059	1.080
C35	0.995	1.034	1.037	1.013	1.000
C40	0.989	1.089	1.013	1.080	1.036
C45	1.002	1.006	1.012	1.023	1.031
C50	1.000	1.045	1.018	1.069	1.099

强度等级	3 d	7 d	28 d	60 d	90 d
C55	0.986	1.035	1.010	1.103	1.056
C60	0.978	1.165	1.016	1.065	1.098

14.7.2.3　混凝土强度分析

各龄期强度变化见图 14.40。

仅三天强度比值有小于 1 的情况,其余数据均大于 1,即泵送后强度大于泵送前。因此可知,泵送对高性能混凝土强度增加有正面影响,可能是泵送压力使混凝土含气量降低、密实度增加所致。

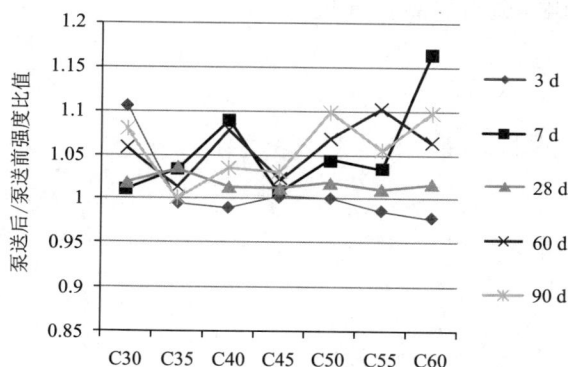

图 14.40　各龄期强度变化

28 d 数据基本保持在 1.010～1.037 区间,即泵送可以使高性能混凝土 28 d 强度略微增加 1%～3.7%;60 d 数据基本保持在 1.013～1.103 区间,即泵送可以使高性能混凝土 60 d 强度略微增加 1.3%～10.3%;90 d 数据基本保持在 1.000～1.099 区间,即泵送可以使高性能混凝土 90 d 强度略微增加 1%～9.9%。

在泵送速度、泵管管径相同且混凝土密度变化不大的情况下,由于高性能混凝土黏性系数较大,高性能混凝土比普通混凝土更易于保持层流状态。因此,高性能混凝土在泵送时均匀性较好。同时,高性能混凝土泵送后流动性减小,泵送后强度有所增长。

14.7.2.4　泵送前后混凝土拌合物性能研究

混凝土泵送前、后拌合物性能检测结果见表 14.64。

表 14.64　混凝土泵送前、后拌合物性能检测结果

编号	泵送状态	流动度		温度/℃	密度/kg·m⁻³	含气量/%
		坍落度/mm	扩展度/mm			
1	前	190	345	35.2	2 360	2.4
	后	180	340	36.9	2 380	1.9
2	前	220	440	34.8	2 350	4.9
	后	210	390	36.2	2 390	3.5

　　数据分析总结:混凝土在经过泵送之后,工作性能变差,温度升高,含气量明显降低,密度增大。在进行混凝土配合比设计时,对有抗冻性能要求的混凝土应考虑泵送对混凝土含气量的影响,适当提高含气量。

参考文献

[1] 徐至钧,2003. 纤维混凝土技术及应用[M]. 北京:中国建筑工业出版社.

[2] 曾京生,郑俊,费成欣,2010. 混凝土硫酸盐侵蚀破坏机理与预防措施[J]. 低温建筑技术,9:3.

[3] 邢志水,金琼宋,金利,2013. 简述工程混凝土硫酸盐侵蚀破坏特征及其防护措施[J]. 水利水电工程设计,32:3.

[4] 张承志,2008. 商品混凝土[M]. 北京:化学工业出版社.

附　录

附录1　混凝土生产质量控制记录表

附表 1.1　原材料取样记录

进场原材料信息					
材料名称	产地、厂家	种类	规格型号	批号	进场数量
取样信息					
取样日期	取样地点	取样方式	取样数量	样品编号	取样次数
样品处理					
拌合(混合)均匀方式				缩分方式	缩分后样品数量
备注：					
注： ① 取样地点记录包括运输车车号、储料仓仓号、其他地点； ② 取样人负责样品处理； ③ 封存样品交付样品保管人，试验样品交付试验人； ④ 样品从取样到流转全过程信息记录应完整，满足质量追溯的需要； ⑤ 取样次数分为首次抽样和二次抽样。					

取样人：　　　　　　试验人：　　　　　　样品保管人：

附表 1.2　试验仪器计量装置校准结果确认记录

仪器名称		出厂编号	
法定计量校准机构		证书编号	
使用部门		设备编号	
仪器设备 使用要求	型号/规格： 试验使用所需参数要求：		
确认记录	校准依据： 本次仪器设备校准日期： 本次校准证书签发日期： 校准结果：		
确认结论			
确认人员		确认时间	
技术负责人			

附表 1.3　混凝土生产质量检查记录表

检查日期：　　　　　　　生产班次：

检查项目	检查结果	处置措施	质检人
骨料含水率检验频次及配料调整			
试验原材料与配合比一致性			
生产任务单与配合比一致性			
计量偏差			
搅拌时间			
出厂混凝土工作性			
搅拌匀质性试验			
备注			

附表 1.4　冬期混凝土施工温度记录表

工程名称：　　　　　　　　　　　生产日期班次：

检查项目	测温结果			
室外预报温度	最高：　　　　最低：			
环境温度				
混凝土用水温度				
水泥温度				
矿物掺合料温度				
粗骨料温度				
细骨料温度				
外加剂温度				
混凝土出机温度				
运输过程中的温度				
抵达浇筑地点温度				
混凝土入模温度				
测温人				

附表 1.5　混凝土交货检验记录表

共　　页　第　　页

工程名称：			浇筑部位：		
建设单位：			监理单位：		
施工单位：			预拌混凝土单位：		
混凝土设计要求：			交货地点：		
运输车号：		混凝土方量/m³：		累计方量/m³：	
发车时间：　　时　　分			车辆到达时间：　　时　　分		
取样时间：　　时　　分			检验完成时间：　　时　　分		
施工要求坍落度（扩展度）/mm：			配合比报告坍落度/mm：		
交货日期：		检验批次：		取样人：	
交货检验项目					
坍落度（扩展度）/mm	离析、泌水、分层	氯离子含量	含气量	其他项目	结论
强度试件尺寸/mm：		成型组数：		试件编号：	
试验人：		试验日期：　　年　　月　　日			
混凝土试件抗压强度检测					
检测机构：			送样人：		
委托编号：			见证人：		
批混凝土强度评定结果：					
施工单位代表人： （签字）			监理（建设）单位代表人： （签字）		
预拌混凝土单位代表人： （签字）			检测机构代表人： （需要时）　　（签字）		

注：
① 施工总承包单位（简称施工单位）负责交货验收，监理、预拌混凝土单位参加；
② 施工单位不具备检测能力的检验项目，可委托双方认可的有检测资质的检测机构承担；
③ 混凝土取样及坍落度试验应在混凝土运到交货地点时开始计算，在 20 min 内完成；强度试件制作应在 40 min 内完成；混凝土的离析、泌水、分层可观察检验；
④ 交货地点可在专业承包合同中约定于浇筑地点（入模处）；
⑤ 混凝土强度检测结果和评定结果应及时通知预拌混凝土单位。本记录表一式两份，施工单位和预拌混凝土单位各一份。

记录人：

附表 1.6　配料计量装置自校记录表

记录编号：

企业名称				站点	
生产线		校准方法		校准日期	
计量称及编号	最大量程		校准量程（按最大量程分 3 级）		
			最大使用量程	中间使用量程	最小使用量程
水泥称		加荷值			
		显示值			
		偏差率(%)			
矿粉称		加荷值			
		显示值			
		偏差率(%)			
粉煤灰称		加荷值			
		显示值			
		偏差率(%)			
外加剂称		加荷值			
		显示值			
		偏差率(%)			
膨胀剂称		加荷值			
		显示值			
		偏差率(%)			
粗骨料称 1		加荷值			
		显示值			
		偏差率(%)			
粗骨料称 2		加荷值			
		显示值			
		偏差率(%)			
粗骨料称 3		加荷值			
		显示值			
		偏差率(%)			
细骨料称 1		加荷值			
		显示值			
		偏差率(%)			

计量称及编号	最大量程	校准量程（按最大量程分3级）			
			最大使用量程	中间使用量程	最小使用量程
细骨料称2		加荷值			
		显示值			
		偏差率（%）			
水称1		加荷值			
		显示值			
		偏差率（%）			
水称2		加荷值			
		显示值			
		偏差率（%）			
校准信息确认	正常□		检定□		维修□

审核人：　　　　　　　　　　　　校准人：

附表 1.7　混凝土开盘鉴定记录表

工程名称					鉴定编号				
设计配合比编号					搅拌时间/s				
施工配合比编号					设计要求坍落度/mm				
施工要求					设计要求				
水胶比					砂率				
材料名称	水泥	砂1	砂2	石子	水	外加剂1	外加剂2	掺合料	矿粉	其他
设计每立方米用量/kg										/
调整后每盘用量/kg·m⁻³	砂含水率	砂1%	砂2%	石含水率	石1%	石2%	石3%			
										/

鉴定结果	鉴定项目	混凝土拌合物性能			混凝土试块抗压强度/MPa	氯离子(按胶凝材料质量百分比计)
		出机坍落度/mm	离析	泌水	试件编号：	
	实测					
	耐久性指标					
	原材料与申请单是否相符					

鉴定结论：

监理工程师（建设单位项目技术负责人）	施工单位项目（专业）技术负责人	混凝土企业技术负责人	搅拌机组负责人
鉴定日期			

附表 1.8　混凝土出厂检验报告

工程名称		报告编号	
配合比编号		抽样时间	年　　月　　日
配比设计坍落度/mm		抽取盘次	
施工要求坍落度/mm		抽样数量/L	
施工要求凝结时间/min		搅拌时间/s	
设计指标			
出厂检验内容			
坍落度/mm		含气量	
氯离子含量		耐久性、抗渗、防冻	
初凝时间/min		终凝时间/min	
7 天强度/MPa		28 天强度/MPa	
使用设备			

附表 1.9 预拌混凝土出厂合格证

施工单位						合格证编号		
混凝土企业						配合比编号		
工程名称						子分部名称		
混凝土标记						强度等级		
要求坍落度		供货日期				供货量		
其他技术要求						合同编号		
原材料质量								
名称	水泥	砂 1	砂 2	石子	掺合料 1	掺合料 2	外加剂 1	外加剂 2
品种与规格								
级别								
生产单位、产地								
进场批号								
检验报告编号								
混凝土质量								
水溶性氯离子含量		初凝时间/min				终凝时间/min		
该混凝土放射性: $I_{Ra}=$		$I_r=$		（放到配比中）		抗渗（抗冻、抗折）		
抗压强度报告编号					报告编号		结论	
混凝土强度统计评定结果								
试件组数		强度平均值/MPa		采用评定方法		标准差/MPa		合格率
备注:								

技术负责人：　　　　填表人：　　　　签发日期：　　　　混凝土企业（盖章）

附表 1.10 混凝土搅拌匀质性试验记录

生产日期：		生产班次：		生产线：	
取样盘号：		取样数量：		搅拌时间：	
试验结果					
试验项目		测值		相对误差/差值	
砂浆密度					
坍落度					
试验结果评定					
备注					

审核： 试验：

附表 1.11 补加外加剂记录

编号：

日期： 年 月 日		车号：		运输单号：	
混凝土方量：		混凝土标记：			
设计坍落度：		预案编号：		计量器具：	
外加剂厂家：		外加剂规格型号：			
补加时间： 时 分		搅拌时间/s：			
补加外加剂量/kg		设定值		计量值	
坍落度检测值/mm		补加前		补加后	
备注					

注：
① 坍落度损失可采用补加外加剂方式调整；
② 按照预案补加，无预案不得补加；
③ 只能补加一次外加剂，不可重复补加。

补加（计量）人： 审核人： 批准人（监理）：

附表 1.12　混凝土结构养护监测记录

工程名称				工程部位	
施工单位				浇筑时间	
设计等级		配合比编号		养护方法	
开始养护时间				终止养护时间	
养护水温度				养护水种类	
监测信息记录					
监测日期	构件中心温度		构件表面温度	环境气温	构件表面湿度
备注					
养护人		监测人		记录人	

附录 2　原材料进场检验项目及试验方法

附表 2.1　原材料进场检验项目及试验方法

序号	项目名称	参数	检测方法	备注
1	水泥	45 μm 筛余	GB/T 1345	
		比表面积	GB/T 8074	仅适用于硅酸盐水泥
		标准稠度用水量	GB/T 1346	两种方法,当有争议时以标准法为准
		凝结时间	GB/T 1346	
		安定性沸煮法	GB/T 1346	两种方法,当有争议时以标准法为准
		安定性压蒸法	GB/T 750	
		胶砂强度	GB/T 17671	

序号	项目名称	参数	检测方法	备注
1	水泥	氧化镁	GB/T 176	① 多种方法,当有争议时以基准法为准; ② 如果 P·Ⅰ、P·Ⅱ、P·O 水泥压蒸安定性试验合格,则水泥中氧化镁的含量(质量分数)允许放宽至 6.0%;P·S·A 中氧化镁含量大于 6.0%,需进行蒸安定性试验并合格
		氯离子	GB/T 176	多种方法,当有争议时以标准法为准
		碱含量	GB/T 176	多种方法,当有争议时以标准法为准;低碱水泥
		放射性	GB 6566	
		水化热	GB/T 12959	① 两种方法,当有争议时以标准法为准; ② 大体积混凝土用水泥或中、低热硅酸盐水泥或低热矿渣硅酸盐水泥应检验
2	天然砂	颗粒级配	JGJ 52	
		细度模数	JGJ 52	
		表观密度	JGJ 52	两种方法,当有争议时以标准法为准
		放射性	GB 6566	用于建筑工程
		堆积密度和紧密密度	JGJ 52	
		含水率	JGJ 52	两种方法,当有争议时以标准法为准
		含泥量	JGJ 52	两种方法,当有争议时以标准法为准
		泥块含量	JGJ 52	
		有机物含量	JGJ 52	
		氯离子含量	JGJ 52	
		坚固性	JGJ 52	
		硫酸盐及硫化物含量	JGJ 52	用于防腐混凝土、抗冻混凝土
		贝壳含量	JGJ 52	鉴别海砂
		碱活性	JGJ 52	① 进行碱活性检验时,首先应采用岩相法鉴定岩石种类及碱活性骨料类别。当检验出骨料中含有活性二氧化硅时,应采用快速砂浆棒法和砂浆长度法进行碱活性检验;当检验出骨料中含有活性碳酸盐时,应采用岩石柱法进行碱活性检验; ② 河砂和海砂可不进行岩石种类和碱—碳酸盐反应活性的检验

序号	项目名称	参数	检测方法	备注
3	人工砂	颗粒级配	JGJ 52	
		细度模数	JGJ 52	
		表观密度	JGJ 52	两种方法,当有争议时以标准法为准
		吸水率	JGJ 52	
		堆积密度和紧密密度	JGJ 52	
		含水率	JGJ 52	两种方法,当有争议时以标准法为准
		石粉含量	JG/T 568	执行 GB 55008—2021 标准 3.2.1 中的要求
		石粉亚甲蓝值	JG/T 568 附录 C	
		石粉流动度比	JG/T 568 附录 D	
		坚固性	JGJ 52	
		片状颗粒含量	JG/T 568 附录 B	
		压碎值	JGJ 52	
		氯离子含量	JGJ 52	
		硫酸盐及硫化物含量	JGJ 52	用于防腐混凝土、抗冻混凝土
		放射性	GB 6566	用于建筑工程
		碱活性	JGJ 52	进行碱活性检验时,首先应采用岩相法鉴定岩石种类及碱活性骨料类别。当检验出骨料中含有活性二氧化硅时,应采用快速砂浆棒法和砂浆长度法进行碱活性检验;当检验出骨料中含有活性碳酸盐时,应采用岩石柱法进行碱活性检验
4	碎石及卵石	颗粒级配	JGJ 52	
		表观密度	JGJ 52	两种方法,当有争议时以标准法为准
		含水率	JGJ 52	
		堆积密度和紧密密度	JGJ 52	
		坚固性	JGJ 52	
		含泥量	JGJ 52	
		泥块含量	JGJ 52	

序号	项目名称	参数	检测方法	备注
4	碎石及卵石	针片状颗粒含量	JGJ 52	
		卵石中有机物含量	JGJ 52	
		压碎值	JGJ 52	
		硫酸盐及硫化物含量	JGJ 52	用于防腐混凝土、抗冻混凝土
		放射性	GB 6566	用于建筑工程
		碱活性	JGJ 52	进行碱活性检验时,首先应采用岩相法鉴定岩石种类及碱活性骨料类别。当检验出骨料中含有活性二氧化硅时,应采用快速砂浆棒法和砂浆长度法进行碱活性检验;当检验出骨料中含有活性碳酸盐时,应采用岩石柱法进行碱活性检验
		岩石抗压强度	GB/T 14685	用于高强混凝土、高性能混凝土
		氯离子含量	JG/T 568 附录 F	高性能混凝土要求
		不规则颗粒含量	JG/T 568 附录 A	高性能混凝土要求
5	再生细骨料	颗粒级配	GB/T 14684	
		细度模数	GB/T 14684	
		微粉含量	GB/T 14684	
		泥块含量	GB/T 14684	
		坚固性	GB/T 14684	
		胶砂需水量比	GB/T 25176	
		表观密度	GB/T 14684	
		压碎指标	GB/T 14684	初次使用
		再生胶砂强度比	GB/T 25176	初次使用
		有害物质含量	GB/T 14684	初次使用
		堆积密度	GB/T 14684	初次使用
		空隙率	GB/T 14684	初次使用
		碱集料反应	GB/T 14684	
		放射性	GB 6566	建筑工程

序号	项目名称	参数	检测方法	备注
6	再生粗骨料	含水率	GB/T 14685	
		颗粒级配	GB/T 14685	
		微粉含量	GB/T 14685	
		泥块含量	GB/T 14685	
		吸水率	GB/T 17431.2	
		坚固性	GB/T 14685	
		针片状颗粒含量	GB/T 14685	
		表观密度	GB/T 14685	
		压碎值指标	GB/T 14685	
		有害物质含量	GB/T 14685	初次使用
		杂物含量	GB/T 25177	初次使用
		空隙率	GB/T 14685	初次使用
		碱集料反应	GB/T 14685	
		氯化物含量	GB/T 14684	
		放射性	GB 6566	用于建筑工程
7	铁尾矿砂	颗粒级配	GB/T 14684	
		细度模数	GB/T 14684	
		压碎指标	GB/T 14684	
		泥块含量	GB/T 14684	
		石粉含量	GB/T 14684	
		亚甲蓝试验	GB/T 14684	
		吸水率	GB/T 14684	
		坚固性	GB/T 14684	有抗冻、抗渗要求的混凝土
		碱活性	GB/T 14684	
		放射性	GB 6566	用于建筑工程
		表观密度	GB/T 14684	
		堆积密度	GB/T 14684	
		含水率	GB/T 14684	
		饱和面干吸水率	GB/T 14684	

序号	项目名称	参数	检测方法	备注
8	水	pH 值	GB/T 6920	
		不溶物含量	GB/T 11901	
		可溶物含量	GB/T 5750	
		氯离子含量	GB/T 11896	
		硫酸根离子含量	GB/T 11899	
		碱含量	GB/T 176	氧化钾和氧化钠测定（火焰光度法）；当混凝土骨料具有碱活性时检验
		水泥凝结时间差	GB/T 1346	首次使用的地下水、地表水、回收水
		水泥胶砂强度比	GB/T 17671	首次使用的地下水、地表水、回收水
		放射性	GB 6566	用于建筑工程；首次使用的地下水、地表水、回收水
9	粉煤灰	细度	GB/T 1345	
		匀质性	GB/T 1596	合同约定时检验
		需水量比	GB/T 1596 附录 A	
		含水率	GB/T 1596 附录 B	
		强度活性指数	GB/T 1596 附录 C	
		烧失量	GB/T 176	
		三氧化硫含量	GB/T 176	多种方法，当有争议时以标准法为准
		铵离子含量	GB/T 39701	
		放射性	GB 6566	用于建筑工程
		游离氧化钙含量（C 类）	GB/T 176	多种方法，当有争议时以标准法为准
		安定性（C 类）	GB/T 1346	
		比表面积	GB/T 8074	磨细粉煤灰
		氯离子含量	GB/T 176	磨细粉煤灰

序号	项目名称	参数	检测方法	备注
10	矿渣粉	密度	GB/T 208	
		细度	GB/T 8074	
		比表面积	GB/T 8074	
		活性指数	GB/T 18046 附录 A	
		流动度比	GB/T 18046 附录 A	
		放射性	GB 6566	用于建筑工程
		氯离子	GB/T 176	多种方法,当有争议时以标准法为准
		三氧化硫	GB/T 176	多种方法,当有争议时以标准法为准
		玻璃体含量	GB/T 18046 附录 C	鉴别矿渣粉真假时
11	外加剂	含固量	GB/T 8077	液体
		含水率	GB/T 8077	粉状
		密度	GB/T 8077	液体
		细度	GB/T 8077	粉状
		pH 值	GB/T 8077	各种外加剂
		氯离子含量	GB/T 8077 或 GB/T 8076 附录 B	两种方法,当有争议或仲裁时以离子色谱法为准
		硫酸钠含量	GB/T 8077	高效减水剂、早强剂
		碱含量	GB/T 8077	
		减水率	GB/T 8076	除早强剂、缓凝剂外的各种外加剂
		抗压强度比	GB/T 8076	各种外加剂
		含气量	GB/T 8076	引气剂、引气型减水剂
		凝结时间差	GB/T 8076	各种外加剂
		1 h 经时变化量（坍落度）	GB/T 8076	高性能减水剂、泵送剂
		1 h 经时变化量（含气量）	GB/T 8076	引气剂、引气减水剂
		收缩率比	GB/T 8076	用于大体积混凝土、高性(高强)能混凝土
		1 d 抗压强度比	GB/T 8076	早强剂
		相对耐久性	GB/T 8076	引气剂、引气减水剂

序号	项目名称	参数	检测方法	备注
11	外加剂	甲醛残留量	GB 31040	
		释放氨量	GB 18588	
		负温抗压强度比	JG/T 377	防冻剂
		50 次冻融强度损失率比	JG/T 377	防冻剂
		吸水量比（48 h）	JC 474	防水剂
		渗透高度比	JC 474	防水剂
		膨胀率	JC/T 313	抗硫酸盐侵蚀防腐剂
		抗蚀系数	JC/T 1011 附录 A	抗硫酸盐侵蚀防腐剂
		膨胀系数	JC/T 1011 附录 B	抗硫酸盐侵蚀防腐剂
		氯离子扩散系数比	JC/T 1086	抗硫酸盐侵蚀防腐剂
12	膨胀剂	氧化镁	GB/T 176	
		碱含量	GB/T 176	选择性指标；多种方法，当有争议时以标准法为准
		凝结时间	GB/T 1346	
		限制膨胀率（水中 7 d）	GB 23439 附录 A	两种方法，当有争议时以 B 法为准
		限制膨胀率（空气中 21 d）	GB 23439 附录 A	两种方法，当有争议时以 B 法为准
		抗压强度	GB/T 17671	
		细度	GB/T 8074 或 GB/T 1345	
13	硅灰	SiO₂ 含量	GB/T 176	
		氯离子含量	GB/T 176	
		含水率	GB/T 27690	
		烧失量	GB/T 176	
		放射性	GB 6566	
		需水量比	GB/T 27690 附录 B	
		比表面积	GB/T 19587	
		活性指数	GB/T 27690 附录 B	

序号	项目名称	参数	检测方法	备注
14	钢纤维	尺寸偏差	GB/T 39147	
		杂质含量	GB/T 39147	
		抗拉强度	GB/T 39147	
		弯曲性能	GB/T 39147	
15	合成纤维	抗拉(断裂)强度	GB/T 14344	
		初始模量	GB/T 14344	
		断裂伸长率	GB/T 14344	
		耐碱性能	GB/T 21120 附录 D	
		分散性相对误差	GB/T 21120	
		混凝土抗压强度比	GB/T 21120	
16	石灰石粉	碳酸钙含量	GB/T 5762	
		细度	GB/T 1345	
		活性指数	JG/T 315	
		流动度比	JG/T 315	
		含水量	JG/T 315	
		亚甲蓝值	JGJ/T 318	
		放射性	GB 6566	
		碱含量	GB/T 176	

附录3 试验室仪器设备配备(质量控制需要仪器设备)

附表3.1 试验室仪器设备配备(质量控制需要仪器设备)

检测项目、参数	主要设备名称	主要设备测量范围	主要设备精度要求	备注
水泥				
水泥凝结时间	水泥净浆搅拌机	/	/	
	标准法维卡仪(含试模、试杆、试针)	/	/	
	量筒或滴定管	/	±0.5 mL	
	天平	≥1 000 g	1 g	

检测项目、参数	主要设备名称	主要设备测量范围	主要设备精度要求	备注
水泥凝结时间	湿气养护箱	温度（20±1）℃，相对湿度≥90%	/	
水泥安定性	水泥净浆搅拌机	/		
	雷氏夹测定仪	/	0.5 mm	
	沸煮箱	/	/	
	湿气养护箱	温度（20±1）℃，相对湿度≥90%	/	
	天平	≥1 000	1 g	
水泥胶砂强度	行星式水泥胶砂搅拌机	/	/	
	养护水池（或养护箱）	温度（20±1）℃，相对湿度≥90%	/	
	水泥胶砂振实台	/	/	
	水泥胶砂流动度测定仪	/	/	
	水泥胶砂抗折试验机	/	±1%	/
	水泥胶砂强度压力试验机	/	±1%	
	天平	/	±1 g	
	加水器	/	±1 mL	
水泥氯离子含量	天平	/	0.000 1 g	
	氯离子电位滴定装置（含氯离子电极和甘汞电极）	/	≤2 mV	
	磁力搅拌器	/	/	
	玻璃砂芯漏斗	孔径 4~7 μm，直径 40~60 mm	/	
	抽气过滤装置	/	/	
	离子色谱仪	/	/	
	容量瓶	100 mL	/	

检测项目、参数	主要设备名称	主要设备测量范围	主要设备精度要求	备注
水泥氧化镁含量	天平	/	0.000 1 g	/
	滴定管、容量瓶、移液管	/	/	
	高温炉	可控制温度（700±25）℃、（800±25）℃、（950±25）℃或（1175±25）℃	±25℃	
	铂坩埚/铂皿/聚四氟乙烯器皿	/	/	
	原子吸收分光光度计	镁元素空心阴极灯	/	
	低温电热板	/	/	
水泥碱含量	天平	/	0.000 1 g	/
	火焰光度计	/	/	
	铂皿/聚四氟乙烯器皿	/	/	
	低温电热板	/	/	
	原子吸收分光光度计	钾、钠元素空心阴极灯	/	
水泥三氧化硫含量	天平	/	0.000 1 g	/
	高温炉	可控制温度（700±25）℃、（800±25）℃、（950±25）℃或（1 175±25）℃	±25 ℃	
	瓷坩埚	/	/	
	测定硫化物及硫酸盐的仪器装置	/	/	
	干燥反应瓶	/	/	
	库仑积分测硫仪	/	/	
	磁力搅拌器	/	/	
细骨料				
颗粒级配	烘箱	（105±5）℃		/
	天平	1 000 g	1 g	
	摇筛机	/	/	

续表

检测项目、参数	主要设备名称	主要设备测量范围	主要设备精度要求	备注
颗粒级配	标准筛	0.15～9.50 mm 共7个	/	/
含泥量	烘箱	（105±5）℃		
	标准筛	1.18 mm、75 μm	/	
	天平	≥1 000 g	≤0.1 g	
	天平	1 000 g	1 g	
	容器	深度>250 mm	/	
	虹吸管	直径≤5 mm	/	
泥块含量	烘箱	（105±5）℃		
	天平	≥1 000 g	≤0.1 g	
	试验筛	1.18 mm、0.60 mm	/	
	天平	1 000 g	1 g	
	天平	5 000 g	5 g	
	容器	深度>250 mm	/	
亚甲蓝值与石粉含量（人工砂）	天平	≥1 000 g	≤0.1 g	/
	天平	≥100 g	≤0.01 g	
	试验筛	2.36 mm、1.18 mm、75 μm	/	
	烘箱	（105±5）℃		
	石粉含量测定仪（或叶轮搅拌机）	（600±60）r/min （400±40）r/min	/	
	天平	1 000 g	1 g	
	容器	深度>250 mm	/	
	移液管	5 mL、2 mL	/	
	玻璃容量瓶	1 L		
	定时装置	/	1 s	
压碎指标（人工砂）	压力试验机	0～300 kN	≤1%	/
	天平	≥1 000 g	≤1 g	
	烘箱	（105±5）℃		
	试验筛	0.30～4.75 mm 共5个	/	
	受压钢模	/	/	

检测项目、参数	主要设备名称	主要设备测量范围	主要设备精度要求	备注
氯离子含量	烘箱	（105±5）℃		/
	容量瓶	500 mL	/	
	滴定管	10 mL 或 25 mL	0.1 mL	
	天平	1 000 g	1 g	
	移液管	2 mL、5 mL	/	
	天平	≥1 000 g	≤0.1 g	
表观密度	烘箱	（105±5）℃		/
	天平	≥1 000 g	≤0.1 g	
	天平	1 000 g	1 g	
	容量瓶	500 mL	/	
	李氏瓶	250 mL	/	
吸水率	烘箱	（105±5）℃		/
	饱和面干试模及捣棒	/	/	
	天平	≥1 000 g	≤0.1 g	
	天平	1 000 g	1 g	
坚固性	烘箱	（105±5）℃		/
	天平	≥1 000 g	≤0.1 g	
	天平	1 000 g	1 g	
	试验筛	0.15～4.75 mm 共6个	/	
	三角网篮	内径及高70 mm	/	
	比重计	/	/	
	容器（非铁质）	≥10 L	/	
碱活性	烘箱	（105±5）℃		
	天平	≥1 000 g	≤0.1 g	
	天平	1 000 g	1 g	
	比长仪（百分表）	0～10 mm	0.01 mm	
	水泥胶砂搅拌机	/	/	
	恒温养护箱或水浴	（80±2）℃	/	
	试模（带测头）	25 mm×25 mm×280 mm	/	
	养护筒	耐碱、耐腐，可装入3个试件	/	

检测项目、参数	主要设备名称	主要设备测量范围	主要设备精度要求	备注
碱活性	试验筛	0.15～4.75 mm 共6个	/	
	恒温养护箱	（40±2）℃、相对湿度≥95%	/	
	跳桌	/	/	
	测长仪	25～50 mm	0.01 mm	
	养护瓶	耐碱	/	
	圆筒钻机	直径9 mm	/	
	锯石机	/	/	
	磨片机	/	/	
硫化物和硫酸盐含量	烘箱	（105±5）℃		/
	天平	≥100 g	≤0.000 1 g	
	瓷坩埚	/	/	
	标准筛	75 μm	/	
	烧杯	300 mL	/	
	量筒	20 mL、100 mL	≤1 mL	
	高温炉	（800±25）℃	/	
		1 000 ℃	/	
	天平	1 000 g	1 g	
轻物质含量	烘箱	（105±5）℃		/
	天平（国标）	1 000 g	≤0.1 g	
	天平（行标）	1 000 g	1g	
	网篮	内径及高70 mm，网孔孔径≤150 μm	/	
	量具	1 000 mL、250 mL、150 mL	分别为5 mL、5 mL、1 mL	
	试验筛	4.75 mm、0.30 mm	/	
	比重计	1 800～2 200 kg/m³（国标）、1.0～2.0（行标）	/	
有机物含量	天平	≥1 000 g	≤0.1g	/
	天平	≥100 g	≤0.01g	
	天平	100 g	0.1g	

检测项目、参数	主要设备名称	主要设备测量范围	主要设备精度要求	备注
有机物含量	天平	1 000 g	1g	/
	量具	1 000 mL、250 mL、100 mL、10 mL	分别为 5 mL、5 mL、1 mL、0.1 mL	
	试验筛	4.75 mm	/	
贝壳含量	烘箱	(105±5)℃		/
	天平	≥5 000 g	≤5 g	
	天平	≥1 000 g	≤1 g	
	试验筛	4.75 mm	/	
	烧杯	2 000 mL	/	
粗骨料				
颗粒级配	烘箱	(105±5)℃		/
	天平		分度值不大于最少试样质量的 0.1%	
	天平	5 kg	5 g	
	秤	20 kg	20 g	
	试验筛	2.36～90 mm 共 12 个	/	
	摇筛机	/	/	
含泥量	烘箱	(105±5)℃		/
	天平	/	分度值不大于最少试样质量的 0.1%	
	标准筛	1.25 mm(1.18 mm)、80 μm(75 μm)	/	
	天平	20 kg	20 g	
	容器(瓷盘或金属盒)	10 L	/	
泥块含量	烘箱	(105±5)℃	±5 ℃	/
	天平	/	分度值不大于最少试样质量的 0.1%	
	标准筛	2.50 mm(2.36 mm)、5.00 mm(4.75 mm)	/	
	天平	20 kg	20 g	

续表

检测项目、参数	主要设备名称	主要设备测量范围	主要设备精度要求	备注
压碎值指标	压力试验机	≥300 kN	≤1%	/
	天平	≥5 kg	≤5 g	
	天平	≥1 kg	≤1 g	
	压碎指标测定仪	/	/	
	标准筛	2.36 mm、19.0 mm、9.50 mm	/	
针片状颗粒含量	针、片状规准仪	/	/	/
	游标卡尺	/	/	
	试验筛	4.75～90 mm 共 11 个	/	
	天平	/	分度值不大于最少试样质量的 0.1%	
	天平	2 kg	2 g	
	秤	20 kg	20 g	
坚固性	烘箱	（105±5）℃		/
	天平	≥5 kg	≤1 g	
	台秤	5 kg	5 g	
	容器（搪瓷盆或瓷盆）	50 L	/	
	三角网篮	/	/	
碱活性	烘箱	（105±5）℃		
	台秤	5 000 g	5 g	
	天平	≥1 000 g	≤0.1 g	
	比长仪（百分表）	10 mm	0.01 mm	
	试验筛	0.15～4.75 mm 共 6 个	/	
	水泥胶砂搅拌机	/	/	
	恒温水浴	（80±2）℃	/	
	恒温养护箱	（40±2）℃	/	
	养护筒	耐碱、耐腐	/	
	试模	25 mm×25 mm×280 mm	/	
	破碎机	/	/	

续表

检测项目、参数	主要设备名称	主要设备测量范围	主要设备精度要求	备注
碱活性	跳桌	/	/	
	实体显微镜/偏光显微镜	/	/	
	天平	2 000 g	2 g	
	秤	100 kg	100 g	
	测长仪	25～50 mm	0. 01 mm	
	养护瓶	耐碱	/	
	圆筒钻机	直径 9 mm	/	
	锯石机	/	/	
	磨片机	/	/	
表观密度	烘箱	（105±5）℃		/
	液体天平(含吊篮、盛水容器)	≥10 kg	≤5 g	
	天平	5 kg	5 g	
	试验筛	4. 75 mm	/	
	广口瓶	1 000 mL	/	
	电子天平	≥10 kg	≤5 g	
	秤	20 kg	20 g	
堆积密度	天平	/	分度值不大于最少试样质量的 0. 1%	/
	秤	100 kg	100 g	
	容量筒	10 L	/	
	容量筒	20 L	/	
	容量筒	30 L	/	
空隙率	天平	/	分度值不大于最少试样质量的 0. 1%	/
	秤	100 kg	100 g	
	容量筒	10 L	/	
	容量筒	20 L	/	
	容量筒	30 L	/	

检测项目、参数	主要设备名称	主要设备测量范围	主要设备精度要求	备注
轻集料				
轻集料筒压强度	压力试验机	/	/	/
	承压筒	/	/	
	托盘天平	≤5 kg	5 g	
轻集料堆积密度	烘箱	/	/	/
	电子秤	30 kg	1 g	
	电子秤	60 kg	2 g	
	容量筒	5 L、10 L	/	
轻集料吸水率	托盘天平	≤1 kg	1 g	/
	烘箱	/	/	
	标准筛	2.36 mm	/	
轻集料粒型系数	游标卡尺	/	/	/
	容积筒	1 L	/	
轻集料筛分析	烘箱	/	/	/
	台秤	10 kg	5 g	
	托盘天平	5 kg	5 g	
	摇筛机	/	/	
	标准筛	/	/	
混凝土				
混凝土抗压强度	压力试验机	2 000 kN	±1%	/
混凝土抗渗等级	混凝土抗渗仪	0.1～2.0 MPa	≤0.05 MPa	/
坍落度	混凝土搅拌机	/	/	/
	坍落度仪	/	/	
混凝土氯离子含量	天平	200 g	0.000 1 g	
	天平	2 000 g	0.01 g	
	滴定管	50 mL	/	
	试验筛	4.75 mm	/	
	容量瓶	100 mL、1 000 mL	/	
	移液管	20 mL	/	

续表

检测项目、参数	主要设备名称	主要设备测量范围	主要设备精度要求	备注
混凝土氯离子含量	三角烧瓶	250 mL	/	
	酸度计	/	1 mV	
	烧杯	250 mL	/	
	酸度计或电位计		0.1 pH 单位或10 mV	
	银电极或氯电极、饱和甘汞电极	/	/	
	滴定管	50 mL		
	移液管	10 mL、25 mL、50 mL		
	磨口三角瓶	300 mL	/	
	电磁搅拌器	/	/	
	电振荡器	/	/	
	箱式电阻炉	≥1 000 ℃	/	
	方孔筛	0.075 mm	/	
	电热鼓风恒温干燥箱	0 ℃～250 ℃	/	
	天平	宜 2 000 g	0.01 g	
	天平	宜 200 g	0.000 1 g	
混凝土限制膨胀率	混凝土搅拌机	/	/	/
	振动台	/	/	
	测量仪（千分表）	/	0.001 mm	
	纵向限制器	/	/	
混凝土抗冻性能	冻融试验箱*	18 ℃～20 ℃ −20 ℃～−18 ℃	≤2 ℃	慢冻法
	天平	20 kg	5 g	
	压力试验机	/	±1%	
	温度传感器	−20 ℃～20 ℃	±0.5 ℃	
	试件盒	/	/	快冻法
	快速冻融装置	（−18±2）℃ 和（5±2）℃	≤2 ℃	
	天平	20 kg	5 g	

检测项目、参数	主要设备名称	主要设备测量范围	主要设备精度要求	备注
混凝土抗冻性能	混凝土动弹性模量测定仪	100～20 000 Hz	/	快冻法
	温度传感器	−20 ℃～20 ℃	±0.5℃	
	试件盒	/	/	
混凝土拌合物表观密度	混凝土搅拌机	/	/	/
	振动台	（50±2）Hz	/	
	天平	50 kg	10 g	
	容量筒	5 L	/	
混凝土拌合物含气量	混凝土搅拌机	/	/	仅限粒径不大于40 mm的拌合物
	振动台	（50±2）Hz	/	
	天平	50 kg	10 g	
	含气量测定仪	（7 000±25）mL 0～0.25 MPa	/	
混凝土凝结时间	混凝土搅拌机	/	/	/
	振动台	（50±2）Hz	/	
	砂浆试样筒（配有盖子）	上口内径160 mm、下口内径150 mm、净高150 mm	/	
	试验筛	5.00 mm 方孔筛	/	
	贯入阻力仪	≥1 000 N	±10 N	
混凝土抗折强度	万能试验机		±1%	/
抑制骨料碱-硅酸反应活性有效性	烘箱	（105±5）℃	/	/
	天平	1 000 g	1 g	
	方孔筛	0.15～4.75 mm 共6个	/	
	测长仪	280～300 mm	0.01 mm	
	水泥胶砂搅拌机	/	/	
	养护箱或水浴	（80±2）℃	/	
	试模（测头）	25 mm×25 mm×280 mm		

检测项目、参数	主要设备名称	主要设备测量范围	主要设备精度要求	备注
抑制碱骨料反应试验	方孔筛	/	/	/
	天平	10 g	5 g	
	天平	50 kg	50 g	
	试模（测头）	75 mm×75 mm×275 mm	/	
	测长仪	275～300 mm	±0.001 mm	
	养护箱及养护盒	（38±2）℃潮湿环境	/	
混凝土碱含量	火焰光度计（含铂皿）	/	/	
	天平	/	0.000 1 g	
混凝土配合比设计	混凝土搅拌机	/	/	/
	振动台	（50±2）Hz	/	
	秤	50 kg	10 g	
	天平	5 kg	1 g	
	容量筒	/	/	
	坍落度仪	/	/	
	养护室或养护箱	/	（20±2）℃、相对湿度≥95%	
	压力试验机	/	±1%	
	混凝土抗渗仪	/	≤0.05 MPa	
混凝土拌合用水				
拌合用水（氯离子含量）	锥形瓶	250 mL	/	/
	棕色滴定管	25 mL	/	
	吸管	50 mL、25 mL	/	
	茂福炉	>600 ℃	/	
	电子天平	/	0.000 1 g	
	酸度计	pH 值范围 0～14	0.1 pH 单位	
	烘箱	>105 ℃	/	
拌合用水 pH 值	酸度计	pH 值范围 0～14	0.1 pH 单位	/
	玻璃电极	/	/	
	甘汞电极	/	/	

检测项目、参数	主要设备名称	主要设备测量范围	主要设备精度要求	备注
拌合用水硫酸根离子含量	蒸气浴	/	/	/
	烘箱	>180 ℃	/	
	马福炉	>900 ℃	/	
	分析天平	/	0.000 1 g	
	熔结玻璃坩埚	G4,约 30 mL	/	
	滤膜	孔径 0.45 μm	/	
	铂蒸发皿	250 mL	/	
	干燥器	/	/	
拌合用水不溶物含量	全玻璃微孔滤膜过滤器	/	/	/
	CN-CA 滤膜	孔径 0.45 μm,直径 60 mm	/	
	分析天平	/	0.000 1 g	
	真空泵、吸滤瓶	/	/	
	烘箱	103 ℃～105 ℃	/	
	干燥器	/	/	
拌合用水可溶物含量	分析天平	/	0.000 1 g	/
	水浴锅	/	/	
	瓷蒸发皿	100 mL	/	
	电热恒温干燥箱	/	/	
	中速定量滤纸或滤膜	孔径 0.45 μm,直径 60 mm	/	
	干燥器	/	/	
混凝土外加剂				
减水率	单卧轴式强制搅拌机	/	/	/
	钢直尺	300 mm	1 mm	
	坍落度仪	/	/	
pH 值	酸度计	/	/	/
	天平	/	0.000 1 g	
密度（或细度）	比重瓶	25 mL 或 50 mL	/	/
	天平	/	0.000 1 g	
	恒温设备/超级恒温器	/		

检测项目、参数	主要设备名称	主要设备测量范围	主要设备精度要求	备注
密度（或细度）	液体比重天平	/	/	/
	波美比重计	/	/	
	精密密度计	/	/	
	天平	/	0.001 g	
	试验筛	0.315 mm	/	
	烘箱	/	/	
	勃氏比表面积透气仪	/	/	
	秒表	/	0.5 s	
	试验筛	1.18 mm	/	
抗压强度比	单卧轴式强制搅拌机	/	/	/
	振动台	（50±2）Hz	/	
	游标卡尺	200 mm	0.02 mm	
	塞尺	/	0.02 mm	
	游标量角器	/	0.1°	
	压力试验机	/	±1%	
凝结时间差	单卧轴式强制搅拌机	/	/	/
	振动台	（50±2）Hz	/	
	圆孔筛	5 mm	/	
	金属圆筒（带盖）	上口内径 160 mm 下口内径 150 mm 净高 150 mm	/	
	贯入阻力仪	≥1 000 N	±10 N	
含气量	天平	/	10 g	/
	单卧轴式强制搅拌机	/	/	
	振动台	（50±2）Hz	/	
	含气量测定仪	/	/	
固体含量（或含水率）	天平	/	0.000 1 g	/
	鼓风电热恒温干燥箱	0 ℃～200 ℃	/	
	带盖称量瓶	65 mm×25 mm	/	
	干燥器	/	/	

检测项目、参数	主要设备名称	主要设备测量范围	主要设备精度要求	备注
限制膨胀率	行星式水泥胶砂搅拌机	/	/	/
	水泥胶砂振实台	/	/	
	试模	40 mm×40 mm×160 mm	/	
	A法限制膨胀率测量仪（千分表、支架、标准杆）	/	0.001 mm	
	B法限制膨胀率测量仪（千分表、支架、养护水槽）		0.001 mm	
	恒温恒湿箱	温度（20±2）℃相对湿度（60±5）%		
	纵向限制器	158 mm	/	
泌水率比	单卧轴式强制搅拌机	/	/	/
	振动台	（50±2）Hz	/	
	电子天平	20 kg	1 g	
	带塞量筒	100 mL	1 mL	
	容量筒（带盖）	5 L（内径185 mm，高200 mm）	/	
	水泥砂浆搅拌机	/	/	
	案秤	10 kg	5 g	
	金属圆筒（带盖）	直径137 mm、高137 mm、容积2 L	/	
氯离子含量	电位测定仪或酸度计	/	/	
	天平	/	0.000 1 g	
	银电极或氯电极	/	/	
	甘汞电极	/	/	
	电磁搅拌器	/	/	
	移液管	10 mL		
	滴定管	25 mL		

检测项目、参数	主要设备名称	主要设备测量范围	主要设备精度要求	备注
相对耐久性	试件盒	/	/	/
	快速冻融装置	（−18±2）℃、（5±2）℃	≤2 ℃	
	天平	20 kg	5 g	
	混凝土动弹性模量测定仪	100～20 000 Hz	/	
	温度传感器	−20 ℃～20 ℃	±0.5 ℃	
含气量1 h经时变化量（坍落度、含气量）	单卧轴式强制搅拌机	/	/	/
	振动台	（50±2）Hz	/	
	电子天平	/	10 g	
	含气量测定仪	/	/	
	坍落度仪	/	/	
	钢直尺	300 mm	1 mm	
硫酸钠含量	电阻高温炉	≥900 ℃	/	/
	电磁电热式搅拌器	/	/	
	瓷坩埚	18～30 mL	/	
	烧杯	400 mL	/	
	天平	/	0.000 1 g	
收缩率比	混凝土收缩仪	540 mm		
	恒温恒湿箱	温度（20±2）℃相对湿度（60±5）%	/	
	千分表	/	±0.001 mm	
碱含量	火焰光度计	/	/	
	天平	/	0.000 1 g	
	原子吸收分光光度计	/	/	
掺合料（矿粉、粉煤灰等）				
细度	负压筛析仪（含筛子）	4 000～6 000 Pa	/	/
	天平	/	0.01 g	
烧失量	高温炉	可控制温度（700±25）℃、（800±25）℃、（950±25）℃、（1175±25）℃。	/	/
	天平	/	0.000 1 g	
	瓷坩埚	/	/	

检测项目、参数	主要设备名称	主要设备测量范围	主要设备精度要求	备注
烧失量	干燥器	/	/	/
需水量比	水泥胶砂搅拌机	/	/	/
	水泥胶砂流动度测定仪	/	/	
	天平	≥1 000 g	1 g	
比表面积	勃氏比表面积透气仪	/	/	/
	烘干箱	/	±1 ℃	
	分析天平	/	0.001 g	
	秒表	/	0.5 s	
活性指数	天平	/	±1 g	/
	胶砂搅拌机	/	/	
	水泥胶砂强度压力试验机	/	±1%	
	水泥胶砂振实台	/	/	
流动度比	水泥胶砂搅拌机	/	/	/
	水泥胶砂流动度测定仪	/	/	
	卡尺	≥300 mm	≤0.5 mm	
	天平	≥1 000 g	≤1 g	
氯离子含量	天平	/	0.000 1 g	/
	氯离子电位滴定装置（含氯离子电极和甘汞电极）		≤2 mV	
	玻璃砂芯漏斗	孔径 4~7 μm,直径 40~60 mm	/	
	抽气过滤装置	/	/	
	离子色谱仪	/	/	
	容量瓶	100 mL	/	
	磁力搅拌器	/	/	
	测氯蒸馏装置	/	/	

检测项目、参数	主要设备名称	主要设备测量范围	主要设备精度要求	备注
含水率	烘箱	105 ℃～110 ℃	≤2 ℃	/
	烘箱	≥110 ℃	≤2 ℃	
	天平	≥50 g	≤0.01 g	
三氧化硫含量	电子天平	/	0.000 1 g	
	高温炉	可控制温度(700±25)℃、(800±25)℃、(950±25)℃、(1 175±25)℃	±25 ℃	
	瓷坩埚	/	/	

附录 4　混凝土原材料出厂应具备的检验项目

附表 4.1　混凝土原材料出厂应具备的检验项目

序号	项目名称	检验项目
1	水泥	组分、不溶物(硅酸盐水泥)、烧失量(硅酸盐水泥、普通硅酸盐水泥)、三氧化硫、氧化镁、氯离子、凝结时间、安定性、强度、细度
2	天然砂	颗粒级配、细度模数、含泥量、泥块含量、云母含量、松散堆积密度、氯离子含量、贝壳含量(海砂)
3	人工砂(机制砂)	颗粒级配、细度模数、泥块含量、石粉含量(含亚甲蓝试验)、压碎指标、松散堆积密度、片状颗粒含量
4	碎石	颗粒级配、含泥量、泥块含量、针片状颗粒含量、松散堆积密度、连续级配石子空隙率;吸水率、含水率根据要求检测
5	再生细骨料	颗粒级配、细度模数、微粉含量、泥块含量、再生胶砂需水量比、表观密度、堆积密度和空隙率
6	再生粗骨料	颗粒级配、微粉含量、泥块含量、吸水率、压碎值指标、表观密度、空隙率
7	铁尾矿砂	颗粒级配、石粉含量(含亚甲蓝试验)、泥块含量、集料碱活性
8	粉煤灰	细度、需水量比、含水率、三氧化硫含量、游离氧化钙含量;二氧化硅、三氧化二铝和三氧化二铁总质量分数;密度、安定性、半水亚硫酸钙含量(采用干法或半干法脱硫工艺排出的粉煤灰应检测)
9	矿渣粉	密度、比表面积、流动度比、初凝时间比、含水量、烧失量、活性指数、三氧化硫、不溶物;检验报告应包括石膏和助磨剂的品种和掺量、对比水泥物理性能检验结果
10	硅灰	堆积密度、SiO_2 含量、需水量比、含水率、烧失量、细度、活性指数
11	泵送剂	pH 值、密度(或细度)、固含量(或含水率)、氯离子含量、总碱量

序号	项目名称	检验项目
12	缓凝剂	pH 值、密度(或细度)、固含量(或含水率)、氯离子含量、总碱量
13	高效减水剂	pH 值、密度(或细度)、固含量(或含水率)、氯离子含量、总碱量、硫酸钠含量
14	高性能减水剂	pH 值、密度(或细度)、固含量(或含水率)、氯离子含量、总碱量
15	普通减水剂	pH 值、密度(或细度)、固含量(或含水率)、氯离子含量、总碱量、硫酸钠含量(早强型)
16	早强剂	pH 值、密度(或细度)、固含量(或含水率)、氯离子含量、总碱量、硫酸钠含量
17	防冻泵送剂	氯离子含量、密度(或细度)、含固量(或含水率)、水泥净浆流动度
18	防冻剂	氯离子含量、密度(或细度)、含固量(或含水率)、水泥净浆流动度
19	防水剂	密度(或细度)、氯离子含量、总碱量、含固量(或含水率)
20	膨胀剂	细度、凝结时间、水中 7 d 限制膨胀率、7 d 抗压强度
21	阻锈剂	钢筋耐盐水浸渍性能、盐水干湿循环环境中钢筋腐蚀面积百分率比、钢筋在砂浆中的耐锈蚀性能、盐水浸烘环境中钢筋腐蚀面积百分率比、混凝土渗透深度
22	防腐阻锈剂	含水率(粉状)、密度(液体)、细度(粉状)、pH 值、氯离子含量、碱含量、硫酸钠含量
23	抗硫酸盐侵蚀防腐剂	氧化镁、氯离子含量、比表面积、凝结时间、抗压强度比、膨胀率
24	钢纤维	形状、尺寸、抗拉强度、弯曲性能、表面质量、加工碎屑、重量偏差
25	合成纤维	外观、尺寸、含水率、断裂强度、初始模量、断裂伸长率、耐碱性能(极限拉力保持率)
26	引气剂	pH 值、密度(或细度)、固含量(或含水率)、氯离子含量、总碱量
27	引气减水剂	pH 值、密度(或细度)、固含量(或含水率)、氯离子含量、总碱量

附录5　混凝土原材料型式检验项目

附表 5.1　混凝土原材料型式检验项目

序号	项目名称	检验项目
1	水泥	组分、不溶物(硅酸盐水泥)、烧失量(硅酸盐水泥、普通硅酸盐水泥)、三氧化硫、氧化镁、氯离子、水溶性铬(Ⅵ)、碱含量、凝结时间、安定性、强度、细度、放射性

续表

序号	项目名称	检验项目
2	天然砂	含水率、颗粒级配、吸水率、表观密度、堆积密度、空隙率、细度模数、含泥量、泥块含量、云母、轻物质、有机物、硫化物及硫酸盐、贝壳、氯离子含量、坚固性、碱活性、放射性
3	人工砂（机制砂）	含水率、颗粒级配、吸水率、表观密度、堆积密度、空隙率、细度模数、石粉含量、泥块含量、云母、轻物质、有机物、硫化物及硫酸盐、贝壳、氯离子含量、坚固性、压碎指标、碱活性、放射性
4	碎石	含水率、颗粒级配、含泥量、泥块含量、针片状颗粒含量、有机物含量、硫化物及硫酸盐含量、坚固性、岩石抗压强度、压碎值指标、表观密度、连续级配松散堆积空隙率、堆积密度、坚固性、放射性、碱活性
5	再生细骨料	颗粒级配、细度模数、微粉含量、泥块含量*、有害物质含量、坚固性*、压碎指标、再生胶砂需水量比、再生胶砂强度比、表观密度、堆积密度和空隙率、碱集料反应
6	再生粗骨料	含水率、颗粒级配、微粉含量、泥块含量*、吸水率、表观密度、堆积密度、压碎值指标、坚固性*、有害物质含量、杂物含量、碱集料反应
	铁尾矿砂	颗粒级配、石粉含量、泥块含量、有害物质、坚固性、放射性、集料碱活性（表观密度、松散堆积密度、含水率和饱和面干吸水率根据需要进行）
7	拌合用水	pH 值、不溶物、可溶物、氯离子含量、SO_4^{2-}、碱含量（骨料具有碱活性时）、放射性（地下水、地表水、再生水首次使用）、水泥凝结时间对比、水泥胶砂强度比
8	粉煤灰	细度、需水量比、烧失量、含水率、SO_3 含量、游离氧化钙含量、安定性（C类）、密度、强度活性指数、放射性；二氧化硅、三氧化二铝和三氧化铁总质量分数；半水亚硫酸钙含量；
9	矿渣粉	密度、比表面积、活性指数、流动度比、初凝时间比、含水率、三氧化硫含量、氯离子含量、烧失量、不溶物、玻璃体含量、放射性；检验报告应包括石膏和助磨剂的品种和掺量、对比水泥物理性能检验结果
10	硅灰	堆积密度、SiO_2 含量、需水量比、含水率、烧失量、细度、活性指数、放射性、抑制碱骨料反应性、抗氯离子渗透性、总碱量、氯离子含量
11	泵送剂	pH 值、密度（或细度）、固含量（或含水率）、氯离子含量、总碱量、减水率、泌水率比、含气量、抗压强度比、坍落度经时变化量、收缩率比
12	缓凝剂	pH 值、密度（或细度）、固含量（或含水率）、氯离子含量、总碱量、泌水率比、含气量、抗压强度比、凝结时间差、收缩率比
13	普通减水剂	pH 值、密度（或细度）、固含量（或含水率）、氯离子含量、总碱量、减水率、泌水率比、含气量、抗压强度比、收缩率比
14	早强剂	pH 值、密度（或细度）、固含量（或含水率）、氯离子含量、总碱量、泌水率比、含气量、凝结时间差、抗压强度比、收缩率比
15	高效减水剂	pH 值、密度（或细度）、固含量（或含水率）、氯离子含量、总碱量、硫酸钠含量、减水率、泌水率比、含气量、凝结时间差、抗压强度比、收缩率比
16	高性能减水剂	pH 值、密度（或细度）、固含量（或含水率）、氯离子含量、总碱量、减水率、泌水率比、含气量、凝结时间差、抗压强度比、坍落度经时变化量、收缩率比

序号	项目名称	检验项目
17	引气剂	pH 值、密度(或细度)、固含量(或含水率)、氯离子含量、总碱量、减水率、泌水率比、含气量、凝结时间差、抗压强度比、含气量经时变化量、收缩率比、相对耐久性
18	引气减水剂	pH 值、密度(或细度)、固含量(或含水率)、氯离子含量、总碱量、减水率、泌水率比、含气量、凝结时间差、抗压强度比 *、含气量经时变化量、收缩率比 *、相对耐久性 *
19	防冻泵送剂	pH 值、密度(或细度)、固含量(或含水率)、氯离子含量、碱含量、硫酸钠含量、氨的释放量、减水率、泌水率比、含气量、凝结时间差、抗压强度比(R-7、R-7+28)、坍落度 1 h 经时变化量、收缩率比、50 次冻融强度损失率比
20	防冻剂	氯离子含量、密度(或细度)、含固量(或含水率)、碱含量、水泥净浆流动度、氨的释放量、减水率(一等品)、泌水率比、含气量、凝结时间差、抗压强度比(R-7、R-7+28)、28 d 收缩率比、渗透高度比、50 次冻融强度损失率比
21	防水剂	密度(或细度)、氯离子含量、总碱量、含固量(或含水率)、安定性、泌水率比、凝结时间差、抗压强度比、渗透高度比、吸水量比(48 h)、收缩率比(28 d)
22	膨胀剂	氧化镁、碱含量(选择性指标)、细度、凝结时间、水中 7 d 限制膨胀率、空气中 21 d 限制膨胀率、抗压强度
23	阻锈剂	凝结时间差、抗压强度比、抗渗性、氯离子迁移系数比、钢筋耐盐水浸渍性能、盐水干湿循环环境中钢筋腐蚀面积百分率比、钢筋在砂浆中的耐锈蚀性能、盐水浸烘环境中钢筋腐蚀面积百分率比、混凝土渗透深度
24	防腐阻锈剂	含水率(粉状)、密度(液体)、细度(粉状)、pH 值、泌水率比、凝结时间差、抗压强度比、收缩率比、氯离子渗透系数比、硫酸盐侵蚀系数比、腐蚀电量比、氯离子含量、碱含量、硫酸钠含量
25	抗硫酸盐侵蚀防腐剂	氧化镁、氯离子含量、碱含量、比表面积、凝结时间、抗压强度比、膨胀率、抗蚀系数、膨胀系数、氯离子扩散系数比
26	合成纤维	外观、尺寸、含水率、断裂强度、初始模量、断裂伸长率、耐碱性能(极限拉力保持率)、分散性相对误差、混凝土和砂浆裂缝降低系数、混凝土抗压强度比、砂浆抗压强度比、砂浆透水压力比、弯曲韧性、抗冲击次数比

附录 6　预拌混凝土生产、施工质量控制相关强制性要求

国家工程建设标准体系改革后,混凝土工程施工质量强制性要求有较大变化,预拌混凝土生产施工质量控制应严格执行强制性标准规定。为方便混凝土生产施工中熟悉掌握相关强制性标准要求,摘录汇总预拌混凝土生产、施工相关强制性标准及条文如下。

《混凝土结构通用规范》GB 55008-2021

1.0.3　工程建设所采用技术方法和措施是否符合本规范要求,由相关责任主体

判定。其中,创新性的技术方法和措施,应进行论证并符合本规范中有关性能要求。

2.0.7 结构混凝土应进行配合比设计,并应采取保证混凝土拌合物性能、混凝土力学性能和耐久性措施。

2.0.8 混凝土结构应从设计、材料、施工、维护各环节采取控制混凝土裂缝的措施。

3.1.1 结构混凝土用水泥主要控制指标应包括凝结时间、安定性、胶砂强度和氯离子含量。水泥中使用的混合材品种和掺量应在出厂文件中明示。

3.1.2 结构混凝土用砂应符合下列规定:

1. 砂的坚固性指标不应大于 10%;对于有抗渗、抗冻、抗腐蚀、耐磨或其他特殊要求的混凝土,砂的含泥量和泥块含量分别不应大于 3.0% 和 1.0%,坚固性指标不应大于 8%;高强混凝土用砂的含泥量和泥块含量分别不应大于 2.0% 和 0.5%;机制砂应按石粉的亚甲蓝值指标和石粉的流动比指标控制石粉含量。

2. 混凝土结构用海砂必须经过净化处理。

3. 钢筋混凝土用砂的氯离子含量不应大于 0.03%,预应力混凝土用砂的氯离子含量不应大于 0.01%。

3.1.3 结构混凝土用粗骨料的坚固性指标不应大于 12%;对于有抗渗、抗冻、抗腐蚀、耐磨或其他特殊要求的混凝土,粗骨料中的含泥量和泥块含量分别不应大于 1.0% 和 0.5%,坚固性指标不应大于 8%;高强混凝土用粗骨料的含泥量和泥块含量分别不应大于 0.5% 和 0.2%。

3.1.4 结构混凝土用外加剂应符合下列规定:

1. 含有六价铬、亚硝酸盐和硫氰酸盐成分的混凝土外加剂,不应用于饮水工程中建成后与饮用水直接接触的混凝土。

2. 含有强电解质无机盐的早强型普通减水剂、早强剂、防冻剂和防水剂,严禁用于下列混凝土结构:

1)与镀锌钢材或铝材相接触部位的混凝土结构;

2)有外露钢筋、预埋件而无防护措施的混凝土结构;

3)使用直流电源的混凝土结构;

4)距离高压直流电源 100 m 以内的混凝土结构。

3. 含有氯盐的早强型普通减水剂、早强剂、防水剂和氯盐类防冻剂,不应用于预应力混凝土、钢筋混凝土和钢纤维混凝土结构。

4. 含有硝酸铵、碳酸铵的早强型普通减水剂、早强剂和含有硝酸、碳酸按、尿素的防冻剂,不应用于民用建筑工程。

5. 含有亚硝酸盐、碳酸盐的早强型普通减水剂、早强剂、防冻剂和含有硝酸盐的阻锈剂,不应用于预应力混凝土结构。

3.1.5 混凝土拌合用水应控制 pH、硫酸根离子含量、氯离子含量、不溶物含量、可溶物含量;当混凝土骨料具有碱活性时,还应控制碱含量;地下水、地表水、再生水在首次使用前应检测放射性。

3.1.6　结构混凝土进行配合比设计应按照混凝土力学性能、工作性能和耐久性要求确定各组成材料的种类、性能及用量要求。当混凝土用砂的氯离子含量大于0.003％时，水泥的氯离子含量不应大于0.025％，拌合用水的氯离子含量不应大于250 mg/L。

3.1.7　结构混凝土采用的骨料具有碱活性及潜在碱活性时，应采取措施抑制碱骨料反应，并应验证抑制措施的有效性。

3.1.8　结构混凝土中水溶性氯离子最大含量不应超过表3.1.8的规定值。计算水溶性氯离子最大含量时，辅助胶凝材料的量不应大于硅酸盐水泥的量。

表3.1.8　结构混凝土中水溶性氯离子最大含量

环境条件	水溶性氯离子最大含量（%，按胶凝材料的质量百分比计）	
	钢筋混凝土	预应力混凝土
干燥环境	0.30	0.06
潮湿但不含氯离子的环境	0.20	
潮湿且含有氯离子的环境	0.15	
除冰盐等侵蚀性物质的腐蚀环境、盐渍土环境	0.10	

5.1.2　材料、构配件、器具和半成品应进行进场验收，合格后方可使用。

5.1.6　应对涉及混凝土结构安全的代表性部位进行实体质量检验。

5.4.1　混凝土运输、输送、浇筑过程中严禁加水；运输、输送、浇筑过程中散落的混凝土严禁用于结构浇筑。

5.4.2　应对结构混凝土强度进行检验评定，试件应在浇筑地点随机抽取。

5.4.3　结构混凝土浇筑应密实，浇筑后应及时进行养护。

5.4.4　大体积混凝土施工应采取混凝土内外温差控制措施。

《建筑环境通用规范》GB 55016-2021

5.3.1　建筑工程所用的砂、石、砖、实心砌块、水泥、混凝土、混凝土预制构件等无机非金属建筑主体材料，其放射性限量应符合表5.3.1的规定。

表5.3.1　无机非金属建筑主体材料的放射性限量

测定项目	限量
内照射指数（I_{Ra}）	≤1.0
外照射指数（I_r）	≤1.0

5.3.2　建筑工程中所使用的混凝土外加剂，氨的释放量不应大于0.10％，氨释放

量测定方法应按国家现行有关标准的规定执行。

《建筑与市政工程施工质量控制通用规范》GB 55032-2022

1.0.3 工程建设所采用的技术方法和措施是否符合本规范要求,由相关责任主体判定。其中,创新性的技术方法和措施,应进行论证并符合本规范中有关性能的要求。

2.0.7 工程质量控制资料应准确齐全、真实有效,且具有可追溯性。当部分资料缺失时,应委托有资质的检验检测机构进行相应的实体检验或抽样试验,并应出具检测报告,作为工程质量验收资料的一部分。

2.0.11 施工管理人员和现场作业人员应进行全员质量培训,并应考核合格。质量培训应保留培训记录。应对人员教育培训情况实行动态管理。

3.1.7 施工使用的测量与计量设备、仪器应经计量检定、校准合格,并在有效期内。监理单位应定期检查设备、仪器的检定和校准报告。

3.2.1 工程采用的主要材料、半成品、成品、构配件、器具和设备应进行进场检验。涉及安全、节能、环境保护和主要使用功能的重要材料、产品应按各专业相关规定进行复验,并应经监理工程师检查认可。

3.2.3 进口产品应符合合同规定的质量要求,并附有中文说明书和商检证明,经进场验收合格后方可使用。

3.2.4 施工现场的材料、半成品、成品、构配件、器具和设备,在运输和储存时应采取确保其质量和性能不受影响的储存及防护措施。

3.3.3 监理人员应对工程施工质量进行巡视、平行检验,对关键部位、关键工序进行旁站,并应及时记录检查情况。

3.4.5 检测机构严禁出具虚假检测报告。

4.2.3 当检验批施工质量不符合验收标准时,应按下列规定进行处理:

1. 经返工或返修的检验批,应重新进行验收;

2. 经有资质的检测机构检测能够达到设计要求的检验批,应予以验收;

3. 经有资质的检测机构检测达不到设计要求,但经原设计单位核算认可能够满足安全和使用功能的检验批,应予以验收。

《建筑与市政工程防水通用规范》GB 55030-2022

1.0.3 工程建设所采用的技术方法和措施是否符合本规范要求,由相关责任主体判定。其中,创新性的技术方法和措施,应进行论证并符合本规范中有关性能要求。

3.1.1 防水材料的耐久性应与工程防水设计工作年限相适应。

3.2.1 防水混凝土的施工配合比应通过试验确定,其强度等级不应低于C25,试配混凝土的抗渗等级应比设计要求提高 0.2 MPa。

3.2.2 防水混凝土应采取减少开裂的技术措施。

3.2.3 防水混凝土除应满足抗压、抗渗和抗裂要求外,尚应满足工程所处环境和工作条件的耐久性要求。

5.1.6 防水混凝土施工应符合下列规定:

1. 运输与浇筑过程中严禁加水;

2. 应及时进行保湿养护,养护期不应少于 14 d;

3. 后浇带部位的混凝土施工前,交界面应做糙面处理,并应清除积水和杂物。

《组合结构通用规范》GB 55004-2021

3.2.1 组合结构用混凝土应符合下列规定:

1. 混凝土应具有强度等级及性能的合格保证;

2. 组合结构用混凝土的强度等级不应低于 C30。

《建筑材料放射性核素限量》GB 6566—2010

3.1 建筑主体材料

建筑主体材料中天然放射性核素镭-226、钍-232、钾-40 的放射性比活度应同时满足 $I_{Ra} \leqslant 1.0$ 和 $I_y \leqslant 1.0$。

对空心率大于 25% 的建筑主体材料,其天然放射性核素镭-226、钍-232、钾-40 的放射性比活度应同时满足 $I_{Ra} \leqslant 1.0$ 和 $I_y \leqslant 1.3$。

《铁尾矿砂混凝土应用技术规范》GB 51032-2014

4.1.5 铁尾矿砂中的硫化物及硫酸盐含量不得大于 0.5%(按 SO_3 质量计)。

《混凝土外加剂中残留甲醛的限量》GB 31040—2014

4 要求

混凝土外加剂中残留甲醛的量应不大于 500 mg/kg。

《混凝土外加剂中释放氨的限量》GB18588—2001

4 要求

混凝土外加剂中释放氨的量 ≤0.10%(质量分数)。

附录 7　引用标准目录

《混凝土结构通用规范》GB 55008-2021

《建筑环境通用规范》GB 55016-2021

《建筑与市政工程施工质量控制通用规范》GB 55032-2022

《建筑与市政工程防水通用规范》GB 55030-2022

《建筑材料放射性核素限量》GB 6566—2010

《铁尾矿砂混凝土应用技术规范》GB 51032-2014

《混凝土外加剂中残留甲醛的限量》GB 31040—2014

《混凝土外加剂中释放氨的限量》GB 18588—2001

《建筑工程施工质量验收统一规范》GB 50300—2013

《混凝土结构工程施工质量验收规范》GB 50204—2015

《地下防水工程质量验收规范》GB 50208—2011

《钢管混凝土施工质量验收规范》GB 50628-2010

《混凝土质量控制标准》GB 50164-2011

《混凝土结构工程施工规范》GB 50666-2011

《地下工程防水技术规范》GB 50108-2008

《混凝土外加剂应用技术规范》GB 50119-2013

《大体积混凝土施工标准》GB 50496-2018

《钢管混凝土结构技术规范》GB 50936-2014

《通用硅酸盐水泥》GB 175—2023

《混凝土外加剂》GB 8076—2008

《混凝土膨胀剂》GB 23439—2017

《建筑工程施工质量验收统一标准》GB 50300-2013

《组合结构通用规范》GB 55004-2021

《生活饮用水卫生标准》GB 5749—2022

《水泥中水溶性铬（Ⅵ）的限量及测定方法》GB 31893—2015

《混凝土强度检验评定标准》GB/T 50107-2010

《混凝土结构耐久性设计规范》GB/T 50476-2019

《粉煤灰混凝土应用技术规范》GB/T 50146—2014

《钢筋混凝土阻锈剂耐蚀应用技术规范》GB/T 33803—2017

《大体积混凝土温度测控技术规范》GB/T 51028-2015

《混凝土结构设计标准》GB/T 50010—2010

《混凝土强度检验评定标准》GB/T 50107-2010

《非连续累计自动衡器》GB/T 28013-2011

《粉煤灰中铵离子含量的限量及检验方法》GB/T 39701—2020

《高性能混凝土技术条件》GB/T 41054—2021

《活性粉末混凝土》GB/T 31387—2015

《矿物掺合料应用技术规范》GB/T 51003-2014

《预拌混凝土》GB/T 14902—2012

《建筑施工机械与设备混凝土搅拌站(楼)》GB/T 10171—2016

《普通混凝土拌合物性能试验方法标准》GB/T 50080-2016

《防辐射混凝土》GB/T 34008—2017

《重晶石防辐射混凝土应用技术规程》GB/T 50557—2010

《铁尾矿砂》GB/T 31288—2014

《混凝土用再生粗骨料》GB/T 25177—2010

《混凝土和砂浆用再生细骨料》GB/T 25176—2010

《混凝土防腐阻锈剂》GB/T 31296—2014

《用于水泥和混凝土中的粉煤灰》GB/T 1596—2017

《高强高性能混凝土用矿物外加剂》GB/T 18736—2017

《混凝土外加剂匀质性试验方法》GB/T 8077—2023

《石灰石粉混凝土》GB/T 30190—2013

《用于水泥、砂浆和混凝土中的粒化高炉矿渣粉》GB/T 18046—2017

《砂浆和混凝土用硅灰》GB/T 27690—2023

《钢铁渣粉》GB/T 28293—2012

《混凝土用钢纤维》GB/T 39147—2020

《水泥混凝土和砂浆用合成纤维》GB/T 21120—2018

《建筑结构检测技术标准》GB/T 50344-2019

《混凝土结构现场检测技术标准》GB/T 50784-2013

《用于水泥和混凝土中的钢渣粉》GB/T 20491—2017

《用于水泥和混凝土中的粒化电炉磷渣粉》GB/T 26751—2022

《混凝土物理力学性能试验方法标准》GB/T 50081-2019

《混凝土长期性能和耐久性能试验方法标准》GB/T 50082-2014

《建设用卵石、碎石》GB/T 14685—2022

《建设用砂》GB/T 14684—2022

《用于水泥、砂浆和混凝土中的石灰石粉》GB/T 35104—2017

《水泥取样方法》GB/T 12573—2008

《轻集料及其试验方法第 1 部分:轻集料》GB/T 17431.1—2010

《轻集料及其试验方法第 2 部分:轻集料试验方法》GB/T 17431.2—2010

《硅酸盐水泥熟料矿相 X 射线衍射分析方法》GB/T 40407—2021

《水泥 X 射线荧光分析通则》GB/T 19140—2003

《水泥组分的定量测定》GB/T 12960—2007

《数据的统计处理和解释——正态样本离群值的判断和处理》GB/T 4883—2008

《水泥胶砂强度检验方法（ISO 法）》GB/T 17671—2021

《水泥胶砂流动度测定方法》GB/T 2419—2005

《水泥混凝土和砂浆用短切玄武岩纤维》GB/T 23656—2023

《混凝土搅拌运输车》GB/T 26408—2011

《水泥化学分析方法》GB/T 176—2017

《混凝土外加剂匀质性试验方法》GB/T 8077—2023

《无机地面材料耐磨性能试验方法》GB/T 12988—2009

《混凝土泵》GB/T 13333—2018

《砂浆、混凝土防水剂》JC 474—2008

《混凝土防冻剂》JC 475—2004

《预拌混凝土企业生产废水回收利用规范》JC/T 2647—2021

《混凝土抗侵蚀防腐剂》JC/T 1011—2021

《现浇混凝土养护技术规程》JC/T 60018—2023

《膨胀珍珠岩》JC/T 209—2012

《膨胀水泥膨胀率试验方法》JC/T 313—2009

《水泥用硅质原料化学分析方法》JC/T 874—2021

《非金属矿物和岩石化学分析方法 第 7 部分：重晶石矿化学分析方法 JC/T 1021. 7—2007

《钢纤维混凝土》JG/T 472—2015

《高性能混凝土用骨料》JG/T 568—2019

《聚羧酸高性能减水剂》JG/T 223—2017

《混凝土防冻泵送剂》JG/T 377—2012

《混凝土用复合掺合料》JG/T 486—2015

《建筑及市政工程用净化海砂》JG/T 494—2016

《海砂混凝土应用技术规范》JGJ 206-2010

《清水混凝土应用技术规程》JGJ 169-2009

《普通混凝土配合比设计规程》JGJ 55-2011

《普通混凝土用砂、石质量及检验方法标准》JGJ 52-2006

《混凝土用水标准》JGJ 63-2006

《混凝土耐久性检验评定标准》JGJ/T 193—2009

《混凝土泵送施工技术规程》JGJ/T 10-2011

《高强混凝土应用技术规程》JGJ/T 281-2012

《补偿收缩混凝土应用技术规程》JGJ/T 178-2009

《人工砂混凝土应用技术规程》JGJ/T 241-2011

《纤维混凝土应用技术规程》JGJ/T 221-2010

《自密实混凝土应用技术规程》JGJ/T 283-2012

《再生骨料应用技术规程》JGJ/T 240-2011

《建筑工程冬期施工规程》JGJ/T 104-2011

《轻骨料混凝土应用技术标准》JGJ/T 12-2019

《石灰石粉在混凝土中应用技术规程》JGJ/T 318-2014

《建筑工程裂缝防治技术规程》JGJ/T 317-2014

《水工混凝土试验规程》SL/T 352—2020

《钢筋混凝土阻锈剂》JT/T 537—2018

《公路工程水泥混凝土养生剂（膜）》JT/T 522—2022

《透水水泥混凝土路面技术规程》CJJ/T 135-2009

《再生骨料透水混凝土应用技术规程》CJJ/T 253-2016

《水工混凝土试验规程》DL/T 5150—2017

《地下自防护混凝土结构耐久性技术规程》DB21/T 3413-2021

《再生混凝土配合比设计规程》DB37/T 5176—2021

《地下工程混凝土结构防腐阻锈防水抗裂技术规程》DB62/T 25-3109-2016